酷科技

THE GADGET BOOK
AND HOW REALLY COOL STUFF WORKS

图书在版编目 (CIP) 数据

酷科技 / （英）伍德福特，（英）伍德考克；王贞译 .—北京：中国科学技术出版社，2010（书本科技馆）

ISBN 978-7-5046-4917-1

Ⅰ. 酷… Ⅱ. ① 伍… ② 伍… ③ 王… Ⅲ. ①科学技术－青少年读物 Ⅳ ① N49

中国版本图书馆 CIP 数据核字（2010）第 073198 号

A Dorling Kindersley Book
www.dk.com

Original title：The Gadget Book and How Really Cool Stuff Works

著作权合同登记号：01-2009-1252

策划编辑：肖　叶　单　亭
责任编辑：杨朝旭
图书装帧：锦创佳业
责任校对：王勤杰
责任印制：张建农
法律顾问：宋润君

中国科学技术出版社出版
www.kjpbooks.com.cn
北京市海淀区中关村南大街 16 号
邮政编码：100081
电话：010-62173865　传真：010-62179148
科学普及出版社发行部发行
北京盛通印刷股份有限公司承印
开本：8 开　635 毫米 x965 毫米　1/12
印张：31　字数：370 千字
2010 年 8 月第 1 版　2010 年 8 月第 1 次印刷
ISBN 978-7-5046-4917-1 / N · 138
印数：1—6000 册　定价：99.00 元

想知道更多，登录
www.dk.com

［英］克里斯·伍德福特
［英］乔·伍德考克　著
王　贞　译

中国科学技术出版社
·北 京·

目录

连接

娱乐

移动

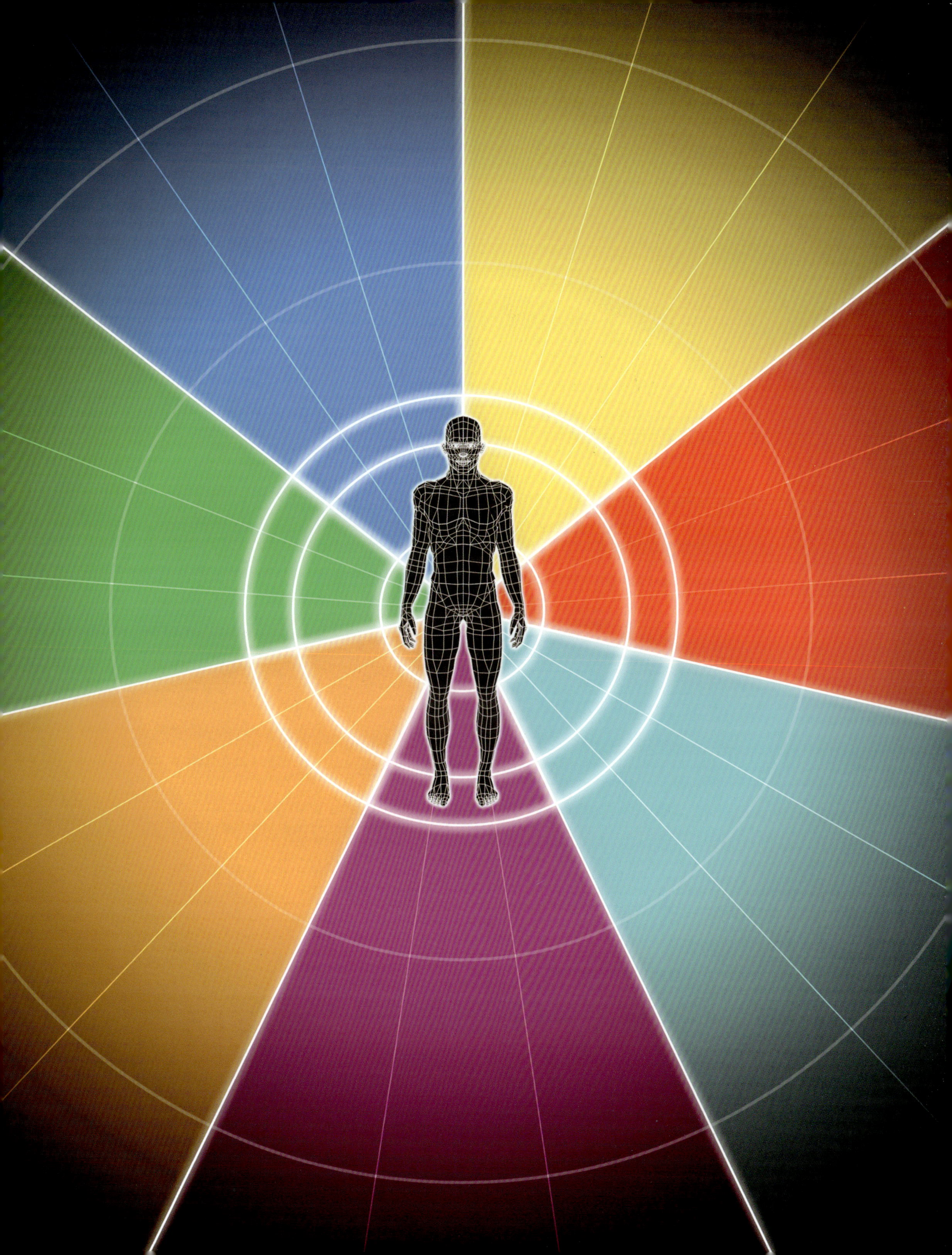

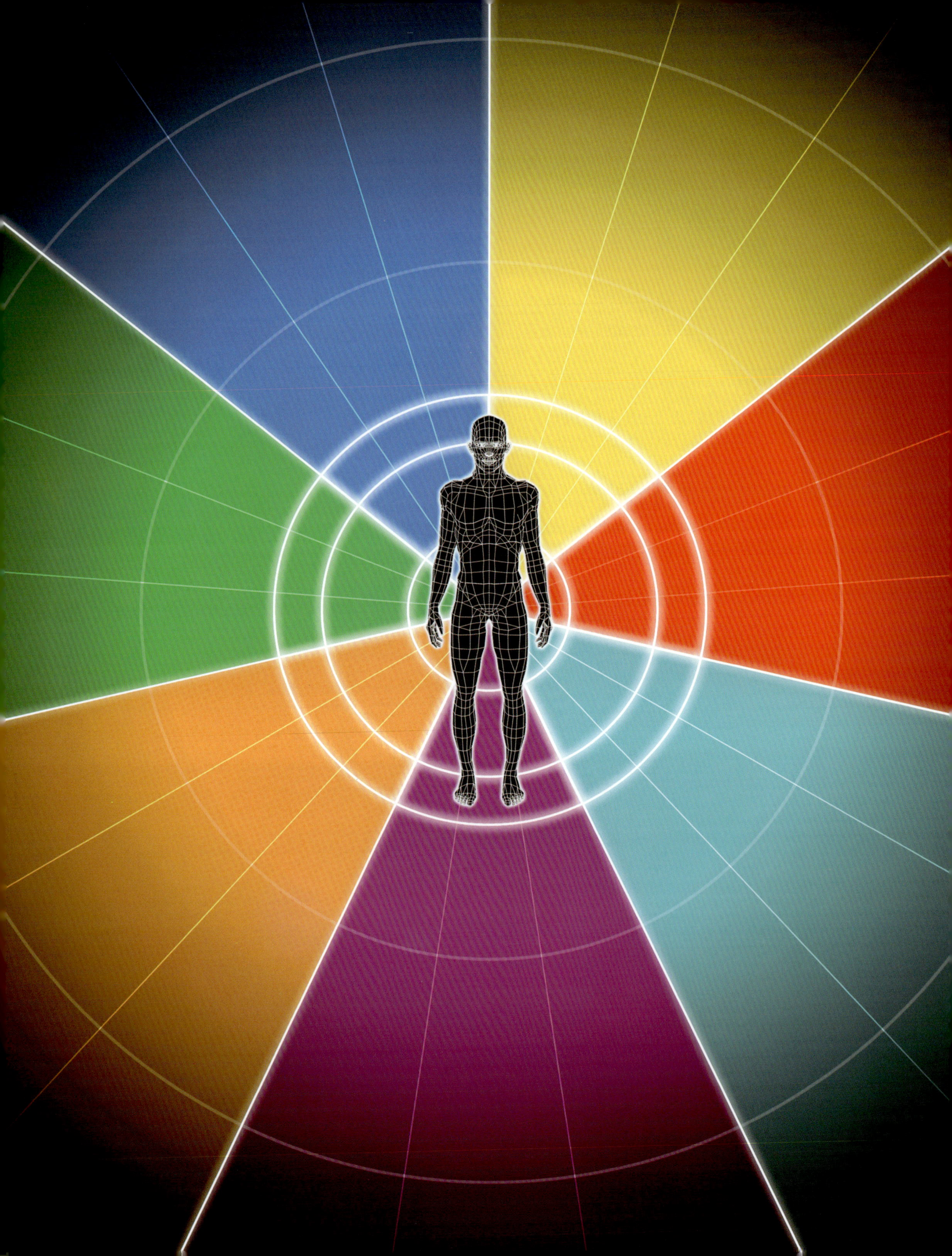

探索

建筑

保护

参考

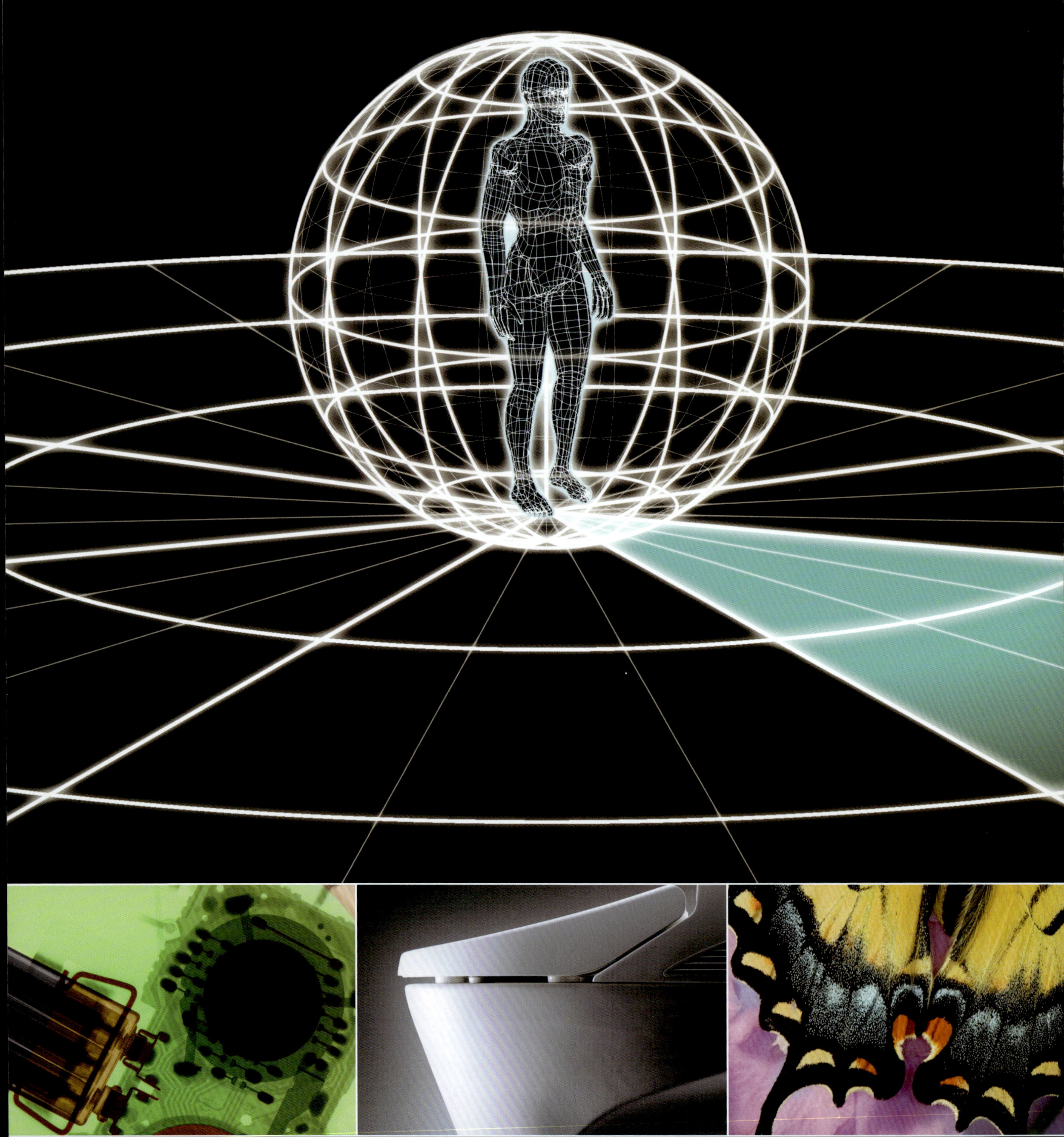

>> 生活

烟雾探测器 >> 高科技马桶 >> 悬浮床 >> 高清电视 >> 燃气锅炉 >> 风力涡轮发电机 >> 循环利用 >> 生物塑料 >> 水培法 >> 超级市场 >> 干洗发剂 >> 人工视网膜 >> 计时器

为什么电视画面会晃动？ p18

你会把它粘到哪儿？ p12

▶▶ 生活中处处有“酷”科技，它不仅使我们的生活变得方便有趣，而且还很实用。你知道为什么洗发水会使头发变干净吗？你知道在没有土壤的情况下也可以种植物吗？技术背后有科学做支持，科学技术就在我们的身边。当人们越来越担心环境问题的时候，人们对科技的重视达到了一个新的高度。无论利用风能发电还是使用可在土壤中降解的塑料袋，科技不仅使我们生活变得轻松，而且可以帮助我们保护地球。▶▶

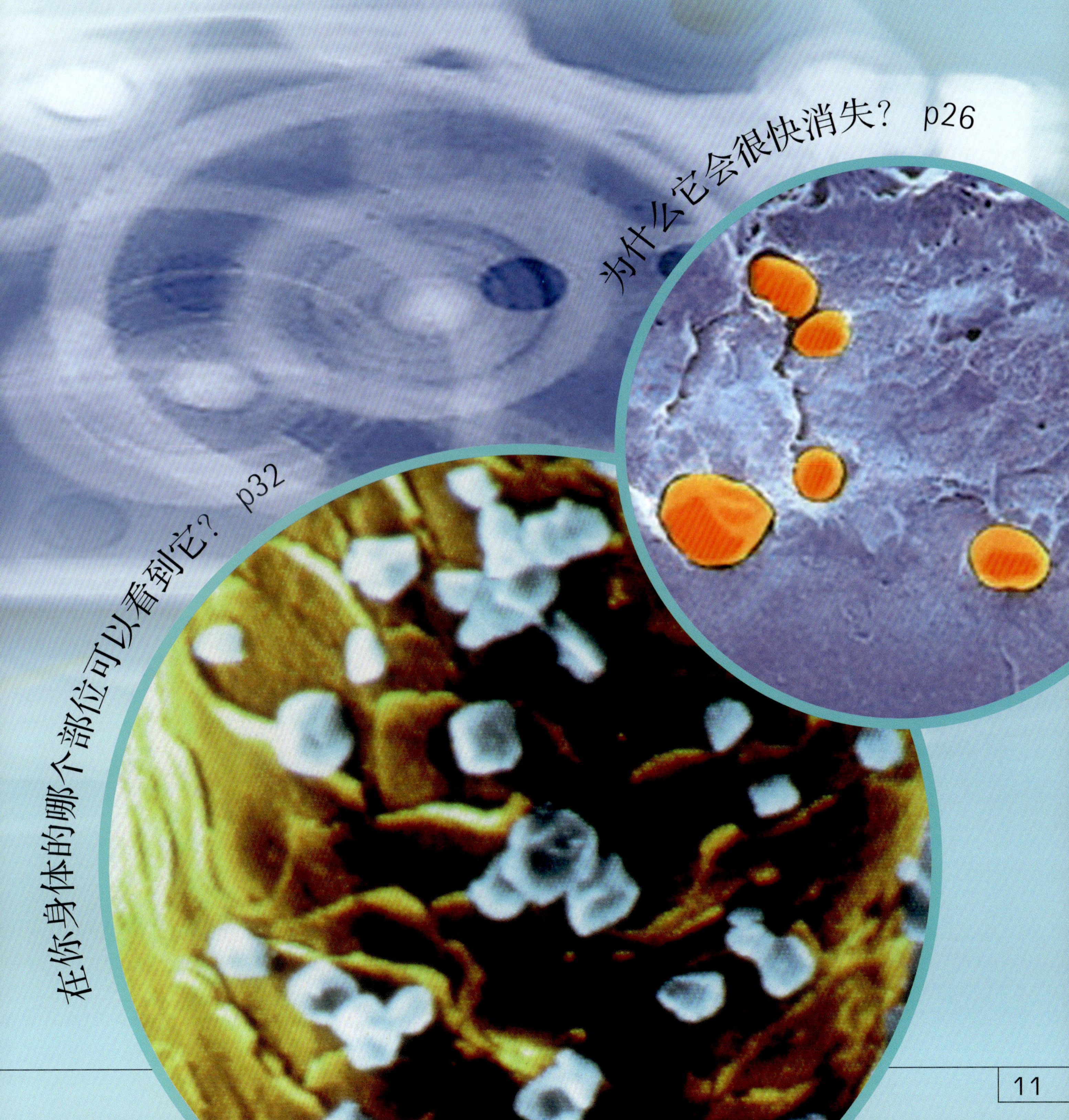

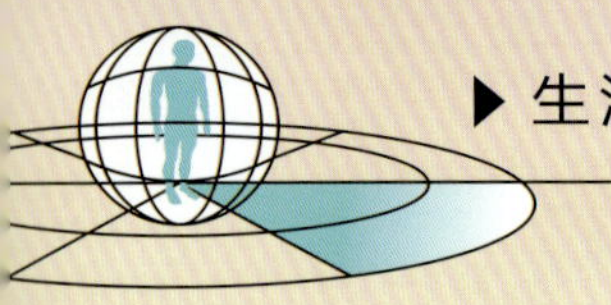

▶烟雾中的碳颗粒（烟灰）触响了烟雾探测器。碳是一种存在于木材、纸张、塑料和其他常见材料中的化学元素。这些物品燃烧时，组成它们的化学元素开始分解，释放出碳。

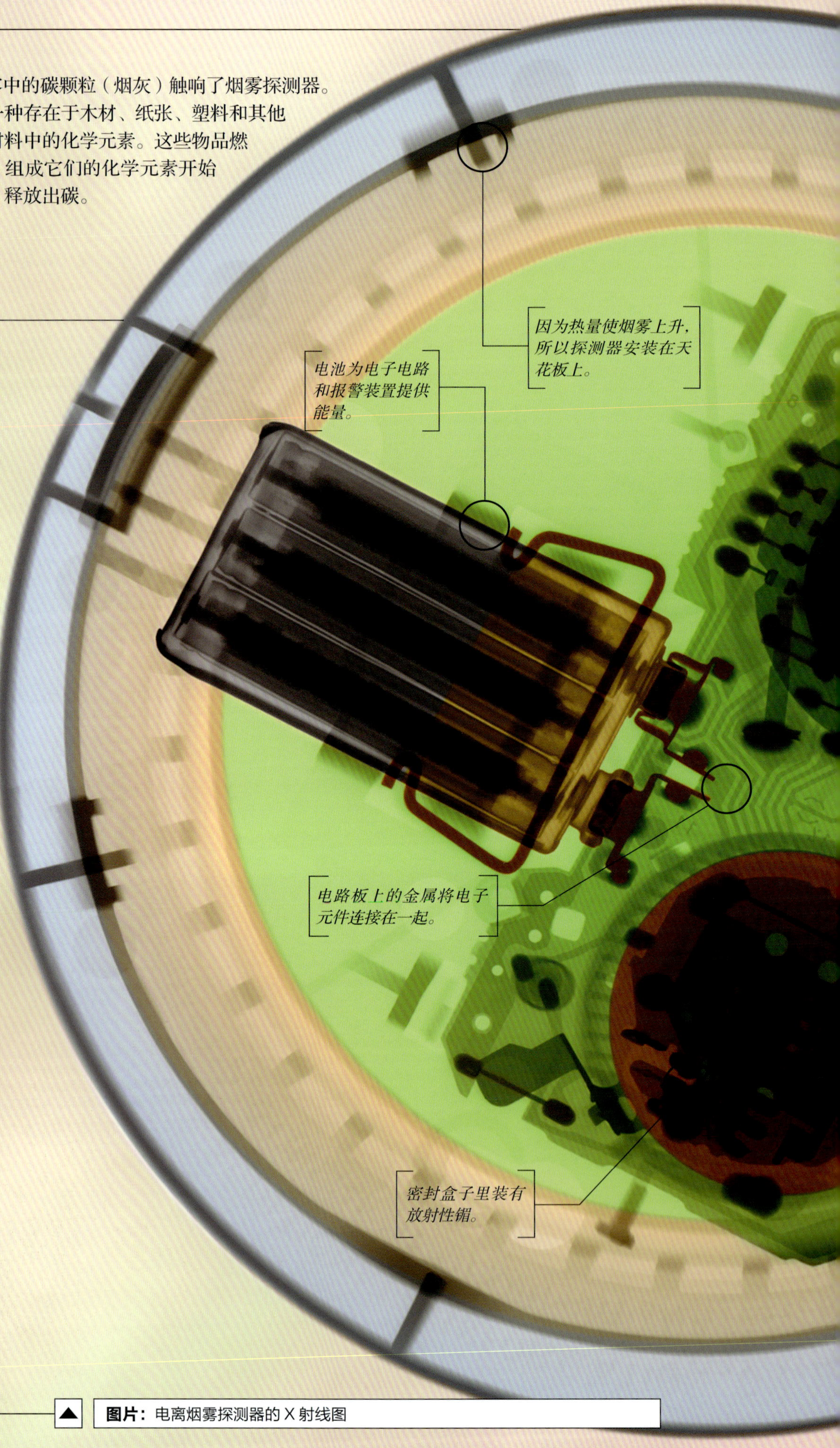

烟雾探测器

▶▶烟雾颗粒非常小，一个颗粒相当于一个针头大小的万分之一，肉眼难以直接观察。当空气中烟雾浓度达到百万分之一时，我们的鼻子才能感觉到。烟雾探测器能保护我们的安全，特别是在我们睡觉的时候。▶▶

因为热量使烟雾上升，所以探测器安装在天花板上。

电池为电子电路和报警装置提供能量。

电路板上的金属将电子元件连接在一起。

密封盒子里装有放射性镅。

▲ **图片：**电离烟雾探测器的 X 射线图

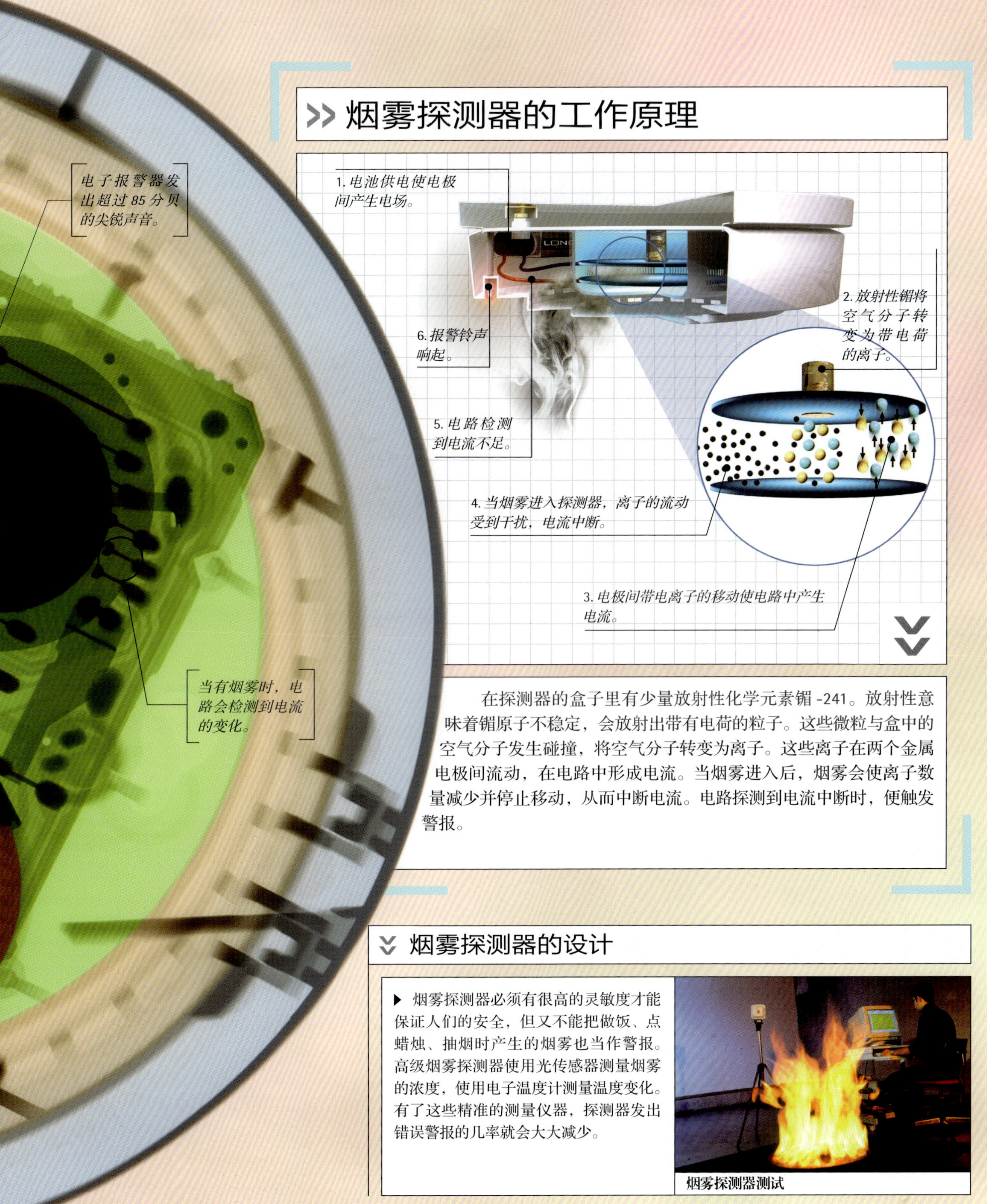

烟雾探测器的工作原理

在探测器的盒子里有少量放射性化学元素镅-241。放射性意味着镅原子不稳定，会放射出带有电荷的粒子。这些微粒与盒中的空气分子发生碰撞，将空气分子转变为离子。这些离子在两个金属电极间流动，在电路中形成电流。当烟雾进入后，烟雾会使离子数量减少并停止移动，从而中断电流。电路探测到电流中断时，便触发警报。

烟雾探测器的设计

▶ 烟雾探测器必须有很高的灵敏度才能保证人们的安全，但又不能把做饭、点蜡烛、抽烟时产生的烟雾也当作警报。高级烟雾探测器使用光传感器测量烟雾的浓度，使用电子温度计测量温度变化。有了这些精准的测量仪器，探测器发出错误警报的几率就会大大减少。

烟雾探测器测试

▶▶ 参见：防护服 p224，灭火器 p228

高科技马桶

▶▶ 世界上最昂贵的马桶如雕塑一般光滑，它配有设计精巧的部件和一本 48 页的使用说明书。这款 Toto 的全自动坐便器是无水箱一体型产品。当人靠近时，桶盖自动打开；当人离开时，桶盖自动关闭。▶▶

▼ 这款顶级奢华的马桶既干净又环保。每次冲洗只需 4.5 升水，是传统洁具用水量的 1/4。它的节能还体现在装有一个“模糊逻辑”芯片，当马桶没有被使用时，芯片可以使坐垫降温以节省电能。

内置的空气净化系统使用化学制品消除一切气味。

遇到电源故障或雷雨天气时可使用手动冲水。

▲ **图片：** Toto 全自动坐便器

陶瓷外观易于清洁，涂层中含有抗菌釉，可以最大程度地保证马桶卫生。

高科技马桶的特点

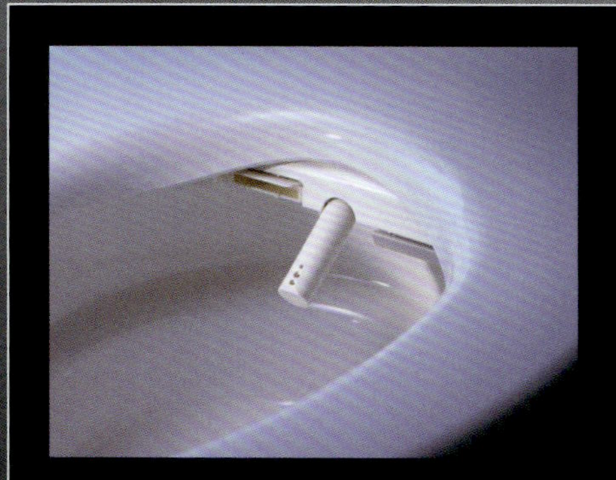

传感器

马桶内部装有传感器，当有人靠近时盖子自动打开，按动遥控器上的按键座椅会自动升降。当人离开时盖子轻轻关上，同时自动冲水。

喷嘴

使用这种马桶时不需要卫生纸，喷嘴会沿着马桶边缘滑动，使马桶变成一个小浴盆。喷嘴来回移动，一秒钟水流喷射 70 次，为用户提供温和的清洗或按摩。接着热风烘干机自动开启，喷嘴缩回同时清洗自身。

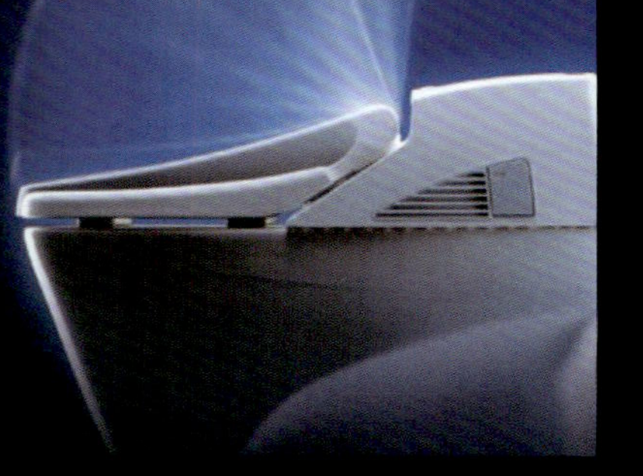

遥控系统

无线遥控系统可以控制马桶的 13 种不同功能，包括升降座椅和盖子，冲洗厕缸和控制浴盆。从座垫的温度到浴盆喷水的压力，全自动马桶的每一个功能都可根据个人的喜好来设定。

▶▶ 参见：燃气锅炉 p20， 无线智能玩具 p46， 蓝牙 p50， 集成 P56

悬浮床

▶▶ 对于许多人来说，良好的睡眠只是一个梦想，但这张新床可以改变这一切。床垫利用无形的磁力浮在半空中，取代了传统的弹簧和木材。▶▶

内置磁铁的床板悬浮于埋有磁铁的房间地板之上。

为防止移动，床被钢丝绳拴在地板上。

图片：悬浮床效果图

磁悬浮技术

中国上海的磁悬浮列车

▲未来的火车将由悬浮磁铁代替滚动的车轮，火车运用磁悬浮技术在导轨上运行，用磁力来平衡火车的重力。没有了车轮摩擦对速度的影响，中国这款磁悬浮列车的行驶速度可达430千米/时，是世界上速度最快的商务列车之一。

▶▶ 参见：高科技马桶 p14，出租车 p114

悬浮床的原理

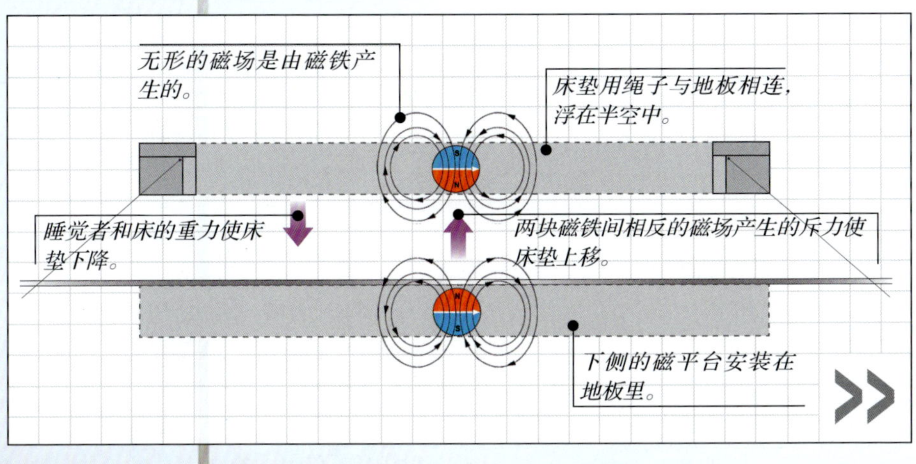

磁铁在它周围产生一个磁场。当两块磁铁靠近时，其中一块磁铁就进入到了另一块磁铁的磁场中，当靠近的两端是异性磁极时它们会相互吸引，当两端是同性磁极时它们会相互排斥。一块磁铁可以悬浮于另一块磁铁之上，通过彼此的斥力来平衡磁铁的重力。对于悬浮床来说，它用磁铁间的斥力平衡了人和床垫的重力。

高度抛光地板上的床反射图像。

▲ 这张磁悬浮床虽然浮在半空，但仍需要绳索将它固定在地板上。因为上下放置的两块磁铁很难保持平衡，其中一块会发生翻转。没有绳索，悬浮床就有可能翻倒或者侧着飞到窗户外面。

图片：高清电视与标准清晰度电视画面质量的对比

▲ 高清电视画面由 200 多万像素组成，可以看到更多细节。

电视屏幕上的画面是由被称为像素的小点构成的，电视上的每个画面可被细分为一定数量的像素。像素越高画面质量就越好，被放大时画面也不会变得模糊。高清电视比标准清晰度电视的成像效果更好，因为它的像素数量是标准清晰度电视的 4 倍。

高清电视

高清电视技术是一种能提供高品质画面的电视广播技术。与之前的标准清晰度电视技术相比，由于高清电视能显示更多的画面细节，所以可以使用超大屏幕播放。

▲ 由于标准清晰度电视画面的像素大约只有 50 万个，所以它的效果没有高清电视好，而且在大屏幕上，像素点会变得很明显。

电视成像原理

由于传送信号带宽不够，所以标准清晰度电视不能实时显示图像，而是通过扫描的方式，先扫描奇数行的 300 行图像，再扫描偶数行的 300 行图像，这种交替显示画面的技术叫做隔行扫描，它会使画面模糊并伴有闪烁。高清电视的图像由 1000 多行组成，它能一次扫描整幅画面并直接显示出来，这种技术叫做逐行扫描。

参见：电子书 p48，游戏机 p68，模拟器 p70

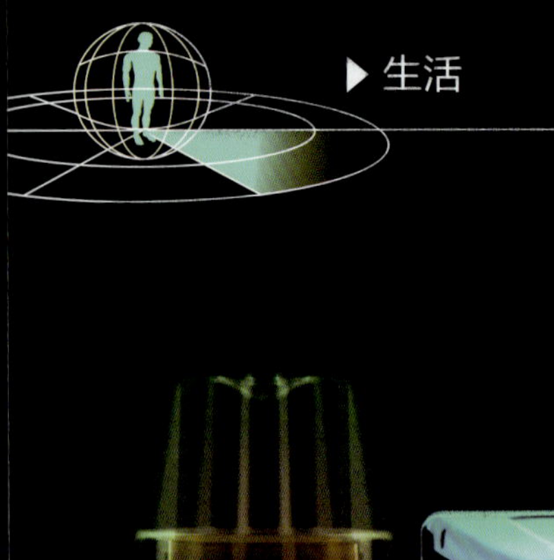

图片： 复式燃气锅炉的 X 射线

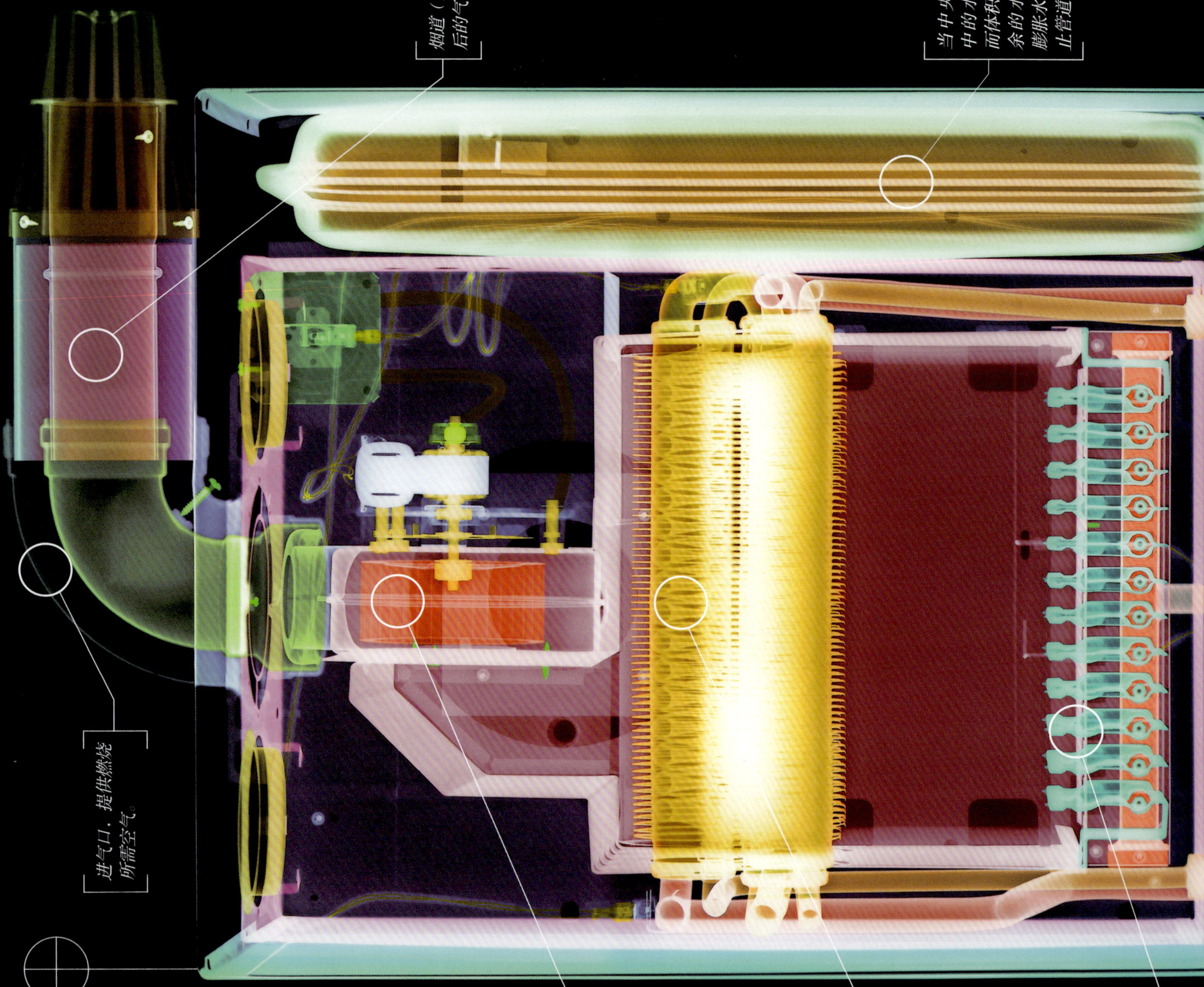

烟道（烟囱），把燃烧后的气体排放到室外。

当中央供暖系统中的水因为加热而体积增大时，多余的水可以流入膨胀水箱中，以防止管道爆裂。

进气口，提供燃烧所需空气。

▲这张 X 射线图显示了复式燃气锅炉内部的运行情况。它是热水器和中央供热器的结合。上方的管道穿过墙壁通到外部起到烟囱的作用，同时也是空气的进气口。水管和煤气管道在底部相连。

风扇，确保空气流通，防止一氧化碳有害气体的产生。

管道被热气体包围，管道内的水来回流动，热交换器通过这种方式将水加热。

热气由电火花气体燃烧器产生，这些热气给热交换器中的水加热。

燃气锅炉

▶▶ 人们都希望居室温暖并有热水供应，但这是一个复杂的工程。以提供可靠热源的燃气锅炉为例，在其内部，它的各个部分必须共同合作保证安全运行，譬如不能使气体发生泄露，不能产生一氧化碳，在供水停止时要自动关闭等。◀◀

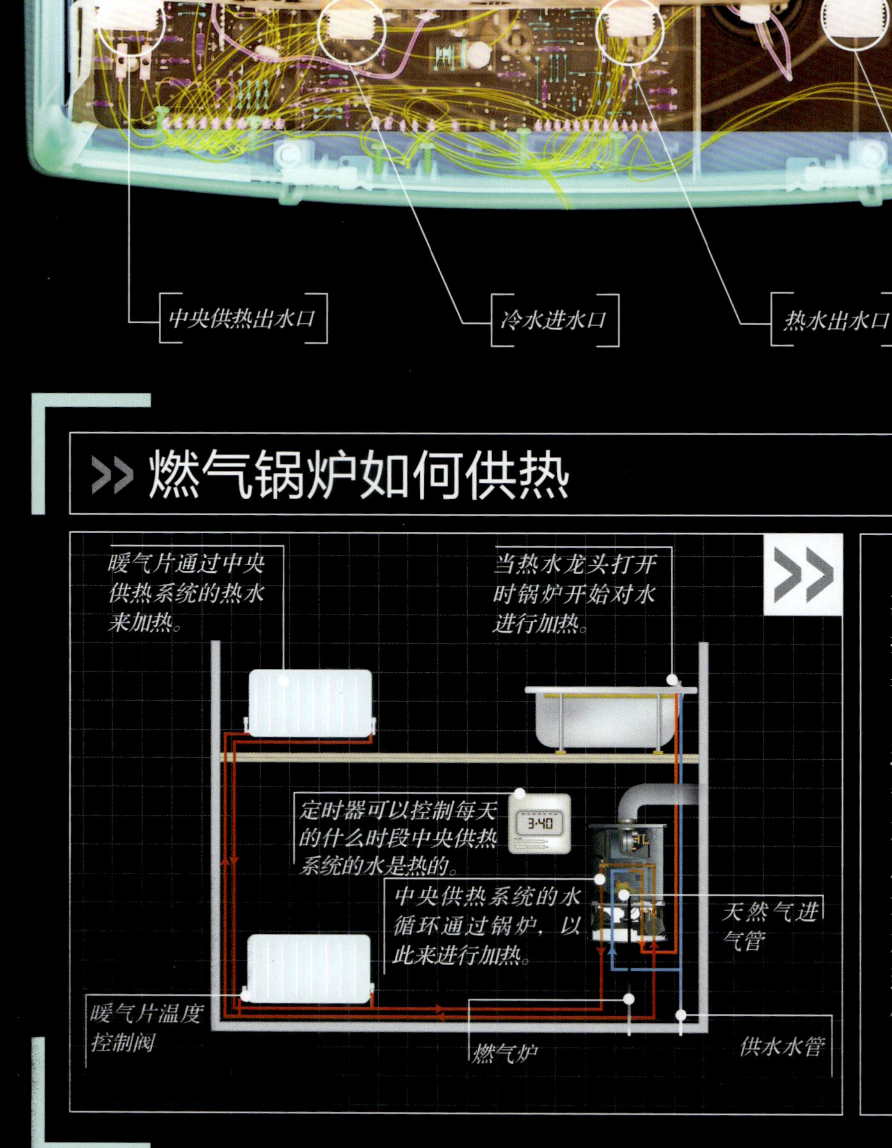

>> 燃气锅炉如何供热

复式燃气锅炉通过燃烧天然气为冷水加热，供家庭使用。水流经热交换器内部的管道时会被加热，热交换器位于火焰燃烧所产生热气的上端。中央供热系统通过泵使热水在闭环管道和暖气片中循环流动，使房间升温。每个暖气片都有一个温度控制阀，当加热开关打开时，锅炉有规律的定时点燃，保持循环系统中的水温。而水龙头中的自来水是当有需要时才会被加热。当热水龙头打开时，系统检测到水在流动，锅炉立即点燃，对外部供入的冷水进行加热。

▶▶ 参见：烟雾探测器 p12，高科技马桶 p14

风力涡轮发电机

▶▶ 巨型风力涡轮发电机是风力发电机的未来，它能利用稀薄的空气制造出清洁的绿色能源。一个涡轮机的发电量大约够 1000 个家庭使用，它在一年里产生的电力足够维持一台计算机运行 1600 多年。▶▶

风速表和风向标用来测量风速和风向，以保证发电机迎风工作。

发电机提供 690 伏电压。

变速箱将转子速度变大，使发电机在微风条件下就可以发电。

转动叶片直径达 71 米，像 15 辆家用汽车那么长。

图片：维修风力涡轮发电机

风力涡轮发电机的工作原理

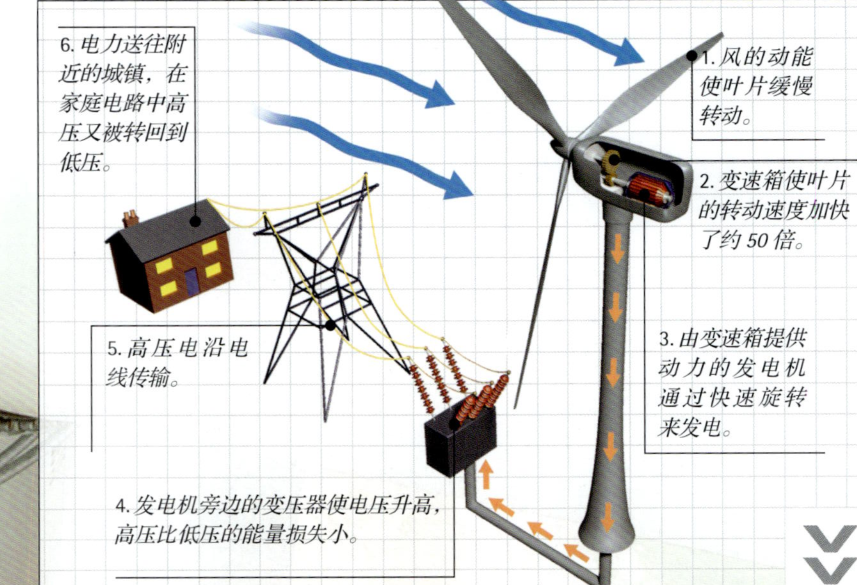

风力涡轮发电机将风能转化成电能，这与飞机的螺旋桨发动机工作原理正相反，它是将燃料转变成风能。与自行车发电机类似，风力涡轮发电机是固定不动的，所以风的运动可以带动叶片旋转，叶片旋转又为发电机提供能量。叶片之间互成角度，所以当风吹过时叶片就能旋转起来。巨大的叶片如同杠杆，即使微风也可以使它们转动。

▶ 为了获取更多的风能，风力涡轮发电机巨大的叶片高度达 80 米。1 个风力涡轮发电机的发电量为 2 兆瓦，1000 个涡轮机的发电量与 1 个大型的燃煤发电站或核电站的发电量相同。

▶▶ 参见：空中悬浮 p86，气象气球 p164

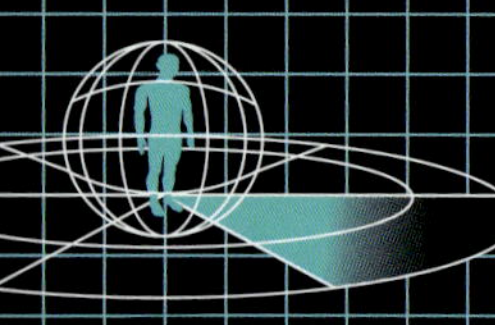

循环利用

每隔七周，我们扔掉的垃圾数量和自身的体重相当，其中大部分垃圾是由不可再生资源制成的。循环利用可减少对原材料的需求。发挥一下想象力，旧的垃圾就可被再次利用成为时髦的新产品。

《 糖果包装纸

这些手袋是由糖果包装纸编织而成的，和大多数回收再利用产品一样，每个手袋都是独一无二的。墨西哥设计师奥尔加·阿巴迪的灵感来自玛雅文明古老的编织技术。玛雅人把日常用品编织成袋。

》 电话线

这些色彩缤纷的物品是由丢弃的电话电缆做成的，它们出产于南非，运用了传统的编织草技术。各种颜色的线围着一个木轴缠绕在一起，就做成了漂亮精致而且很实用的物品。

灯管

埋藏在土里的塑料需要 500 年才能分解，如果把塑料管合理地回收利用，要比把它们扔掉更好。受鸟类骨骼的启发，这些漂亮的灯是用回收的污水管做成的。与鸟类骨骼类似，这些灯结实轻巧。

三维壁纸

回收来的纸张可以做成三维壁纸，它们百分百环保。不想要这些壁纸时，还可以把它们用到其他地方。我们扔掉的垃圾中有三分之一是纸，纸能被回收再利用的次数高达 5 次。

对自行车的回收再利用

这把椅子是用从旧自行车轮子、车把和支架上回收来的钢铁和铝做成的。自行车的外胎成了椅子的扶手，内胎用来当做椅子的坐垫。

▶▶ 参见：生物塑料 p26，恢宏的设计 p184，住所 p234

生物塑料

▶▶ 塑料无法与自然界相容，垃圾掩埋场里的一些塑料需要几十年才可以分解，其他的塑料甚至可以存在 500 年或者更长时间。然而随着生物塑料的发展，使用类似玉米淀粉这样的天然原料做成塑料，它可以在三个月内无害降解。▶▶

» 塑料是怎样被分解的

« 1. 生物塑料中含有淀粉，淀粉是植物用来存储能量的一种化学物质。当植物生长时，它从阳光中获取能量并转化成葡萄糖。葡萄糖不会立即被植物消耗掉，它会以淀粉的形式储存起来。在这个被放大了 10 到 20 倍的马铃薯切片中，可以看到植物细胞中存储的卵形淀粉粒。

细胞内的淀粉粒。

» 2. 煮淀粉类食物时，如在水中煮土豆或面食，淀粉粒吸收水分子而膨胀。在这样煮熟的马铃薯中，其淀粉粒不断变大，可将植物细胞分解，这就是生物塑料的原理。当生物塑料被掩埋后，淀粉粒从土壤中吸收水分并膨胀，最终将塑料分解。

细菌能渗透到细胞间的空隙中。

细胞壁破裂。

◀ 现在许多商店都用生物塑料包装食品，如图中的西瓜。大多数食物中含有水分，而且大气中也有水分，因此当生物塑料包装还在超市的货架上时，塑料就已经开始分解了。然而，它需要几个月时间才能完全分解。

▼ 这是在扫描电子显微镜下放大了 1000 倍以上的生物塑料，可以看到里面的玉米淀粉颗粒（橙色）。生物塑料一旦被掩埋，土壤中的水分就会使颗粒膨胀，有助于塑料的分解。这样塑料就能被土壤细菌消化，变成无害的有机材料。

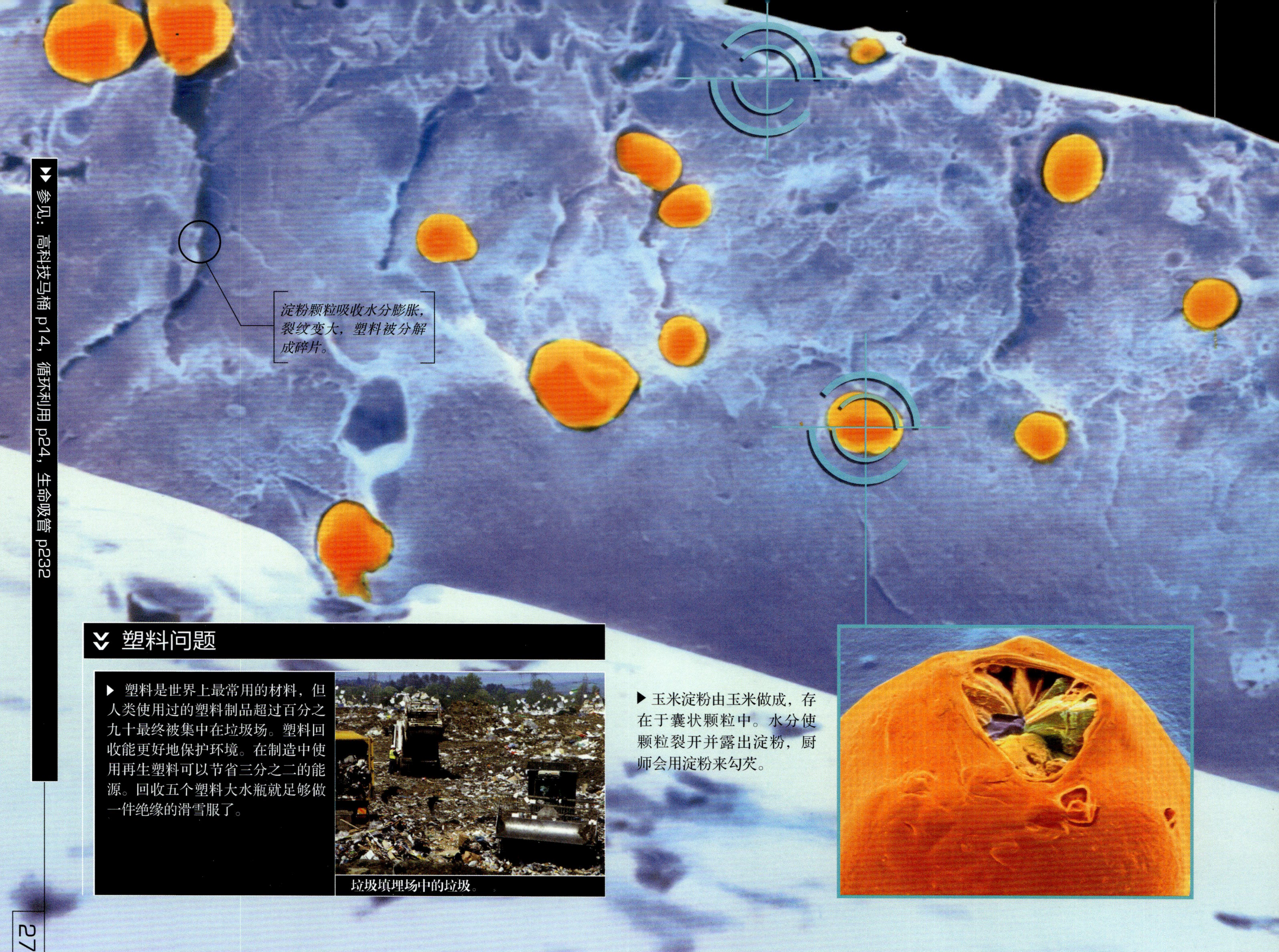

淀粉颗粒吸收水分膨胀，裂纹变大，塑料被分解成碎片。

塑料问题

▶ 塑料是世界上最常用的材料，但人类使用过的塑料制品超过百分之九十最终被集中在垃圾场。塑料回收能更好地保护环境。在制造中使用再生塑料可以节省三分之二的能源。回收五个塑料大水瓶就足够做一件绝缘的滑雪服了。

垃圾填埋场中的垃圾。

▶ 玉米淀粉由玉米做成，存在于囊状颗粒中。水分使颗粒裂开并露出淀粉，厨师会用淀粉来勾芡。

▶▶ 参见：高科技马桶 p14，循环利用 p24，生命吸管 p232

水培法的原理

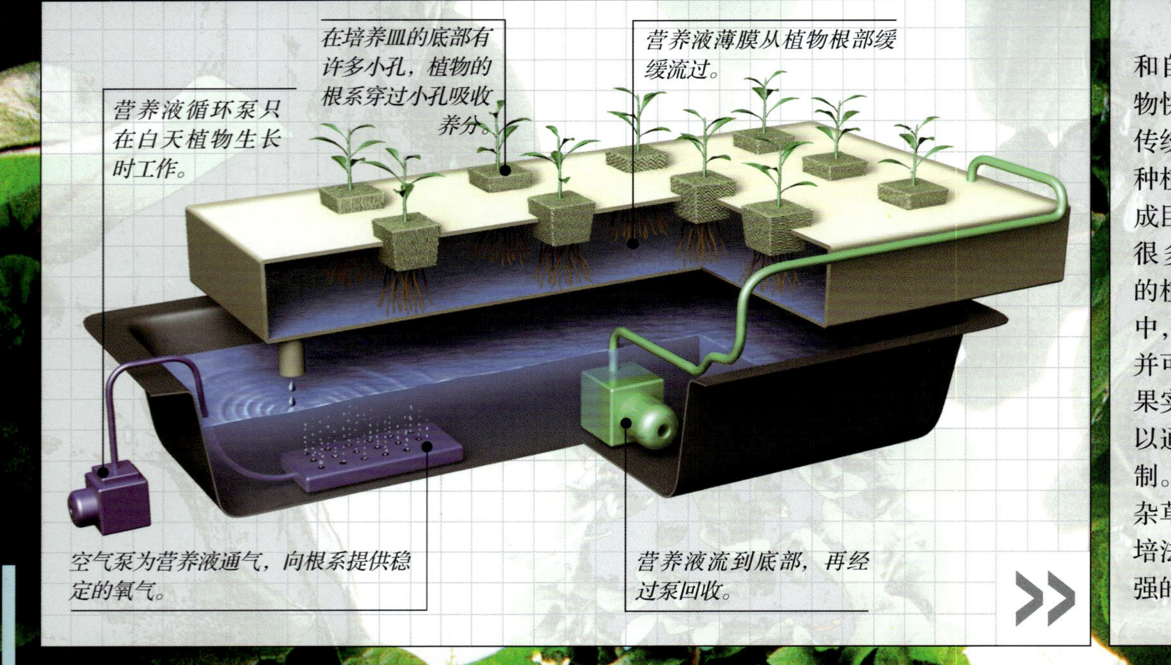

现代水培法将科学技术和自然相结合，它可以使植物快速生长而且产量是以前传统土壤种植的十倍。土壤种植的植物为吸收养分会生成巨大的根系，所以会浪费很多资源。用水培法栽培的植物，因为始终在营养液中，所以只需要很小的根，并可以把更多的能量转化成果实。植物的外观或味道可以通过改变营养液来准确控制。没有土地就意味着没有杂草或土壤细菌，这就使水培法培养出来的植物具有更强的抗病能力。

参见：超级市场 p30，伊甸园工程 p186， 生命吸管 p232

水培法

▶▶ 如果人们长期生活在太空，那就需要找到无土种植食物的方法。水培法就是其中的一种，它利用有营养的水分来代替土壤帮助植物生长。▶▶

图片：水培室内部

▲ 在水培室里，植物的根部不是在土壤中，而是被放在水里。土壤的主要功能是提供植物生长所需的养分。如果水可以提供这些养分，那么就不需要土壤了。水培法古已有之，现在太空科学家们对水培法有着极大的兴趣。

气培法

空中花园绿色植物栽培器中的草本植物

▲ 气培法与水培法类似，不同的是植物不在水中生长，而在空气中生长。空中花园绿色植物栽培器中植物的生长速度要比普通的土壤种植快五倍。植物的根系在一个密封的容器中，内部空气湿度（含水量）达百分之百，含氧量高，由计算机控制养分补充。顶部的日光灯提供虚拟阳光。

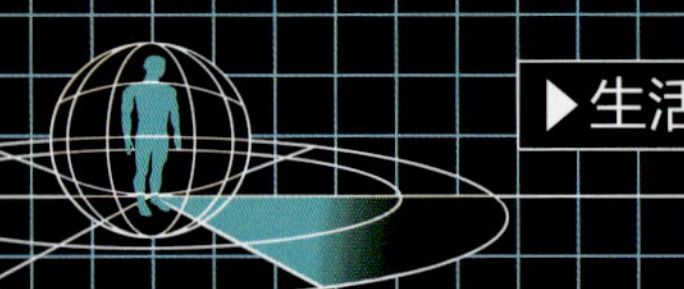

超级市场

网上购物
消费者在家中就可以享受 24 小时购物的便利。超市网站列出商店的所有商品。消费者可以在网站上浏览和选择他们想要的东西，并约定交货时间。约三分之二的互联网用户目前在网上购物，但百分之九十五的消费仍然发生在实体店里。

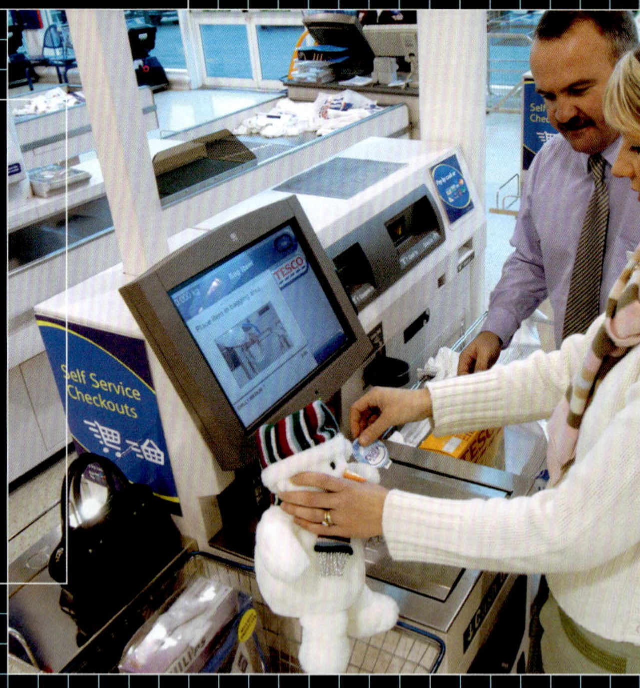

自助服务
这些客户在录音和计算机屏幕提示的帮助下扫描自己的商品。由于无需雇佣收银员，这样的结账方式降低了商场的成本。为防止偷窃，商场内装有监控摄像机。

一个人一生中会有八年半的时间用来购物，所以能使购物变得轻松的设备必然会受到欢迎。自 19 世纪 80 年代超市出现收银机以来，商店已朝着高科技方向发展。今天，从手推车到冰柜，几乎每件物品上都装有微芯片。

条码扫描器
结账时，收银员用激光扫描仪来识别顾客购买的每一件物品。红色激光束在印刷条码上扫描，条码上包括价格在内的商品的各项数据。商场经理可以通过数据了解销售情况，计算出需要进货的商品。

闭路电视摄像头
大概有百分之十的人会从商店偷东西，这个装在天花板上的闭路电视摄像头可以慢慢旋转，监测店内的大部分区域。影像被记录在磁带或磁盘里，在诉讼案件中可以作为证据使用。

智能购物车
当你在商场购物时，购物车的计算机通过天花板上的无线电信号发射器追踪你的行程。计算机可以记住你每周所买的东西。当你在超市里闲逛时，它会提醒你购买所需物品并告诉你哪些是特价商品。

▶▶ 参见：集成 p56，钞票 p208，防盗微粒 p216

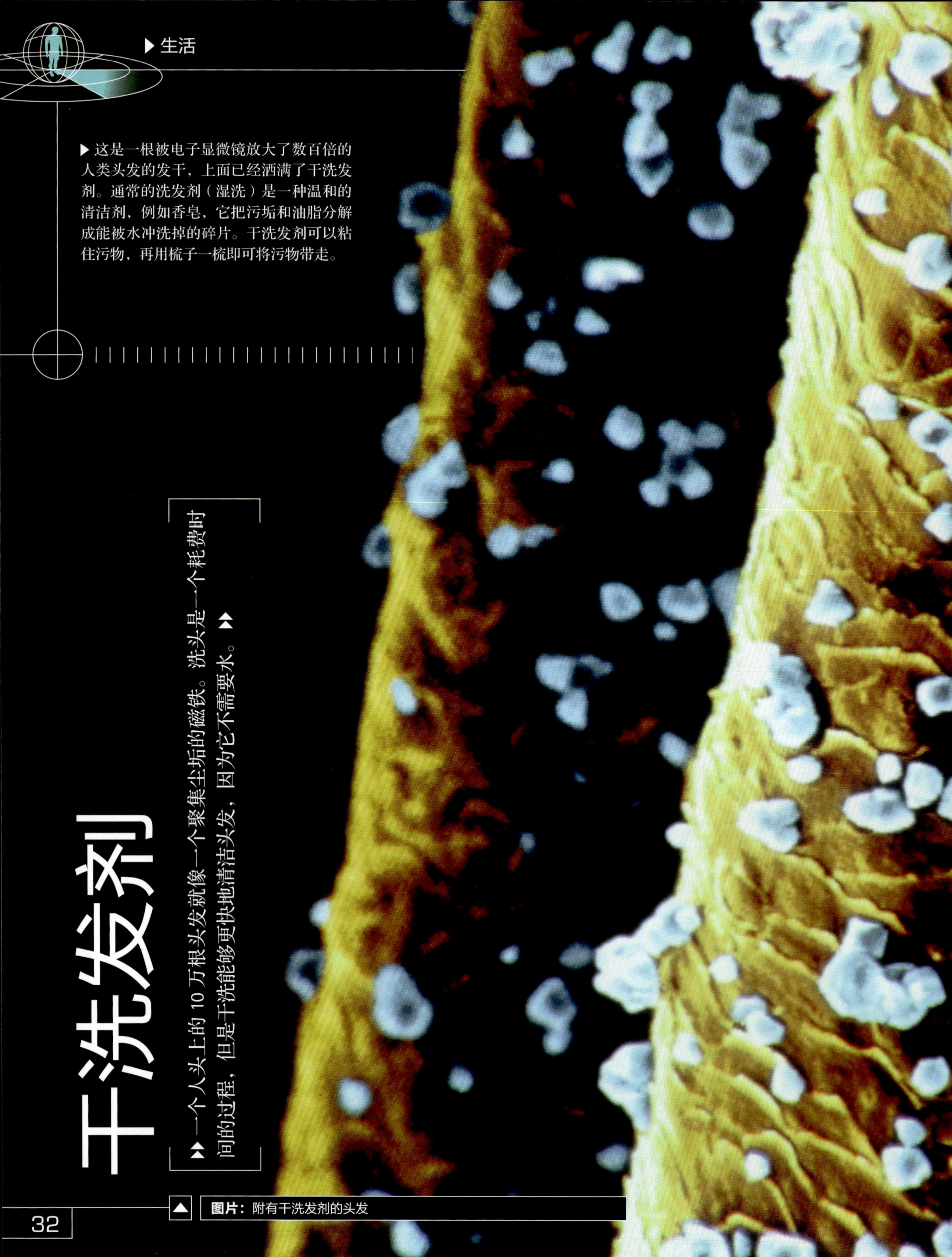

这是一根被电子显微镜放大了数百倍的人类头发的发干，上面已经洒满了干洗发剂。通常的洗发剂（湿洗）是一种温和的清洁剂，例如香皂，它把污垢和油脂分解成能被水冲洗掉的碎片。干洗发剂可以粘住污物，再用梳子一梳即可将污物带走。

干洗发剂

一个人头上的 10 万根头发就像一个聚集尘垢的磁铁。洗头是一个耗费时间的过程，但是干洗能够更快地清洁头发，因为它不需要水。

图片：附有干洗发剂的头发

▶▶ 参见：显微镜 p162，微型机器 p200

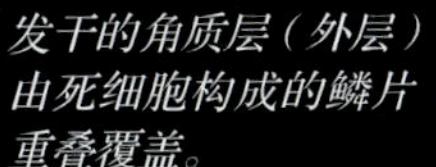

发干的角质层（外层）由死细胞构成的鳞片重叠覆盖。

干洗发剂通过化学作用粘在发干的油脂和灰尘上。

头发糟糕的日子

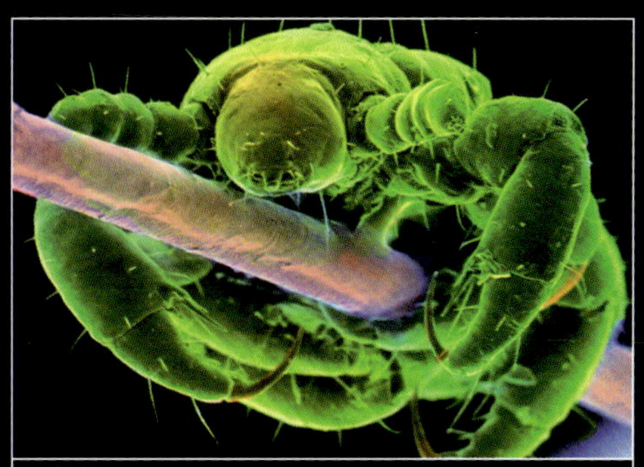

头虱

▲ 任何普通的洗发水都无法阻止头虱的产生。这些微小、无翅的昆虫在人类的头发上蠕动，通过吸食头皮上的血来生存。虽然它们只能活一天，但在死之前可以产下10只卵。去除它们的唯一办法是使用特殊的洗发水，同时配上一把合适的梳子。

干洗发剂的清洁过程

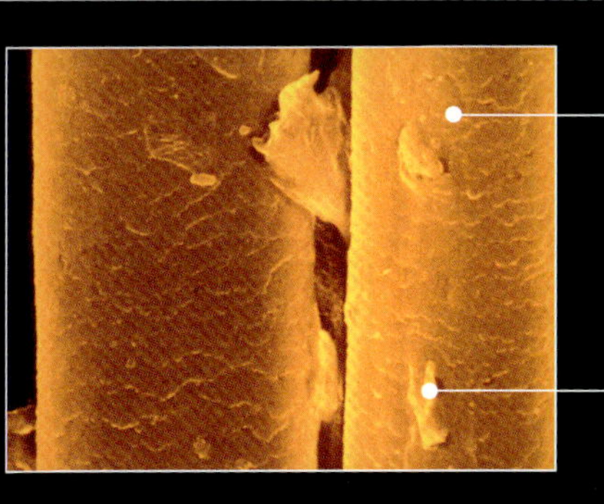

1. 头皮里毛囊周围的腺体会分泌油脂，油脂可以防水并保护头发。如果不洗头，会造成皮脂积聚，产生污垢，使人感到很不舒服。短头发比长头发更容易油腻。

2. 干洗发剂能将粘在头发上的油脂和污垢牢牢吸附住。当梳头时，由于干洗发剂薄片较大无法通过梳齿，梳子可以把洗发剂和头发上的污垢一起带走。

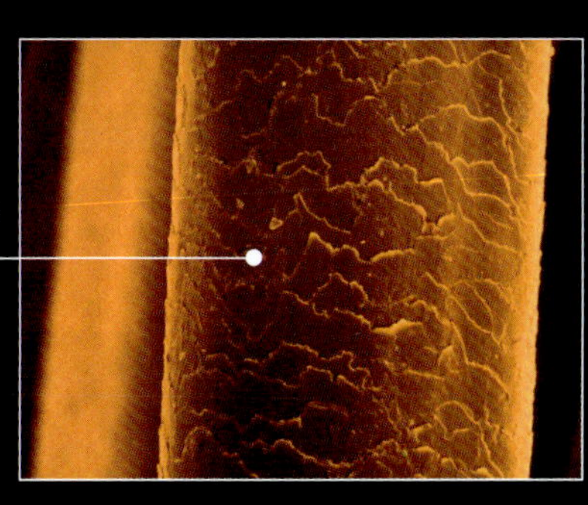

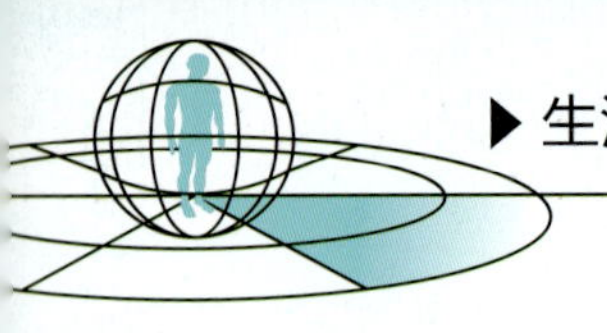

人工视网膜

▶▶盲人生活在黑暗的世界里，但新的技术可以帮助他们重见光明。人工视网膜，类似于数码相机，可以绕过已经失效的视觉系统，将外界的图像直接传送到盲人的大脑里。▶▶

▶ 人工视网膜是南加利福尼亚大学发明的，植入手术只需要90分钟。手术后，视力有些模糊，但能看清一些简单的形状，能感知到物体的移动。盲人一旦适应了这个系统，他们的大脑中就会填补上一些丢失的信息并且视力得到改善。

人工视网膜接收到由相机拍摄的经过微芯片处理的图像。

内置在眼镜里的数码相机代替盲人受损的视网膜来捕捉图像。

▲ **图片：** 人工视网膜模型

▶▶ 参见：蓝牙 p50，模拟器 p70，眼镜 p230

人工视网膜的原理

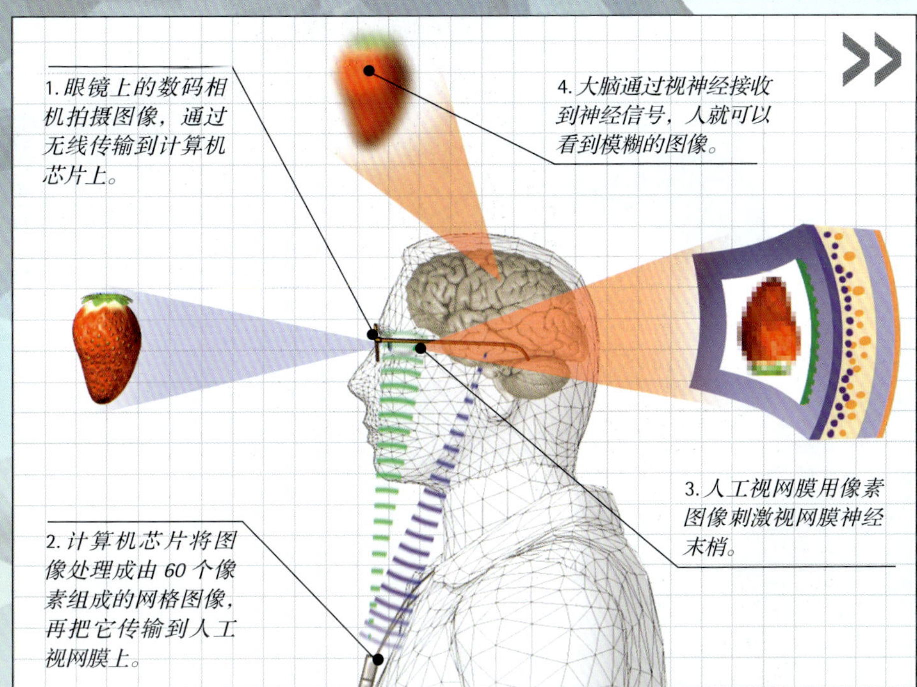

盲人之所以看不见是因为角膜和视觉皮层之间的通路损坏。将信号从眼睛传输到大脑的视神经通常是正常的。科学家们正在努力通过把图像直接传送到视神经来恢复视力。与电子眼相连的微芯片拍下数码图像，图像被发送到人工视网膜上。这样可以刺激视神经将图像传送到大脑。

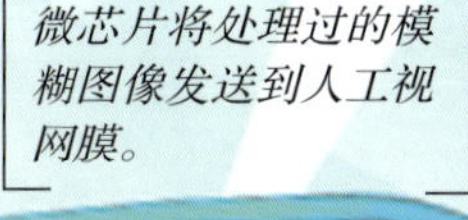

机器人视觉

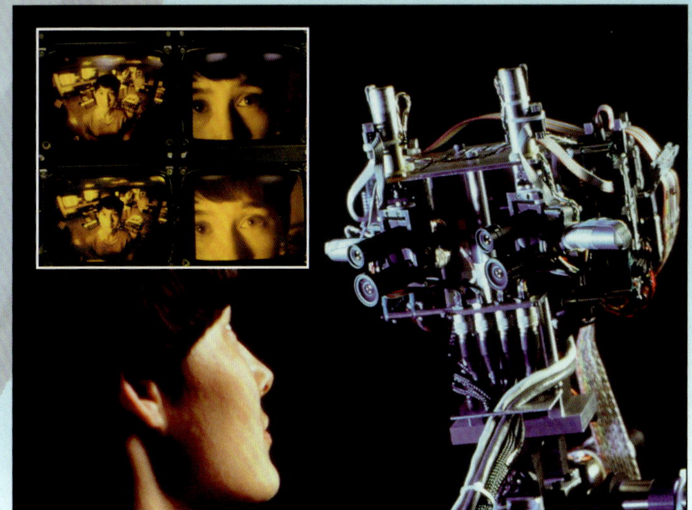

机器人 Kismet “看到”一个对象

▶ 机器人 Kismet 有一个人工大脑，眼睛由 4 个数码相机组成。其中两个用来观察广角，另外两个用来看近处物体。计算机通过 4 个图像检测附近的人脸，然后将机器人的头自动转向他们。为了让机器人 Kismet 看起来更像人，将脸转向人只是其中的一种方法，它还可以自己闭眼，并通过扬眉或皱眉来表达悲伤、沮丧或惊喜。

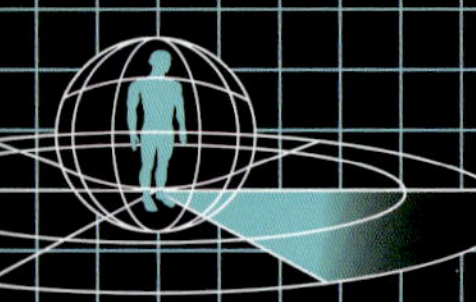

计时器

数百年来，时钟和手表上都安装有指针，指针在复杂机械装置的驱动下运转。如果不定期上发条表就会停。现代计时器外形和尺寸多种多样，有的和无线电广播保持时间同步，有的使用晶体振荡器，甚至有一种手表采用的是专为互联网时代而设计的新的计时方式。

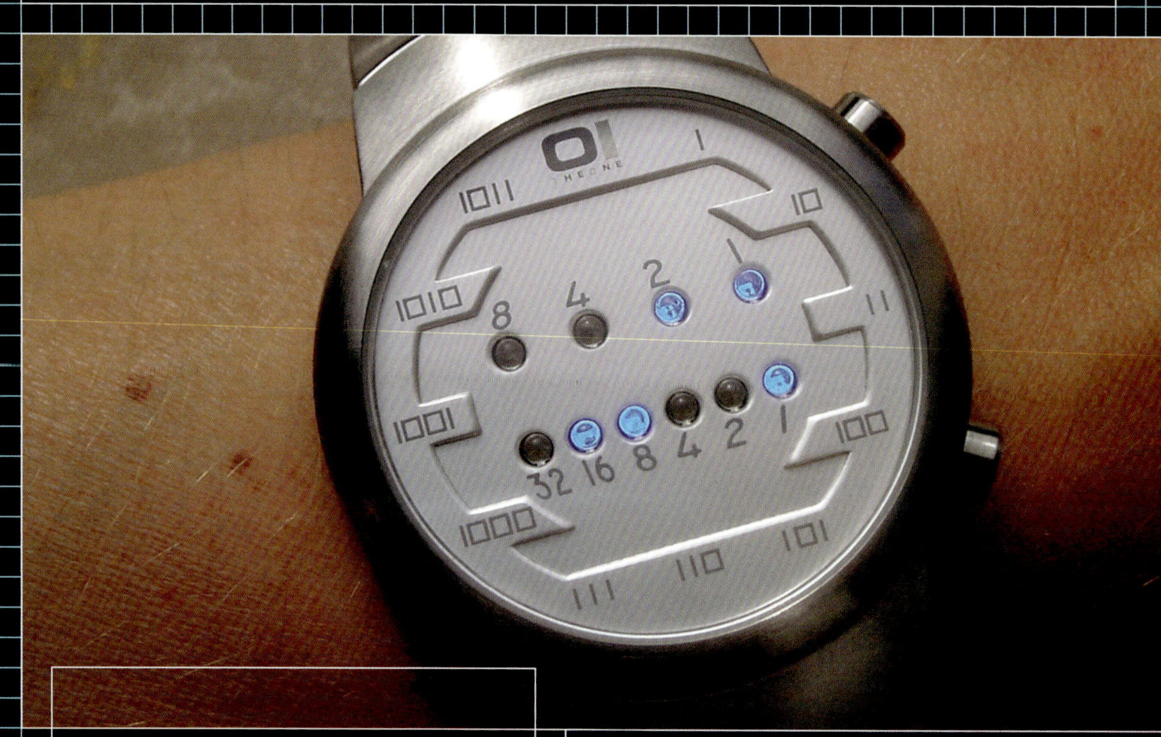

二进制手表

计算机用二进制数 0 和 1 来存贮数据，这种手表也一样。第一个灯代表 1，后面每个灯都是前一个灯的 2 倍。加到一起，你就会看到这个手表显示的时间是 3:25。

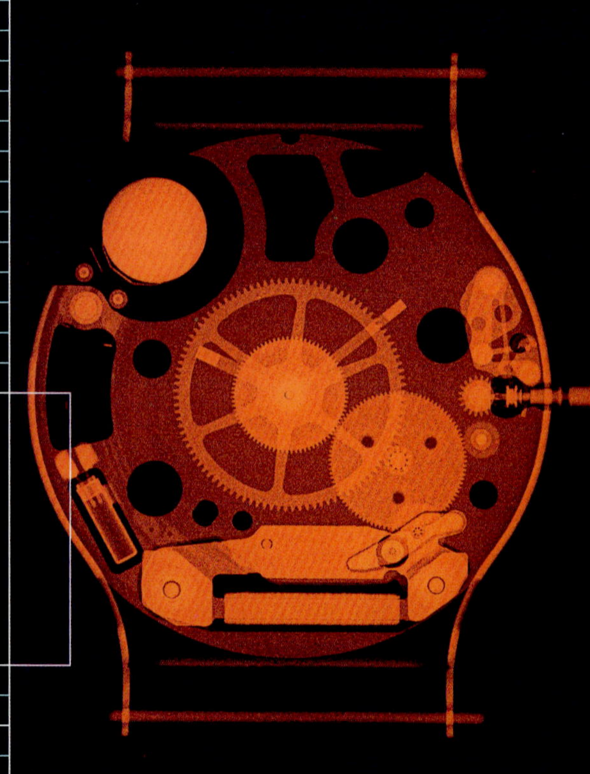

石英表的 X 射线图

电可以使石英晶体（图中左下方）以非常精确的速率摆动，这可用于准确控制手表指针的每一次运动。

原子手表

世界上最好的钟是原子钟。它们可以将时间误差控制在十亿分之一秒内。但原子钟太大，不能戴在手腕上。原子手表通过接收规律的无线电信号来保持时间的精准，使其与国际上通用的原子时间同步。

发光二极管时钟

你能告诉我这两个发光二极管时钟所显示的时间吗？是 12:34. 按顺序数一下亮灯的灯数就知道时间了，很简单吧！

互联网时间

通过互联网安排事情会使世界变得异常混乱，因为人们所用的时间是各自居住时区的时间。为了解决这个问题，人们使用在任何地方都相同的“互联网时间”。它把一天分成 1000 份，每一份长约 1.5 分钟。

▶▶ 参见：蓝牙 p50，集成 p56，超级计算机 p60，侦察 p214

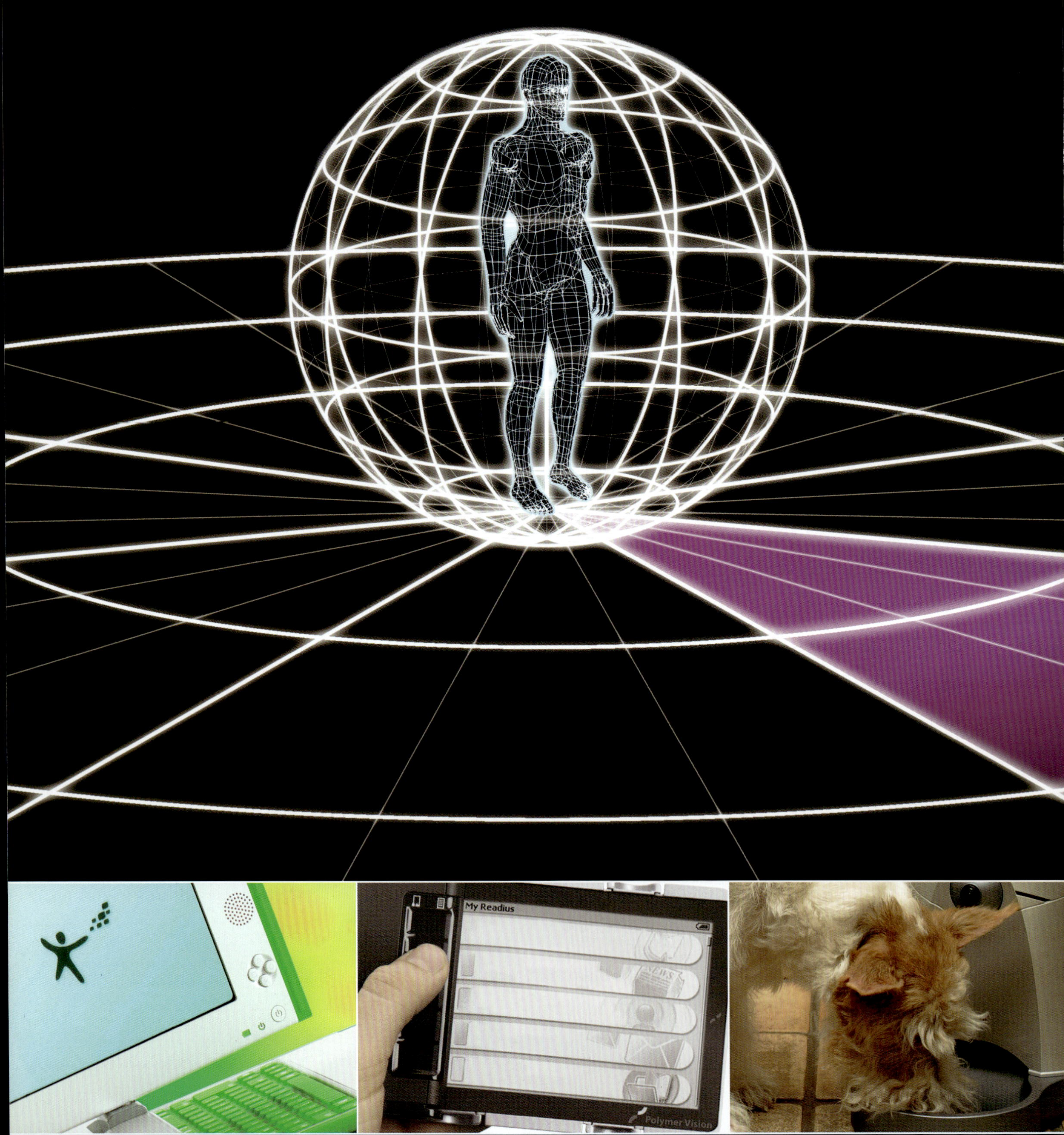
My Readius
Polymer Vision

>> 连接

大众化笔记本电脑 » 鼠标 » 无线智能玩具 » 电子书 » 蓝牙 » 宠物录影 » 平视显示器 » 集成 » 电子投票 » 超级计算机 » 在家搜寻外星生物

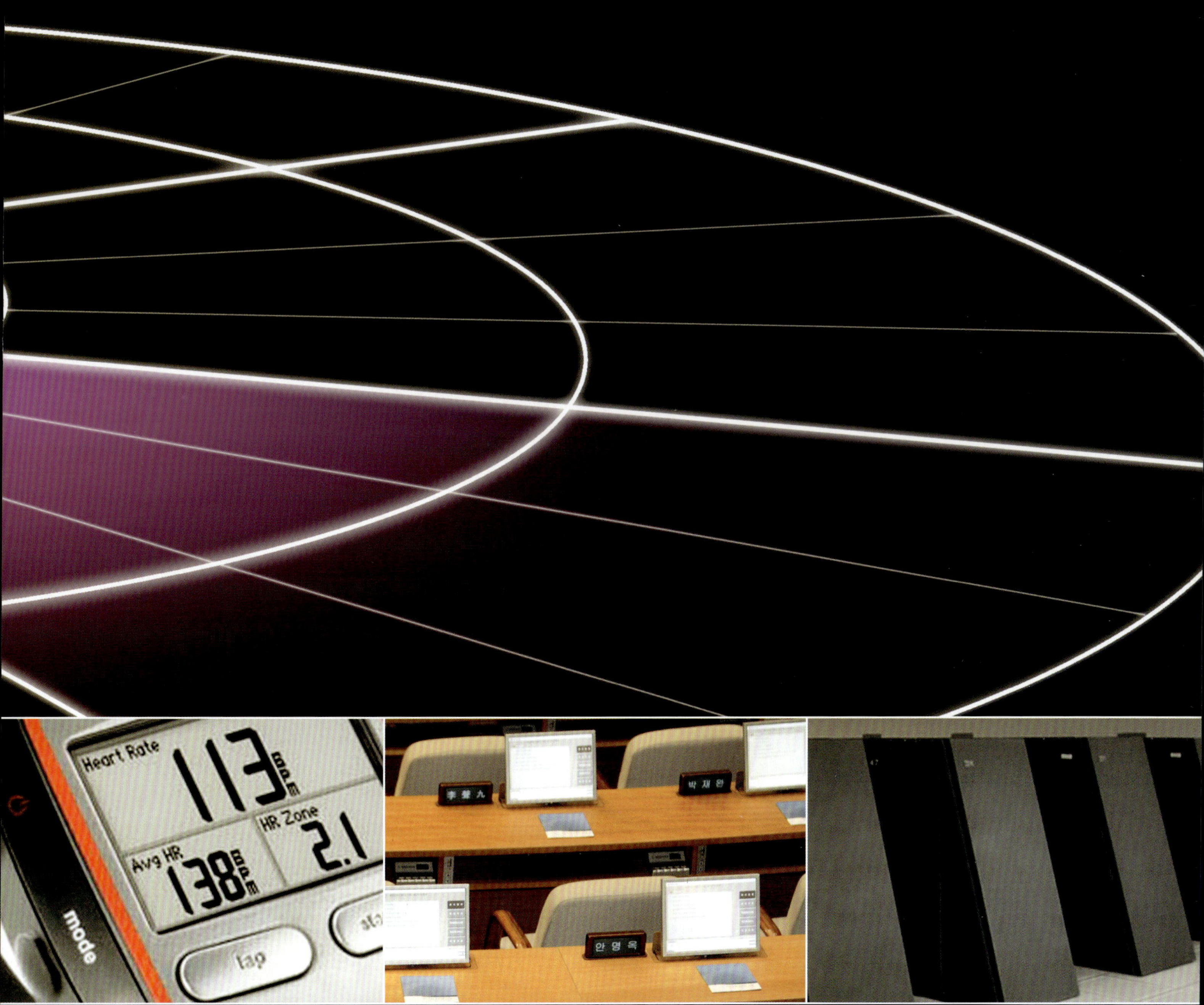

是什么让这只兔子扭动它的耳朵？ p46

▸▸ 21世纪人们之间的距离不再遥远。移动电话随处可见，世界各地的电脑通过互联网交换数据。很多设备都具有多项功能，其中一项就是与其他设备的通讯功能。随着无线技术的发展，传输数据大多使用无线电或红外线，承载着基础连接作用的电线和电缆将会成为历史。▸▸

怎样和拇指大小的机器人沟通？ p50

为什么这种啮齿动物没有球玩？ p44

XO 笔记本电脑的工作原理

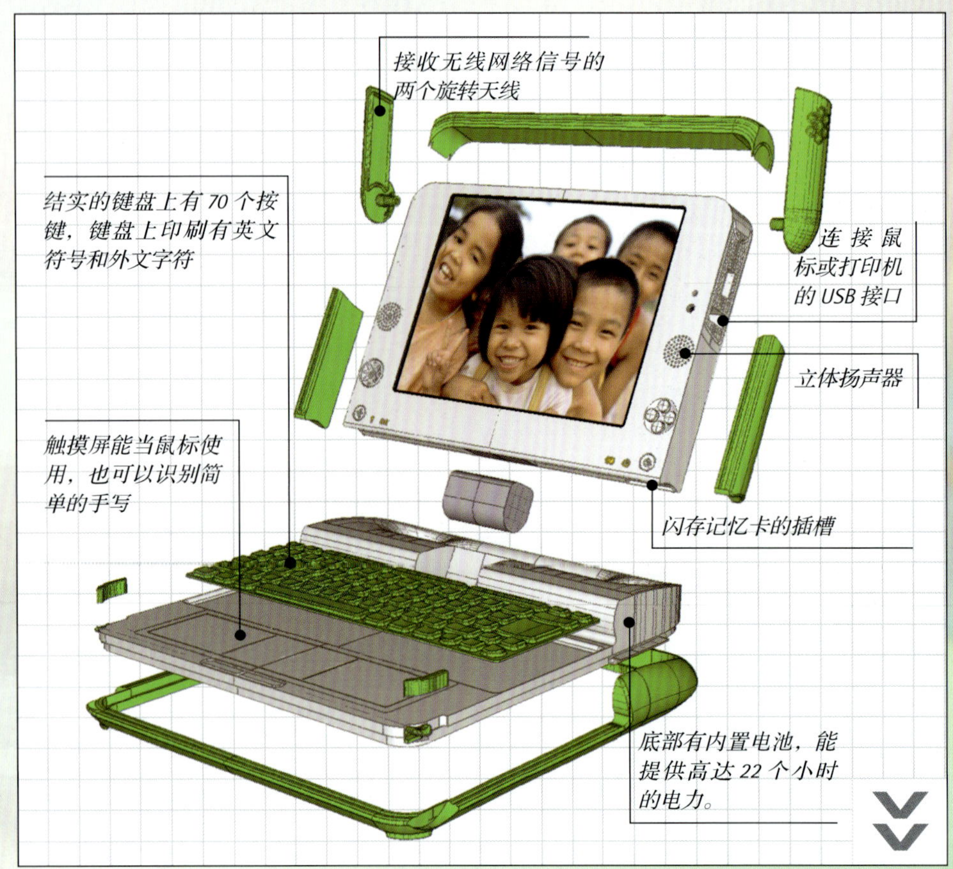

XO 笔记本电脑的设计理念是功能强大而又价格便宜。它有一个便宜的处理器芯片，能运行简单的操作系统（控制计算机和运行程序的最主要软件）。它没有传统的硬盘驱动器，而是用类似于数码相机里的“闪存”卡作为存储设备。有一个连接笔记本电脑的电源端口，但由于某些发展中国家电力的缺乏，较新型号的充电模式改为手摇式、脚踏式或拉绳式。内置的无线网络芯片使笔记本能自动与邻近的机器及互联网相连。

大众化笔记本电脑

▶▶ 世界上超过 80%的人没有上网设备。XO 笔记本电脑的设计目的就是将信息的力量带给所有人。这款笔记本电脑的价格只有 50 英镑，它将出售给发展中国家的政府，提供给学生使用。▶▶

▶▶ 参见：无线智能玩具 p46，电子书 p48，集成 p56

图片： 带有旋转屏的 XO 笔记本电脑

◀“每个孩子一台笔记本电脑”是 XO 笔记本电脑项目的目标。类似这样的设备弥合了富裕国家和发展中国家之间的数字鸿沟，在发展中国家几乎很少人有机会接触电脑和互联网。目前，印度仅有 5% 的人能接触到互联网，而在美国这一数字大约为 75%。

发条电源

▶使用发条电源供电的设备在发展中国家日益流行，如收音机、笔记本电脑。这是因为有些发展中国家的大型电力网络还不够普及。这个便携式装置可以通过脚踏发电给 XO 笔记本电脑供电。

便携式发电机

鼠标

传统的鼠标由弧形的塑料外壳、可以点击的按钮、底部用于感知移动的滚动球以及电脑连接线组成，但滚动球容易沾上灰尘，连接线使鼠标只能在桌上有限范围内移动。因此近年来，人们制造出了许多更灵活、更方便的鼠标。

三维空间导航鼠标

三维空间导航鼠标的压力传感技术可使用户通过对按钮简单的推、拉、扭或倾斜来放大和旋转三维图像。压力越大，鼠标移动得就越快。

蓝牙鼠标

蓝牙鼠标不需要连接线，而是使用经过编码的无线电信号与电脑相连。它的能量来自于内置的充电电池，所以当蓝牙鼠标没电的时候，需要插上电源为电池充电。最新的无线鼠标可以不使用电线进行充电，把它放在特殊的鼠标垫上即可。

变形鼠标

这款圆滑的鼠标能预防肢体的重复性劳损。使用者可以改变它的形状，使操作方式多样化。外型设计符合人体工程学，使人握起来更舒服。鼠标是无线的，能拿到远离桌子的地方。

光电鼠标

这款没有滚动球的鼠标用光学感应器来探测鼠标下面的微小细节。计算机通过分析不断变化的图片来判断鼠标的移动速度和方向。

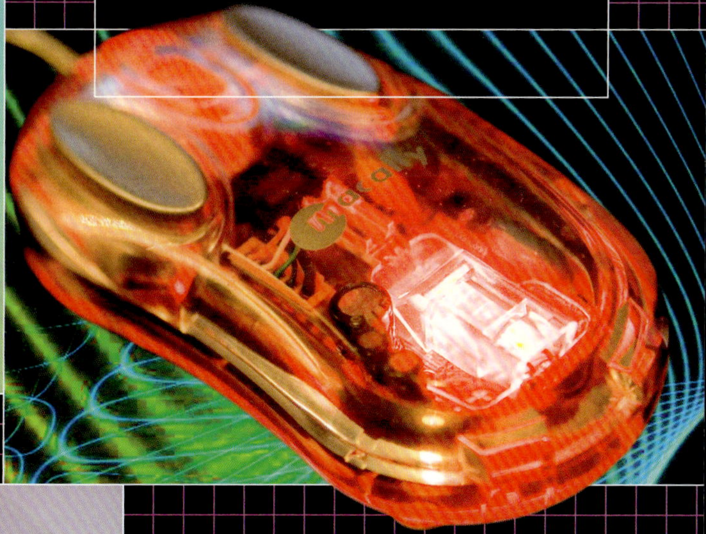

盲文鼠标

盲人使用一种由许多凸起的点组成的书写系统，即盲文，他们用手指触摸凸点来阅读。盲文鼠标圆盘上的升降销，能够实现各种样式的凸点组合，从而将计算机输出转换成盲文。读者通过旋转转盘来移动手指下面的字符。

▶▶ 参见：无线智能玩具 p46，蓝牙 p50，超级计算机 p60，在家搜寻外星生物 p62

图片：Nabaztag 无线智能小兔的截面图

▶▶ 参见：鼠标 p44，电子书 p48，蓝牙 p50，侦察 p214

无线智能玩具

▶▶ 如果有新的电子邮件到达，Nabaztag 智能小兔就会摆动它的耳朵，然后读出最新的信息。它使用无线电信号，可以通过附近的无线网络与互联网相连。小兔由一台中央计算机控制，它的主人可以通过制造商的网站来访问中央计算机。▶▶

怎样和无线智能玩具交流

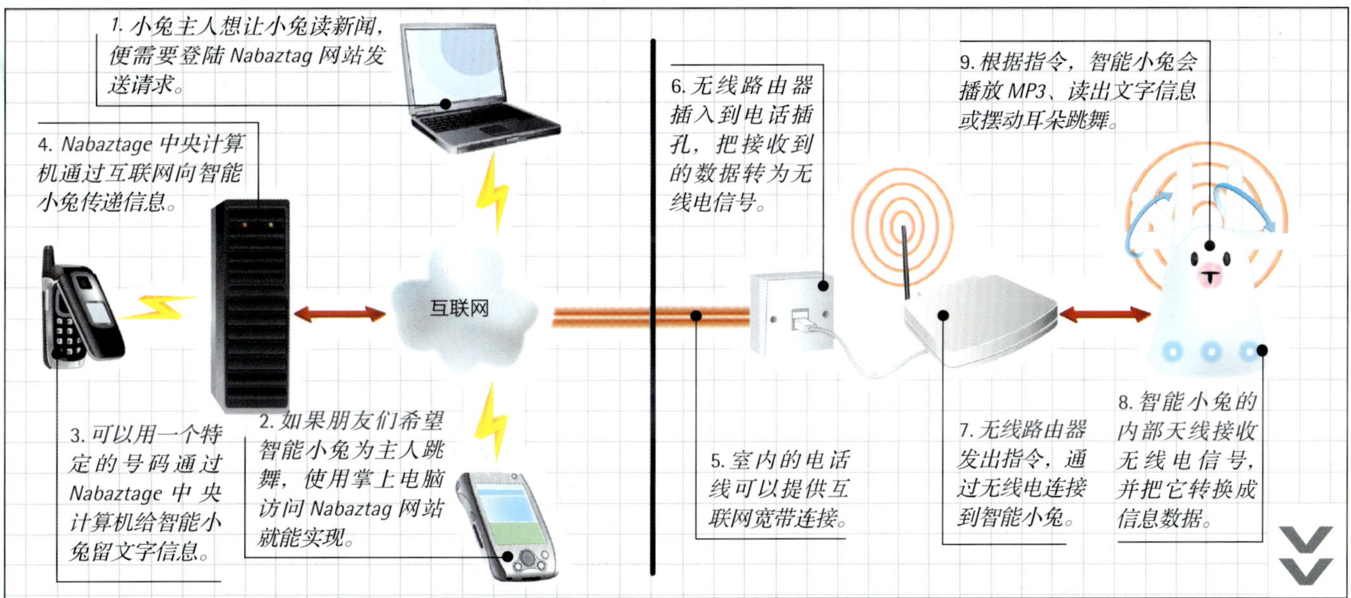

所有发给智能小兔的信息会先传送到制造商的中央控制计算机上。主人和朋友可以通过中央计算机与智能小兔交流，具体的方法是用笔记本电脑或掌上电脑上网，把信息输入到制造商的网站，用户还可以用移动电话通过特定号码直接连接到中央计算机上。计算机收到信息后找出需要的数据，它可能是让小兔朗读新闻的 mp3 文件或者是让小兔摆动耳朵的程序，然后中央计算机再通过互联网将数据发送给智能小兔。

◀ Nabaztag 智能小兔身体内部有一台计算机，用来处理接收到的数据。此外，还有连接无线网络、播放声音、控制灯光和耳朵摆动的电子器件。

苹果电视

▶ 苹果电视的外壳是一个盒子，可以与电视相连，还能和家里的电脑无线连接。这样通过电视就能看到储存在电脑硬盘驱动器里的电影或其他节目了。

苹果电视盒和控制器

图片： Readius 电子书阅读器

电子书

高对比度的黑白显示屏在阳光直射下也可以阅读。

▲ 这款 Readius 电子书阅读器有 4G 硬盘，足够储存 5000 本像圣经大小的书。它也能储存电子邮件和音乐，用一个叫做 RSS 阅读器的软件能接收互联网最新更新的新闻。

▶▶ 我们可以把数千首音乐放在 MP3 播放器里，那为什么不把书也随身携带呢？电子书携带方便，便于阅读，能将整个图书馆放进你的口袋。▶▶

电子墨水的工作原理

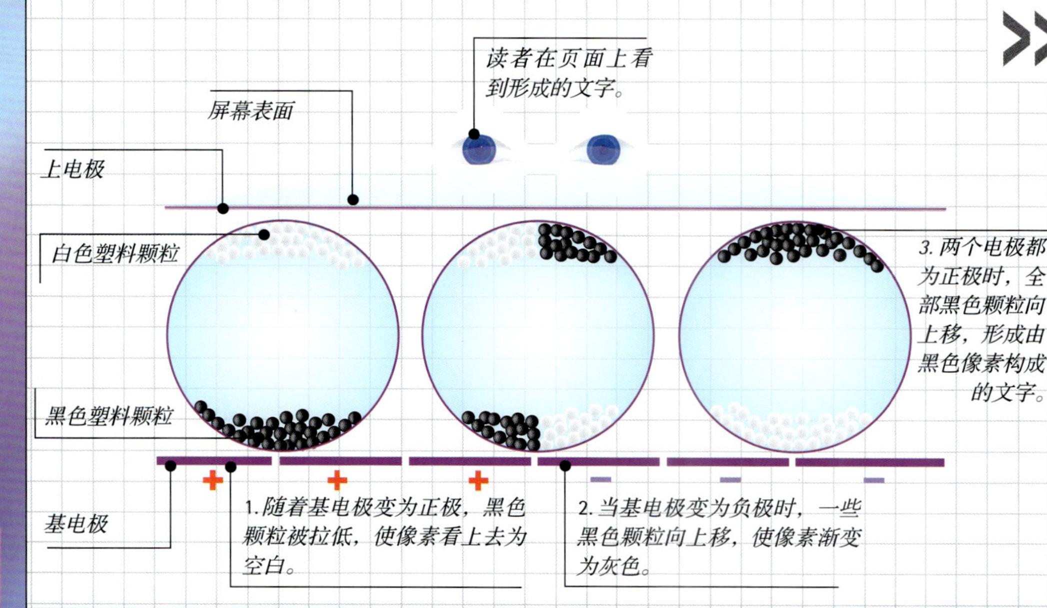

笔记本电脑、手机和计算器都是用上百万称作像素的小点来显示文字和图片的。普通液晶显示器每厘米只有 35 个像素，相当于普通电脑打印机的六分之一，这就是为什么打印的文本更清晰易读。电子书阅读器是用像头发丝一样粗细的小塑料胶囊制作出了每厘米 60 至 80 像素的超清显示屏。每个胶囊包含有黑色和白色颗粒。在精确的电子控制下，颗粒移向胶囊的顶端或底部，在屏幕上组成文字和图片。这种显示不仅仅比电脑屏幕清晰，而且它在阳光直射下也能阅读，用电量更少。

▶▶ 参见：无线智能玩具 p46，集成 p56，游戏机 p68

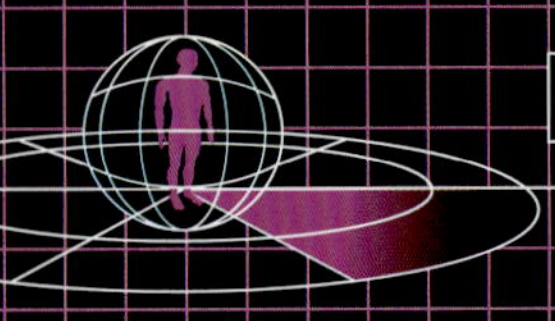

蓝牙

蓝牙技术显著地改变了机器间信息交换的方式。它是一种短距离的无线连接方式，它可以安全地实现电子设备间的连接，并且逐步取代一些器件间的电线连接，例如打印机、耳机和电视游戏机。蓝牙技术创建一种智能的无线连接方式，它每秒改变频率 1600 次，避免了无线电干扰。

微型机器人

蓝牙产品的外形可以做得非常小，如这款只有拇指大小的微型机器人。蓝牙连接设备和很多其他的无线控制系统不同，它使用数字编码连接。这就意味着几个连接器可以共用一个频率却不会出现问题。

遥控直升飞机

这个微型直升飞机，重约 12 克，使用蓝牙接收指令并将空中拍摄的照片传送回基地。蓝牙技术通常有一个最大的连接范围，大约为 10 米，但使用更大功率的发射器能使连接范围扩大。

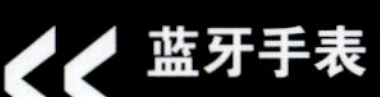

蓝牙手表

这只手表用蓝牙与手机相连，当手机接到电话或者短信时，手表会震动，并显示来电人的信息或文字短信的内容。它还能在手机电池电量过低时发出警报。

眼镜手机

这款眼镜上装有一个为手机设计的内置蓝牙免提装置。小扬声器与耳朵大小刚好相配，麦克风用来采集语音。眼镜上有一个接听电话的按键。你可以把这个装置隐藏在头发或帽子里。

滑雪 MP3 播放器

这个蓝牙控制器被装在了一件滑雪夹克衫里，与帽子的内置扬声器相连，衣领处有一个麦克风。它与手机、MP3 播放器无线连接，佩带者能免提接听电话，或者边滑雪边听音乐。

▶▶ 参见：无线智能玩具 p46，宠物录影 p52，机器人 p90

宠物录影

▶▶ 宠物主人不在家时，主人仍能看见自己的宠物，确保它们的安全，而且只需点一下鼠标就能喂养它们。远程宠物饲养机 iSeePet 是一种特殊的饲养工具，它装有摄像头并与互联网相连。▶▶

▼ 远程宠物饲养机 iSeePet 能实现宠物主人与家中的宠物相联系的功能。通过网络连接，他们可以命令远程宠物饲养机敲响铃铛吸引宠物的注意，还可以用摄像头看到他们的宠物。

▲ **图片：** 远程宠物饲养机 iSeePet 的通讯系统

饲养机会根据主人命令把宠物粮食放到宠物的食盘中。

宠物录影的原理

当宠物主人登陆宠物饲养机的网站，远程宠物饲养机就会播放摄像头拍摄的视频直播。主人通过网络指示饲养机播放声音，召唤宠物到饲养机前面来，再指示饲养机放一部分食物到宠物的食盘中去，食物的多少可以调节。系统允许多人在同一时间不同的电脑上照看同一只宠物。

机器狗

机器狗 Aibo 在玩耍

▲ 饲养和训练一只真的宠物似乎需要花费太多的精力，机器狗能解决这个问题。机器狗 Aibo 没有真狗温暖和柔软，但是通过编程，它的行为看起来很像一只真正的狗。

▶▶ 参见：无线智能玩具 p46，集成 p56，电子投票 p58，侦察 p214

平视显示器的信息投影在挡风玻璃上。

语音的卫星导航系统减少了需要低头看屏幕的次数。

平视显示器

▶▶ 司机在夜间驾驶时需要格外小心，因为注视路面是很重要的。平视显示器将发光的数据显示在挡风玻璃上，这样驾驶员就不必低头看仪表盘的仪器显示了。▶▶

平视显示器的工作原理

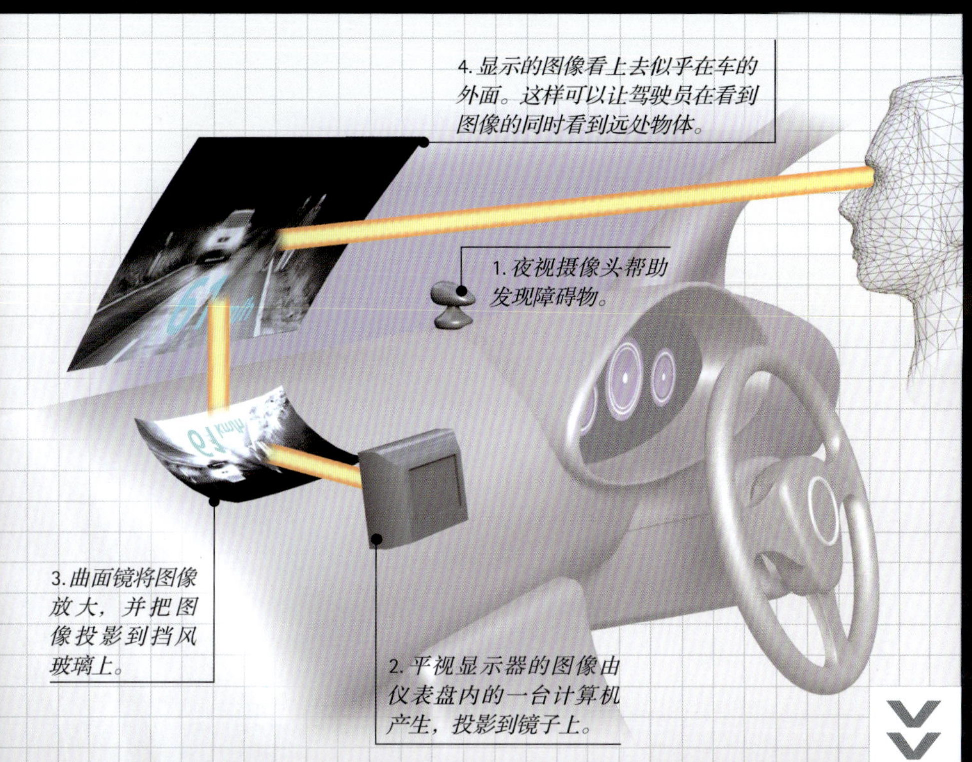

平视显示器可以投影在汽车的挡风玻璃或一块安装在它前面的特殊透明玻璃上。计算机生成一个图像，然后通过一系列透镜和反射镜投影在挡风玻璃上。曲面镜使光线弯曲，营造了显示的图像在挡风玻璃外的幻觉，这样可以让用户不用重新调整眼睛焦距，避免使司机疲劳和分心。在夜视系统里，路面图像是由红外线照相机拍摄的。

▲ 汽车的平视显示器显示当前的速度和夜视摄像机所拍摄到的路面情况。司机可以选择显示在平视显示器上的信息，以适应不同的驾驶环境。

飞机的平视显示器

降落时战斗机的平视显示器

◀ 平视显示器首先被应用在军事飞行器上。军事飞机飞行速度快，高度低，因此任何时候飞行员在检查设备而没有注意驾驶舱外时，都可能造成飞机坠毁。许多飞机配备有平视显示器，用于在天气恶劣时降落使用，如大雾天气。在不久的将来，眼镜里还会安装平视显示器，可以显示地图、事务提醒或者购物清单等信息。

▶▶ 参见：机器人汽车 p104，无声飞行 p126，双筒望远镜 p158

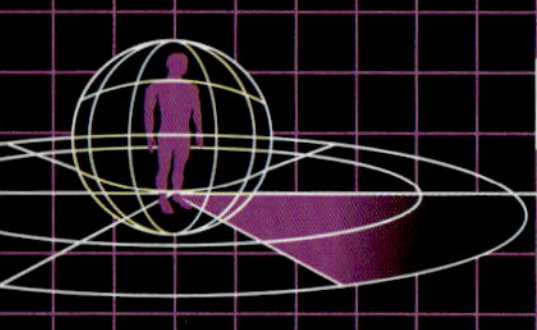

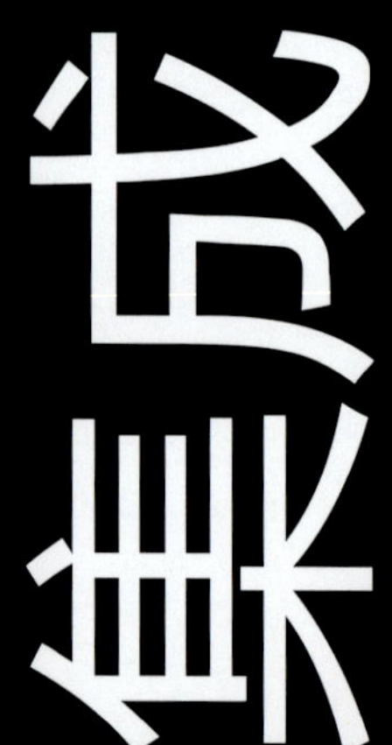

集成就是把各种有用的技术结合放到一个物体上。例如大多数手机既能打电话，也能照相、储存信息、播放音乐。有些游戏机还能播放 CD 和 DVD。外表看起来熟悉的物品，里面或许还有很多让人惊喜的功能。

猫咪电脑

这款概念机器猫咪的头部是一个触摸屏电脑。机器猫咪能找到它的主人，还能玩游戏和巡逻领地。当收到电子邮件时，它会去寻找主人。它还能从底部喷洒空气清新剂！

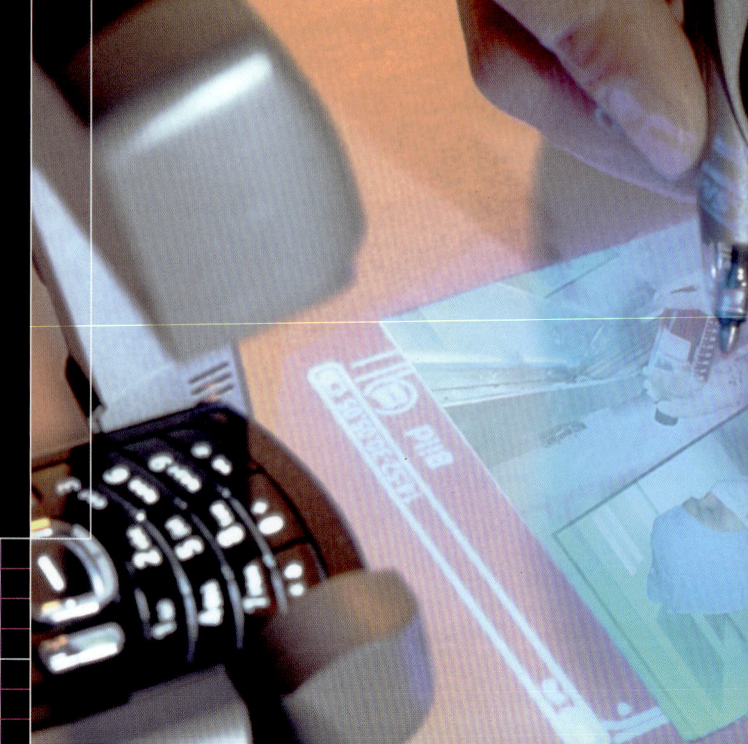

手机投影机

这款手机包含了一个内置投影机。手机里的激光器发出的激光经过一个微型镜子发生偏转，投影在邻近的平面上。用户使用与手机无线连接的一种特殊笔，和投影画面发生交互。这支笔在这里的功能与计算机鼠标类似。

私人教练

它不仅是一只秒表，还是你的健身全面分析器——戴在你手上的私人教练。这只手表能通过内置的 GPS（全球定位系统），确定你所处位置和你的移动速度。同时，它能监测你的心率。这些信息会全部储存到你的电脑里，方便你在训练后进行分析。

防水音乐

这款 SwiMP3 水下 MP3 播放器安装在游泳护目镜内，能在游泳时为你播放音乐。耳机在接触水后便不能工作，所以这款 MP3 没有耳机。相对应的，SwiMP3 用通过颧骨传播振动的方式把声音传到内耳。将电信号转换为声音的转换器安装在脸颊附近。

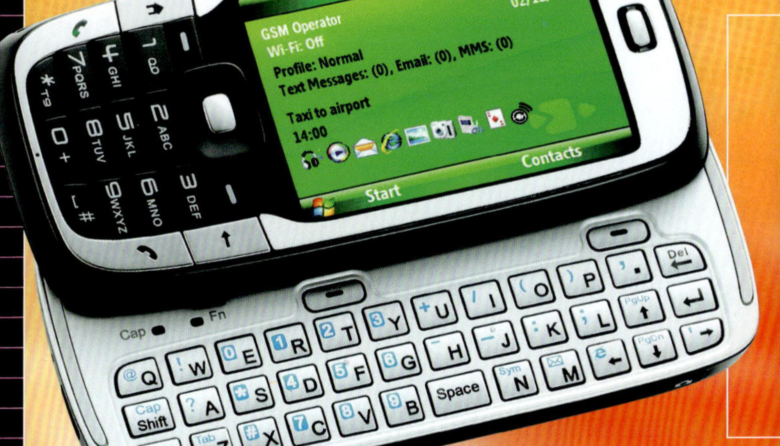

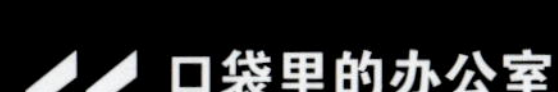

口袋里的办公室

再也不用因为在手机小键盘上打字或选错词而感到苦恼。这款具有相机与移动电话功能的便携式电脑有一个滑出键盘和一个大的彩色触摸屏幕，它可以上网，查收邮件或编辑文件。任何台式电脑能做的事情它都能完成。

▶▶ 参见：无线智能玩具 p46，电子书 p48，蓝牙 p50

电子投票

▶▶ 民主是很多社会制度的基础，但向每个人询问他们的观点和感受是很难做到的。新的选举投票机器能让人们在重要问题上拥有更多的话语权，表达自己的想法。▶▶

屏幕显示若干个投票选项

图片：韩国国会的电子选举

>> 电子投票的工作原理

触摸屏

许多国家都采用电子投票。这款美国的电子投票系统使用了大型触摸屏。设备操作非常简单，即使投票者不知道怎样操作电脑也能进行电子投票。

图片标识

印度的电子投票机能显示图片标识，来帮助不识字的人们进行投票。在最近的一次选举中，超过 10 万部电子机器被投入使用，6.5 亿人进行了投票。

按屏幕边上的按键进行投票。

◀这位韩国首尔议会的议员正用电脑投票系统通过一项新的法律。与耗时的选票方式或亲自排队投票方式不同，议员的投票采用电子化，投票结果能通过一台中央计算机立即计算出来。

▶▶ 参见：大众化笔记本电脑 p42，电子书 p48，生物特征辨识 p210

超级计算机

▶▶ 伴随着巨大的电子智能机箱发出嗡嗡的声音，超级计算机帮助我们认识了原子、预测全球温室效应以及治愈疾病。世界上最大的超级计算机包含了非常多的处理器，相当于 131000 台笔记本电脑。▶▶

>> 超级计算机的工作原理

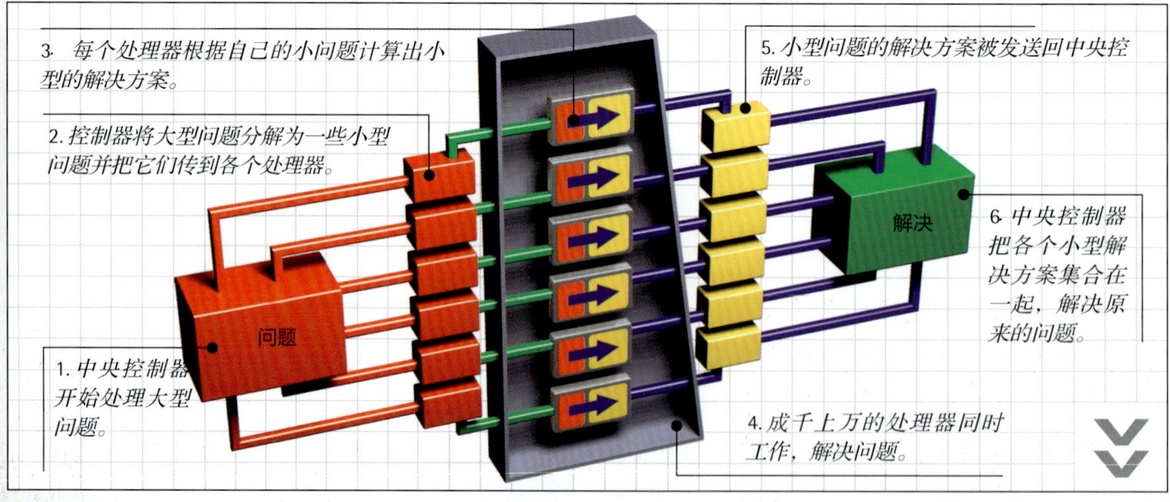

普通的电脑有一个中央处理器（最主要的芯片），它把问题分解成许多小问题，并用叫做进程的指令每次解决一个小问题。前面的问题没有解决，后面的步骤就不能进行。这种解决问题的方式叫串行处理。超级计算机有成千个中央处理器，由中央控制器协调。它把问题分成许多块，各个块被分配到各个处理器。因为是所有处理器同时处理这个问题的各个部分，所以问题能很快得到解决，这种强大的处理方式叫做并行处理。

▶▶ 参见：大众化笔记本电脑 p42，在家搜寻外星生物 p62

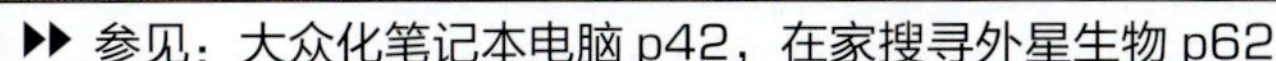

▲目前世界上最强大的超级计算机是“蓝色基因”，安放在美国加利福尼亚州劳伦斯利弗莫尔国家实验室，用作原子研究。它有 64 个分离的柜子，每个柜子的前部都是倾斜的，这样能使空气循环通过。当计算机以超过台式电脑二百万倍的速度工作时，这种设计能有效帮助机器散热。

处理能力

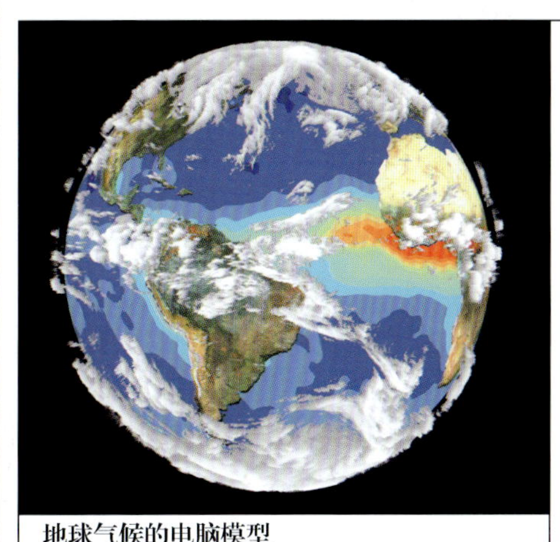

地球气候的电脑模型

◀科学家使用电脑模型来研究类似气候变化这样的问题。电脑模型是数学方程的集合。通过收集不同的数据，科学家能预测未来气候变化趋势。尽管问题很复杂，极为强大的超级计算机还是能预测出 1000 年以后地球的气候。

▶每个“蓝色基因”的机柜包含了 2048 个处理器。它们成对地进行工作。这些处理器安装在一个电路板上，电路板和处理器一起装进机柜里。每个机柜消耗 27.5 千瓦的能量，相当于大约 10 台烤面包机用最大功率工作。

▲波多黎各的阿雷西博射电望远镜是世界上最大的射电望远镜，能捕捉到来自于外太空的无线电信号。它通过一个 900 吨平台上的无线电接收器进行工作，这个平台悬挂在主接收器上方 150 米处。“在家搜寻外星生物”研究项目希望在各种信号中发现隐藏着的外星人传播的信号。

在家搜寻外星生物

▶▶家庭的个人电脑可以用来寻找外星生命的存在。一个从“在家搜寻外星生物”（SETI@Home）项目处下载的特别的屏幕保护程序，能帮助我们分析从外太空接收到的无线电信号。▶▶

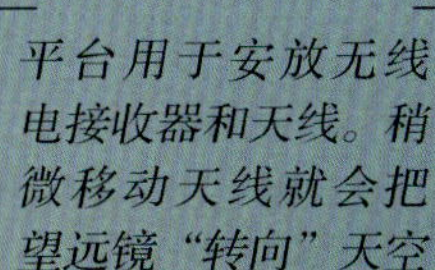

红灯向低飞的飞机发出此处有高塔的警示。

世界上最大的圆盘

阿雷西博射电望远镜

◀阿雷西博射电望远镜的主反射盘深 51 米，直径 305 米，相当于 10 个足球场的大小。它用了大约 39000 块铝板建造而成，由钢缆组成的网络支撑。

灯光标记出反射盘的顶部。

如何在家搜寻外星生物

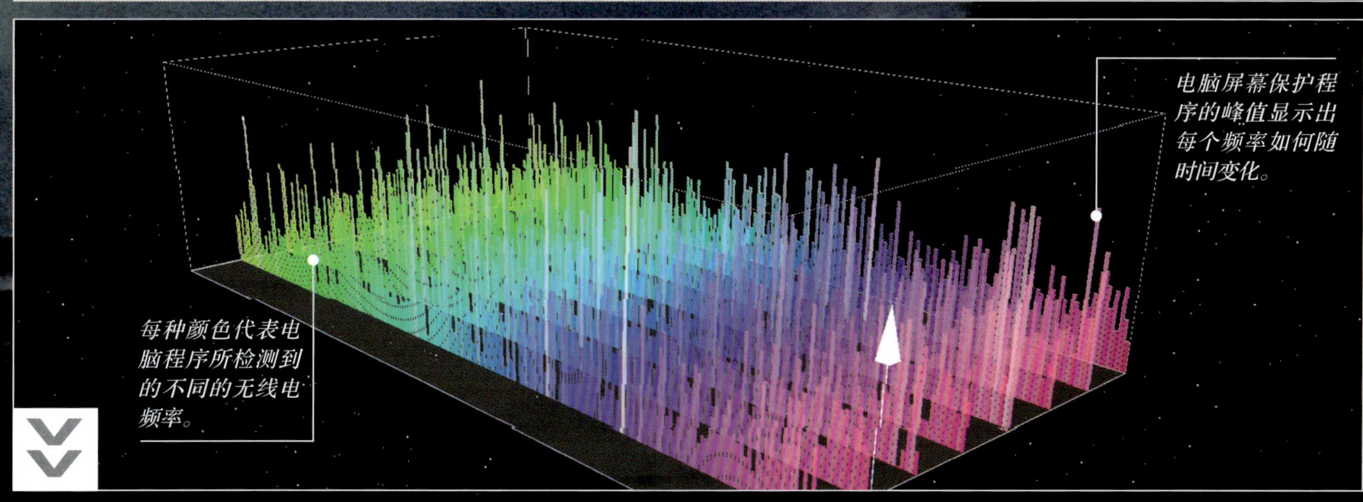

当你的电脑没有被使用时，“在家搜寻外星生物”的屏保程序就会启动。从阿雷西博反射盘接收到的信号被分解成很多块，发送到参加“在家搜寻外星生物”项目的电脑中。世界各地超过一百万台计算机在运行这个程序。程序将信号所载频率（就像大量的电台信号在同时播放）分开，然后观察它们怎样随时间变化。外星的信号可能是单个的峰值，也可能是一串短脉冲，就像摩尔斯电码。如果找到那样的信号，程序会发送信息给项目总部，这样数据能被更仔细地调查研究。但是至今还没有发现外星人的信息。

▶▶ 参见：超级计算机 p60，太空探测器 p144，望远镜 p150

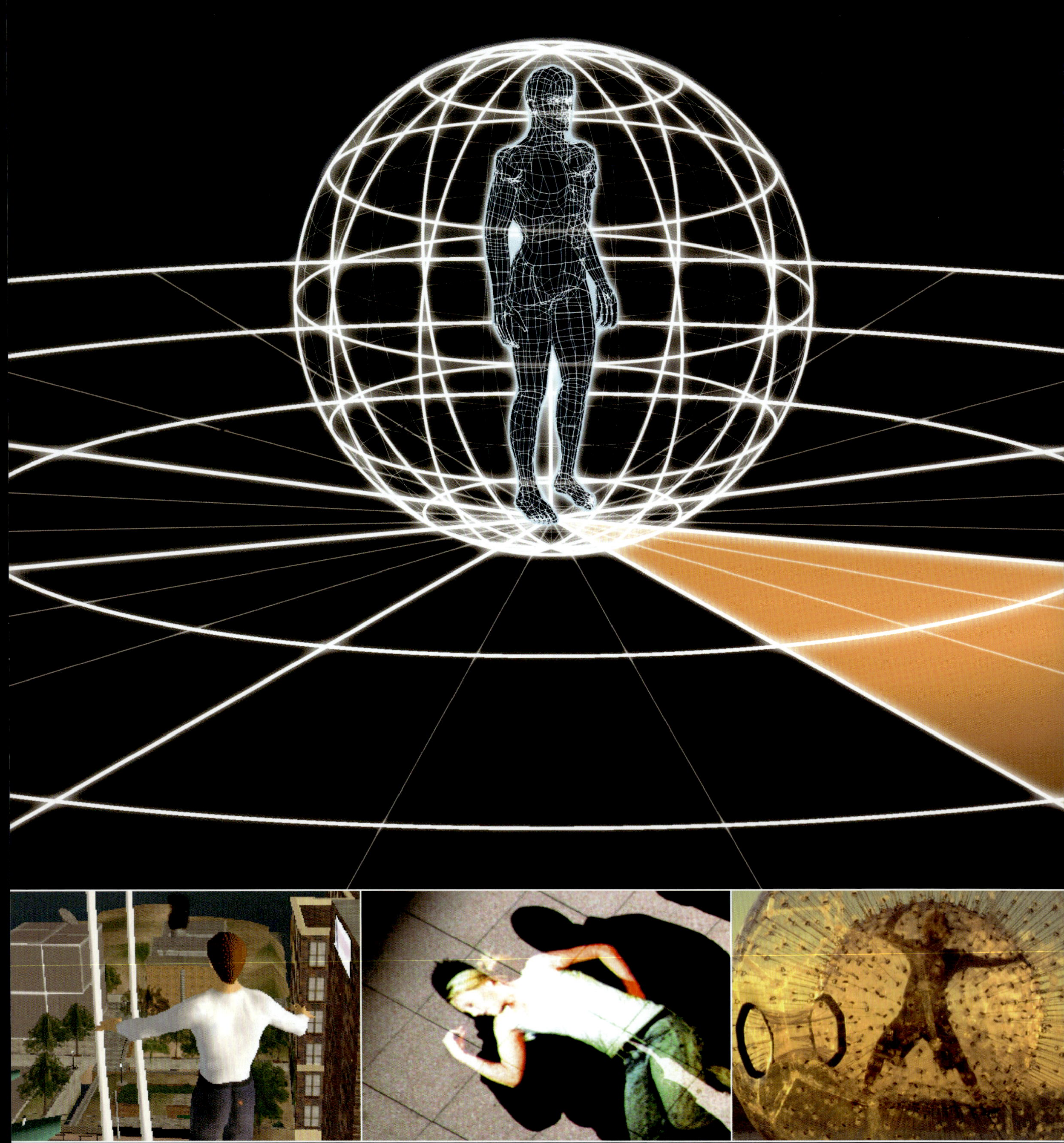

» 娱乐

游戏机 » 模拟器 » 虚拟人生 » 影子交互视频 » 怪异音乐 » 过山车 » 极限运动 » 新型弹簧单高跷 » 真空吸盘 » 空中悬浮 » 鹰眼 » 机器人 » 乐高智慧型机器人 » 电子火柴人

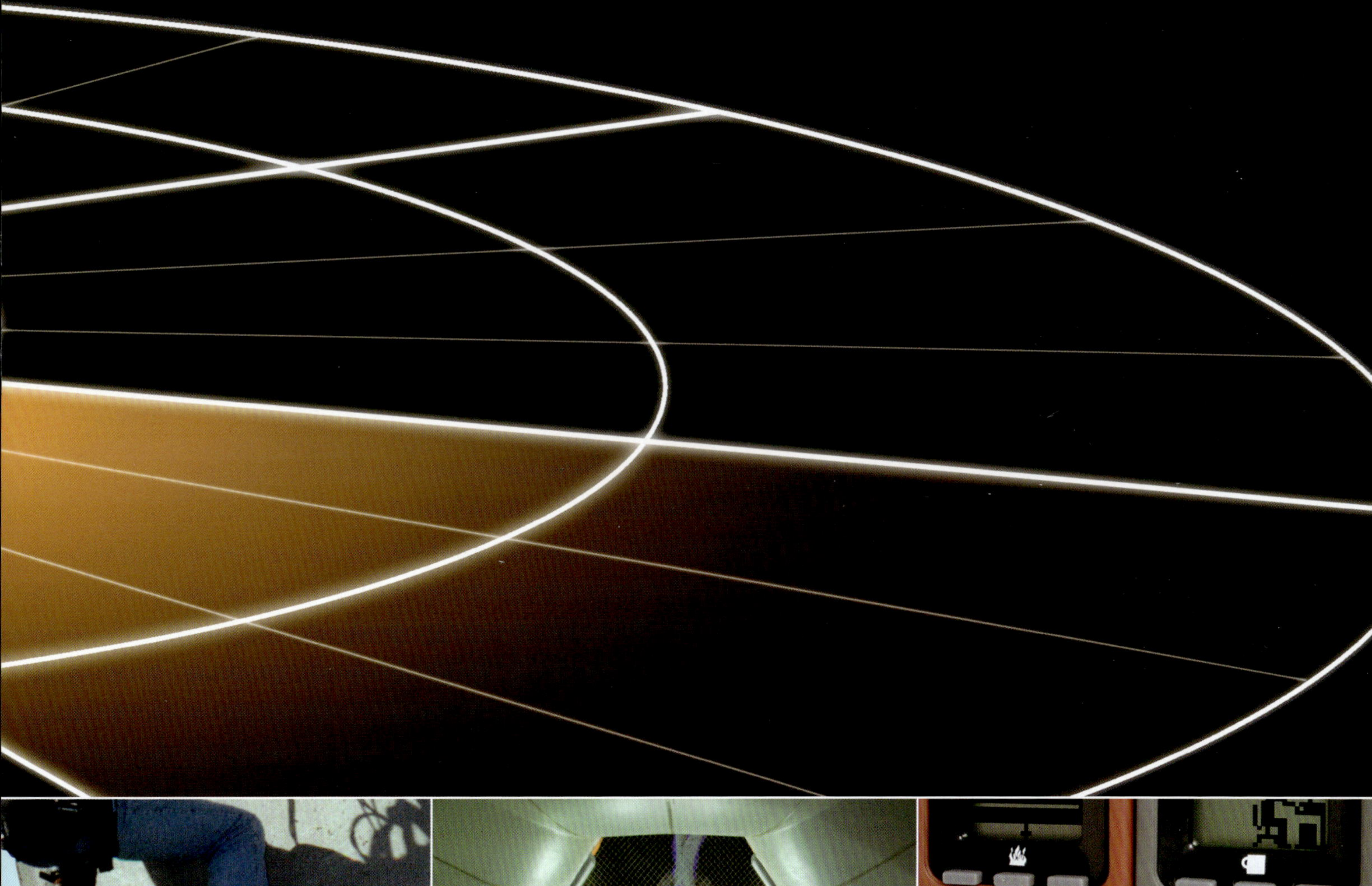

▸▸ 科技的发展使娱乐达到了一个新的高度。计算机让我们沉浸在一个虚拟的网络世界，掌上游戏机配备了最新的计算机显卡。我们祖先曾经幻想过的移动、跳跃、攀爬方式，现在借助机器就可以实现。极限运动和过山车给我们带来更多的刺激。艺术甚至也已成为一种互动的、可以利用摄像机投影与路人的影子共舞的奇幻经历。▸▸

是什么让这个机器人如此高兴？p90

这是管子还是大号低音铜管乐器？ p76

这个设施是如何让我们旋转起来的？ p78

想与图片一起玩吗？ p94

电路板的处理器和内存

彩色宽屏液晶显示屏

耳机插孔和连接线插孔

扬声器

游戏机

▸▸在过去的几十年中，各种便携电子设备的性能飞速发展。特别是现在的游戏机，采用的都是最先进的技术，口袋大小的 PSP 就有着超强的处理器。▸▸

▲外观简洁的 PSP 有着强大的处理器、液晶显示屏、光盘驱动器和一个无线网络连接器，可连接互联网或者是附近其他的 PSP 玩家。尽管兼具多样功能，PSP 的体积却非常小巧，便于随身携带。

街机游戏

▶街机游戏厅常常是 24 小时营业，像日本大阪的这家，它吸引着很多沉迷于街机游戏的人。在韩国，大约 1 千 7 百万人（占韩国总人口的 1/3）玩电脑游戏。一些网络咖啡屋被称作 baangs（韩式网吧）。

成排的电脑游戏机

图片：PSP 的 X 射线图

无线网络的天线

充电电池（灰色矩形所示部分）

读取游戏或电影光盘的激光器（灰色圆圈所示部分）

▲PSP 是功能强大的移动娱乐设备，可作为游戏机、视频和 MP3 播放器，以及无线网络浏览器。

>> CELL 处理器是怎样工作的？

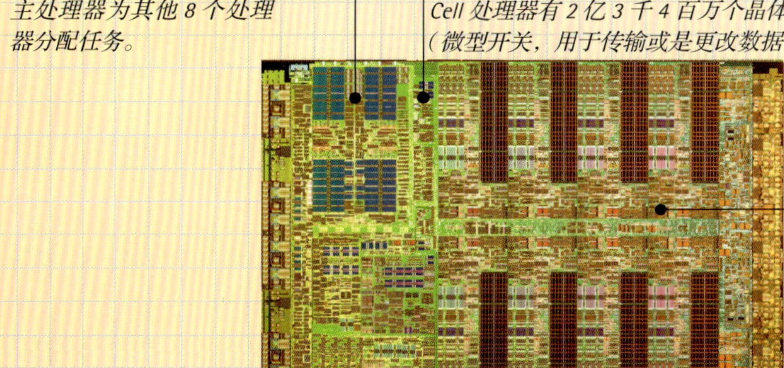

主处理器为其他 8 个处理器分配任务。

Cell 处理器有 2 亿 3 千 4 百万个晶体管（微型开关，用于传输或是更改数据）。

8 个相同的处理器形成芯片的运算中心，每个处理器都有自己的存储器，并且和台式电脑的一样强大。

芯片尺寸为 12 毫米 × 20 毫米。

即使借助强大的电脑，要描绘出 CGI（计算机模拟人像）电影中栩栩如生的场景也要花去艺术家们几年的时间，例如《超人特工队》或者是《汽车总动员》。游戏机也需要描绘类似的“实时”（当您玩游戏的时候）场景，因此 Cell 处理器就像一个小的超级计算机。9 个处理器，在一块 Cell 处理器的芯片上，共同完成每秒钟几亿次的计算工作。

▶▶ 参见：无线智能玩具 p46，电子书 p48，平视显示器 p54，超级计算机 p60

虚拟滑雪

头盔上的眼睛式显示器为人呈现出一个冰雪覆盖的斜坡。滑雪板上的传感器检测玩家的脚上的作用力，同时板上的马达推动滑雪板来实现虚拟的颠簸。

模拟器是一种能够虚拟现实世界环境的机器，供人们训练或娱乐使用。模拟器是由计算机控制的，若计算机运算速度足够快，同时图像也足够好的话，创建出虚拟世界的效果就会非常逼真。

▶▶ 参见：高清电视 p18，蓝牙 p50，平视显示器 p54，游戏机 p68

飞行模拟

驾驶舱连接的是一台计算机而不是飞机，计算机会再现飞行员对飞机的控制效果，如改变仪表显示，改变模拟出来的窗外景色。现代模拟器的效果非常逼真，飞行员可以用它们来进行应急环节的训练。

美式橄榄球

这位正在接受训练的玩家正专注于一个三维美式橄榄球训练游戏，这个游戏由足球教练远程控制。玩家是位于一个房间大小的立方体中，周围是采用特种玻璃制作的三维环绕显示屏，用于创建三维的视觉效果。他正在接受训练并观察比赛环境，当他在实际比赛中面对这些情况时也能迅速反应。

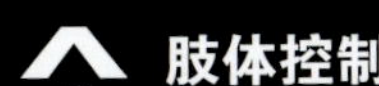

肢体控制

任天堂的 Wii 是一个具有动作感应功能的游戏手柄，它能够使游戏中的人物响应玩家的肢体动作。游戏手柄中的传感器在辨别和分析玩家的肢体动作后，会在屏幕上产生相应的显示结果。也许在以后，能把传感器绑在身上，完全用身体控制游戏。

模拟人生

在这个电脑游戏中你能够观察和控制一群虚拟人的生活。在这个游戏里，虚拟人能够与其他人以及周围的环境发生各种各样的交互。你可以指示他们去做任何事情，不过他们不一定会听你的。

虚拟人生

▶▶ 进入“虚拟人生”网上三维虚拟世界的玩家可以创建一个虚拟的自我，并定居其中。通过这个虚拟人物，玩家可以在游戏中交友，出售所发明的物品，建造自己梦想中的房子，甚至还能飞翔。▶▶

▶ “虚拟人生”的世界是由一台中央计算机控制的，玩家们能够指示他们的虚拟化身与这个世界产生交互，他们当然也会遇到其他的玩家。“虚拟人生”中的天气和时间也会像现实一样发生变化。

▲ **图片：**一个虚拟人物在观察“虚拟人生”中的场景。

▶▶ 参见：高清电视 p18，模拟器 p70，鹰眼 p88，电子火柴人 p94

>> 怎么玩“虚拟人生”

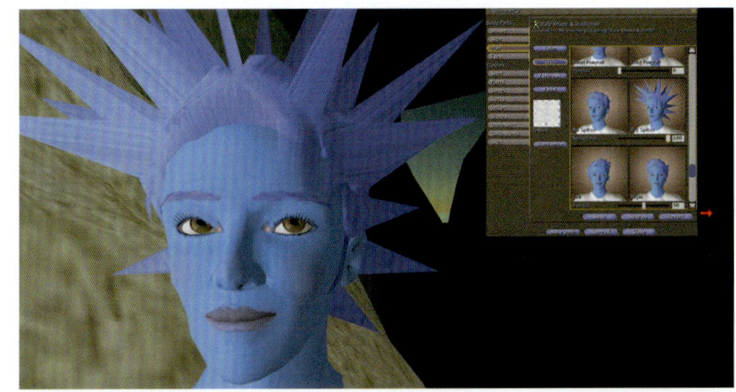

每一个“虚拟人生”的居民都是由玩家创建的虚拟人物。这些虚拟人物的形象能够根据玩家的喜好意愿设定。虚拟人物的每个方面都可以改变，例如容貌、身高、衣着、颜色以及外形。它甚至还能变成动物。同样，玩家也能创造各种物体，包括车、船和飞机。这个虚拟世界有自己的货币，现实世界的公司已经在“虚拟人生”中设立了商店，向居民出售虚拟产品。

这份可缩放地图显示了“虚拟人生”中的景观和建筑。玩家可以使用搜索功能精确定位到某一地点、人物或事件。

喜欢的地点和虚拟人物可以用书签做标识，方便以后寻找。

居民可以在“虚拟人生”中瞬间移动。地图显示我们现在处于 Cranberry（小红莓）。

居民们能够拥有土地并且建造房子。

影子交互视频

▶▶ 艺术家试图让人们以全新的眼光看待熟悉的事情。现代视频以及计算机技术为他们提供了一套令人称奇的新工具。在影子交互视频艺术设备的作用下，影子也活跃起来。有的艺术家还制作出了邀请我们共舞的影子般的舞者。▶▶

▼ 影子交互视频是艺术家拉斐尔·洛萨诺-何梅尔创作的一个互动艺术作品。当人们在夜晚走过一个灯火通明的公共场所时，人像会出现在他们的影子中，并根据影子的动作做出反应，看上去是想要与人互动。实际上，这些影子中的人像只是一些视频片段。

›› 影子交互视频的原理

光线照射投射出清晰的影子。通过摄像机的拍摄，一台计算机记录影子如何移动，同时将这一信息传递给其他计算机，这些计算机控制着自动投影仪。投影仪自动旋转并调整角度，在阴影部分中透射出一个人的视频图像。如果影子是静止的，视频中的人看上去会很友好、想要与人进行互动。当影子移动离开的时候，计算机会无缝地切换到另一种视频，里面的人显示出没有兴趣的样子，扭头看着别处。

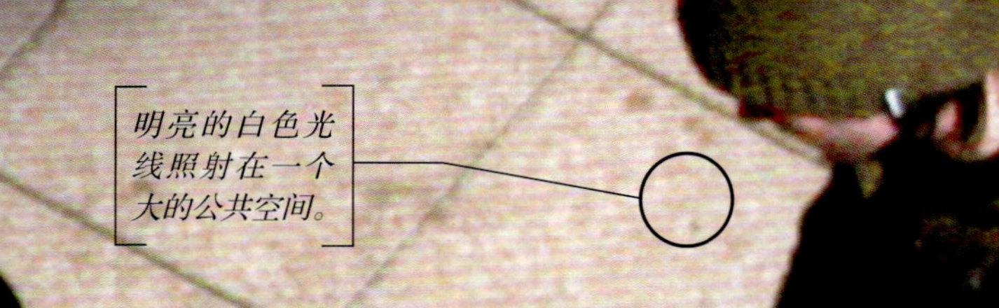

明亮的白色光线照射在一个大的公共空间。

图片：影子交互视频艺术设备

一个人的视频影像出现在影子里。

当人们站立或者是行走的时候，他们的影子就会投射到地上。

集体幽灵舞

影舞者表演

◀ 另一种装置可以把黑暗的空间变成即兴的芭蕾舞剧舞台，舞者都由观众担任。红外摄影机检测到人们的位置 ，并且用聚光灯将他们照亮，灯光中含有预测好的影像，这就是他们各自的“幽灵舞者”。舞者随着音乐起舞，并邀请别人共舞，幽灵舞者的舞步是由计算机协调一致的。

▶▶ 参见：宠物录影 p52，模拟器 p70，电子火柴人 p94

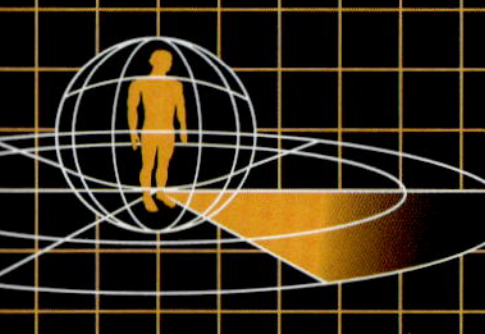

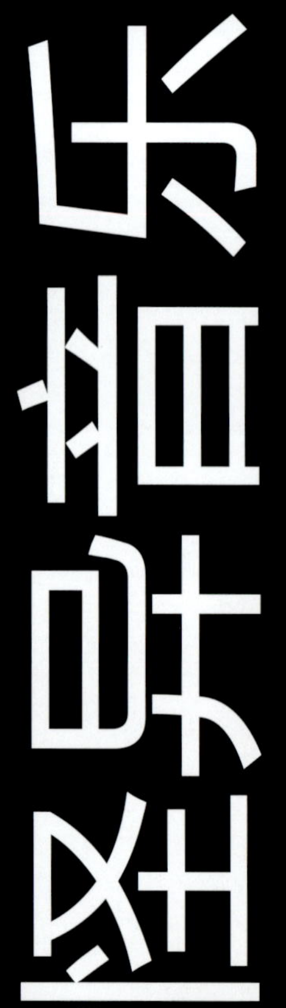

怪异音乐

一说到“乐器”，人们很容易就会想到传统乐器，例如吉他、钢琴或小号。但是任何物品都能发出声响。在这里，你会看到最怪异、最不寻常的乐器。

乐器 Überorgan

Überorgan 是一个巨大的乐器，将它陈列在博物馆时都需要占用好几个房间。每个巴士大小的气球上，都有一个号角来调节不同的音调，智能阀控制这些气球使其中的压缩空气吹动簧片，发出声响。光传感器由一个长卷轴中的圆点和短划线读取出所代表的音符。节奏控制器和运动传感器完成混音工作，使得这个乐器每次的演奏都是独一无二的。

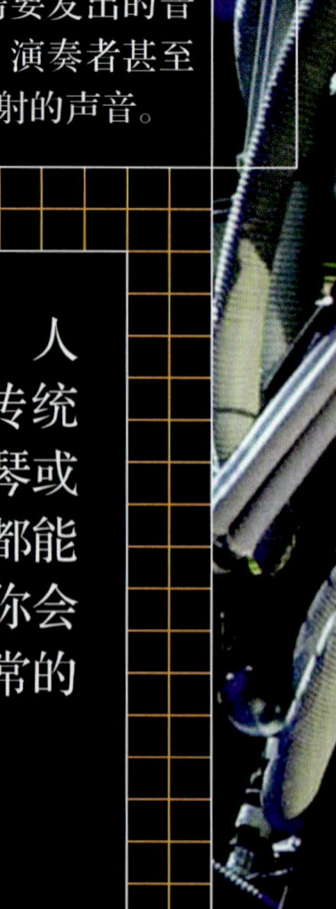

背包式乐器 tubulum

蓝人乐团用塑料管创造了这种非常特别的乐器 tubulum，演奏时，用棒击打这种乐器产生回音。根据需要发出的音调来确定每根管子的长度。演奏者甚至可以用这个乐器模仿火箭发射的声音。

参见：循环利用 p24，集成 p56，影子交互视频 p74，激光 p202

Pikasso 吉他

这种 42 弦吉他重达 7 千克。它的结构必须非常结实，因为由于琴弦的巨大张力，会使它受到来自各个方向的压力。它可以演奏出普通木吉他的音效，也可以作为一把电吉他使用，同时有些琴弦还能够弹奏出由合成器合成的音效。这把吉他是为音乐家派特·麦席尼量身定制的，耗时两年完成。

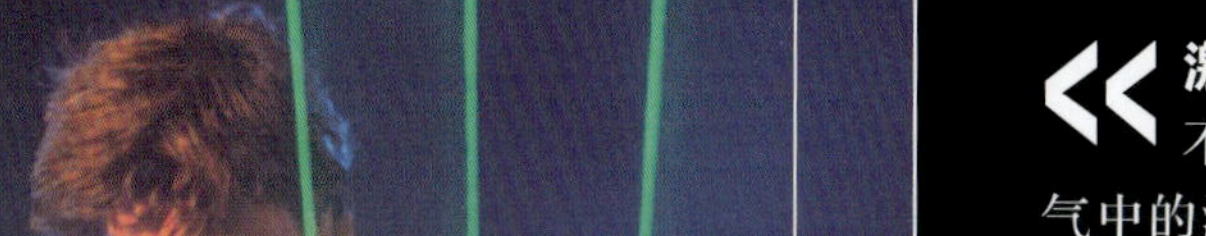

激光竖琴

不同于自带键盘的乐器，空气中的激光束就像是琴弦一样能弹奏出各种音律。弹奏这种竖琴的方法是用手触碰不同的光束。哪束光被遮挡了，相应的光传感器就会向合成器或计算机发出信号，由它们将信号转换成音符。

蛇形巴松管

这种巴松管是由皮软管制成的。传感器将它连接到一台计算机上，进行混音，也就是将人工合成的声音混合到乐器原本的声音中。演奏这种乐器时，必须断开蛇形管的尾端，并套上巴松管的哨嘴。

过山车轨道图

过山车

▶▶ 设计过山车的计算机能够计算出过山车运转过程中轨道构架、车身以及乘客所受到的力。这意味着，在制作一种全新的过山车之前，每一次惊险的翻转和轨道的旋转都能经过全面的测试。▶▶

▼ 开动时，过山车沿着轨道俯冲，以获得足够的动力冲上第一个环形轨道的最高点。在重力的作用下，势能转化成动能，从而使过山车能够通过下一个环。在沿着轨道运行的过程中，过山车的势能和动能一直在相互转换。

一系列的翻转循环使作用在乘客上的力快速发生变化。

过山车的惊险刺激之旅

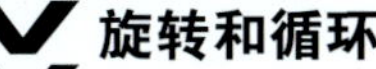

旋转和循环

方向改变时，向心力就会作用在乘客身上。急转弯的时候，乘客的惯性会使乘客有做直线运动的趋势，但是过山车会迫使他们沿着弯曲的轨道运动。因此，乘客会感觉自己被压在座位上。快速下行的时候，乘客和车一起向下运动，使人产生失重的感觉。

加速度

传统的过山车仅仅是利用重力来加速。但这架美国新泽西州的过山车，在开始时会利用一种可拆卸的缆绳将过山车弹射出去。乘客在 3.5 秒内就能由静止加速至每小时 206 千米，这种过山车有着和 F1 赛车一样的加速度。它是目前世界上最快的过山车。

心理学

一些过山车会大玩心理战术以增加刺激性。将过山车的底板抽走，让乘客的腿悬在空中，这样乘客会更在意自己随时可能掉出去的危险，同时也就让这样的玩法看上去更加刺激。有上下翻转运动、且没有肩部固定装置的过山车同样有很高的惊险系数。

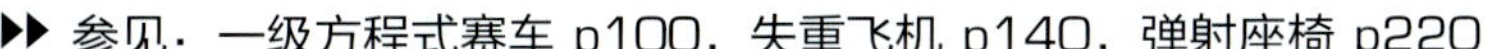

▶▶ 参见：一级方程式赛车 p100，失重飞机 p140，弹射座椅 p220

极限运动

很多极限运动必须借助现代技术才能完成。巧妙利用弹簧和杠杆特性的装置可以更好地发挥我们的运动才能。在危险的情况下，特殊材料会保护我们的安全，它们能够减少损伤，而且不会被拉断或是折断。然而，极限运动带来的兴奋感主要还是来自于我们与生俱来的对速度和高度的恐惧。

蹦极

蹦极玩家跳下去的时候只有一根橡胶绳绑在踝关节处，绳子的另一端连在具有一定高度的桥梁上。当接近地面时，橡胶绳会被拉紧并且开始伸展，就像是一条巨大的松紧带。它吸收跳跃过程中的能量，减慢跳跃者的速度直到一个短暂的静止状态，然后玩家再次被拉起，又落下，这样反复数次直到停止。

弹跳跷

有了弹跳跷，你就能一跃3米高，还能以每小时30千米的速度奔跑。这项技术借鉴了袋鼠的跳跃。当跳起的袋鼠下落时，跳跃的能量储存在了它们的弹性肌腱里，当它们跳起时，能量被释放出来。弹跳跷可以让你像袋鼠一样跳跃，能量储存在弧形纤维玻璃弹簧中。

街橇

一种被称为街橇的大型滑板是利用重力来加速的，玩家下坡的速度高达每小时 115 千米。街橇是由倾斜的路面来领航的，没有刹车装置。风的阻力会减缓街橇的速度，但由于行驶姿势符合空气动力学，风阻已经被降至最小了。

行走球

Zorb 是一个直径为 3 米的充气大球，它由坚韧的聚氯乙烯塑料构成，大球的里面用数百根尼龙链悬吊着一个稍小的球。玩家用带子将自己绑在里面，从山坡上滚动下来。

风筝冲浪

一个大型的冲浪风筝能够轻松地带着人飞向空中。玩家的脚绑在带轮的滑板上。方向和速度是通过风筝和风之间夹角的大小和倾斜度来控制的。

▶▶ 参见：过山车 p78，新型弹簧单高跷 p82，空中悬浮 p86

新型弹簧单高跷

▶▶ 这种高科技的弹簧单高跷在踏板处装有弹簧。弹簧单高跷内部的助推器具有巨大的弹性，弹起时，助推器不断伸展直至恢复原状，弹跳高度竟可达 1.5 米。▶▶

把手上包有摩擦系数大、有吸力的绝缘胶布来改善控制性能。

▶弹簧单高跷将传统弹簧单高跷、蹦极以及蹦床融于一体，它是由先前制作弹簧单高跷的公司发明制造的，这离不开物理学家布鲁斯·米德尔顿以及 8 次获得世界滑板冠军的安迪·麦克唐纳的帮助，右图为安迪·麦克唐纳在玩弹簧单高跷。

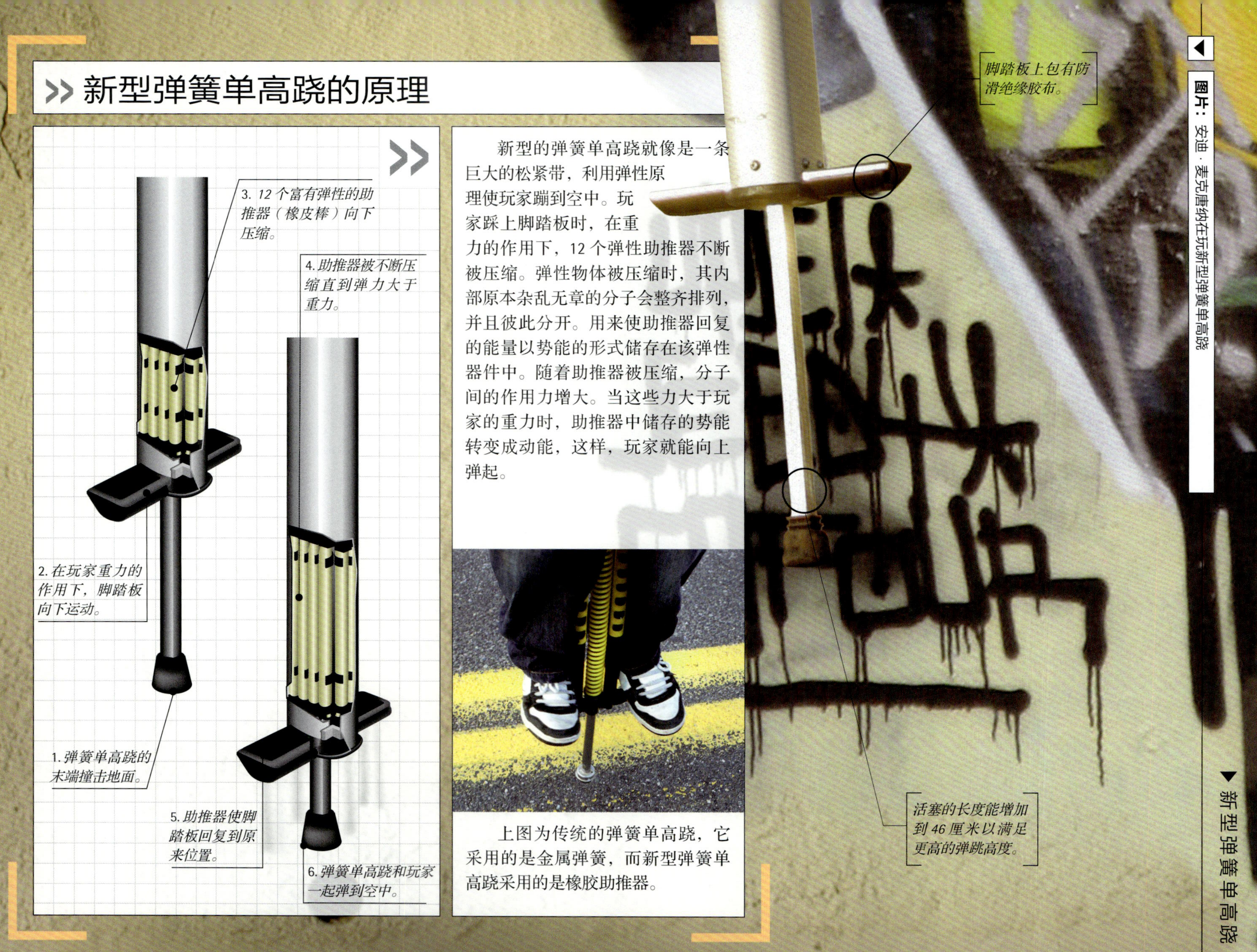

图片：安迪·麦克唐纳在玩新型弹簧单高跷

新型弹簧单高跷的原理

新型的弹簧单高跷就像是一条巨大的松紧带，利用弹性原理使玩家蹦到空中。玩家踩上脚踏板时，在重力的作用下，12个弹性助推器不断被压缩。弹性物体被压缩时，其内部原本杂乱无章的分子会整齐排列，并且彼此分开。用来使助推器回复的能量以势能的形式储存在该弹性器件中。随着助推器被压缩，分子间的作用力增大。当这些力大于玩家的重力时，助推器中储存的势能转变成动能，这样，玩家就能向上弹起。

上图为传统的弹簧单高跷，它采用的是金属弹簧，而新型弹簧单高跷采用的是橡胶助推器。

▶▶ 参见：模拟器 p70，极限运动 p80，真空吸盘 p84

壁虎的“吸附”魔法

▶ 1. 壁虎几乎能在任意表面爬行。它们的四肢基本上没有任何吸附功能，也不能分泌黏液。事实上，它们的四肢是干燥的。那为什么它们能随意四处爬行呢？秘密就在于它们足底有数百万的微小绒毛，被称为刚毛，末端有分叉。

栖息在树上的绿色壁虎

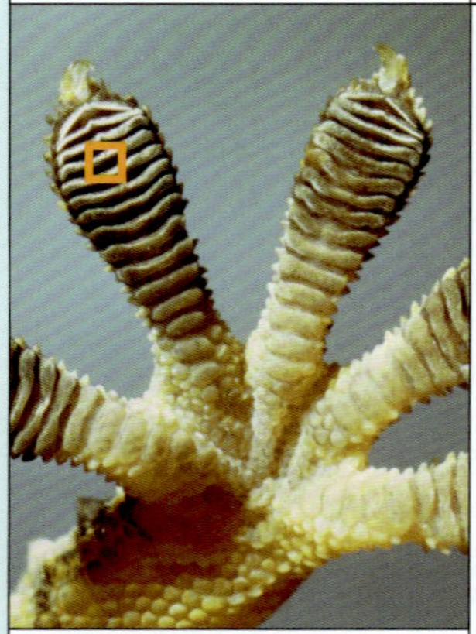

壁虎的足底

◀ 2. 平均一只壁虎的足底有 650 万根刚毛。有了这些刚毛壁虎几乎能够“粘”在任何表面上，不论是光滑的、粗糙的、干燥的抑或是潮湿的。所有这些刚毛共同作用产生的粘力足以承载两个成年人的重量。科学家们已经研制出了人工的壁虎绒毛，它们能够牢牢地粘在任何表面上。

▶ 3. 在每根刚毛的末端都有微小的组织，称为匙突。壁虎爬上物体表面时，这些匙突产生静电力吸引物体表面分子，这种静电力就是范德华力。没有发生任何的化学反应，仅仅是小规模的分子之间相互作用的结果。

显微镜下的刚毛

由于吸力作用，吸盘粘在墙上。

吸盘与固定安全带连接，使攀爬者的双手不被束缚，自由活动。

用于产生吸力的气筒。

腰带上绑着用于控制吸盘的计算机以及电池。

图片：攀爬者在测试吸盘的性能

真空吸盘

▶▶ 真空吸盘能帮助勇敢者实现蜘蛛人的梦想。依靠吸垫，玩家能在垂直面上爬行，例如墙壁。吸盘是根据壁虎命名的，壁虎是一种以昆虫为食的爬行动物，它们不仅能在光滑的垂直面上爬行，甚至还能越过天花板。▶▶

▶ 真空吸盘是一种自携式的攀爬工具。攀爬者利用四个吸盘吸附在墙上（每只手脚各有一个），轮流将每个吸盘向上移，这样，"壁虎人"就能缓慢地往上爬了。不论在任何表面上（混凝土、石料、水泥、木材、玻璃或金属），吸盘都能形成很好的密封真空。

每个吸盘能够承受250千克的重量。

>> 真空吸盘的原理

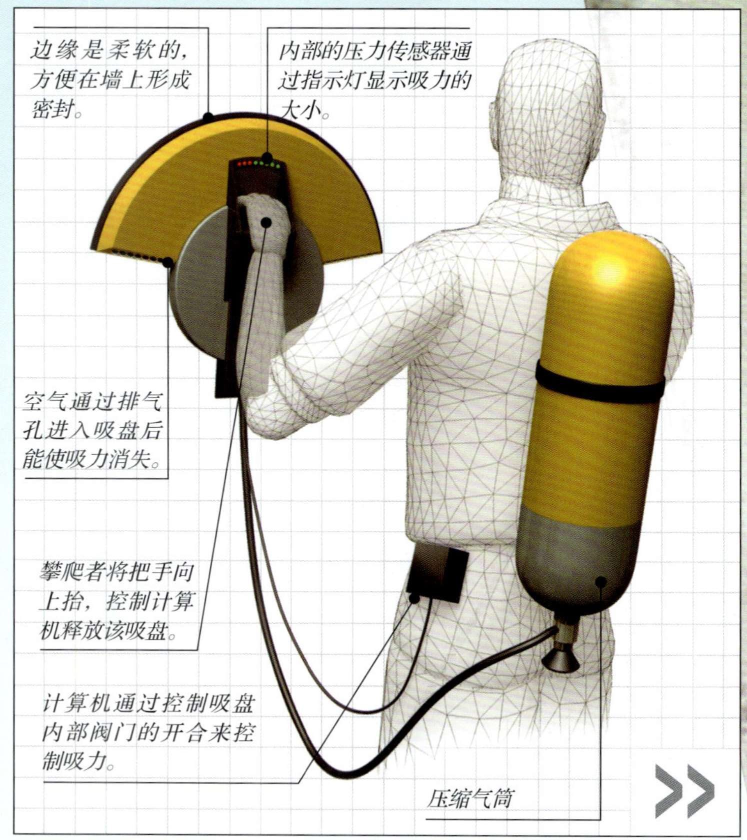

为什么我们不能在墙上爬行？因为人类的手掌不同于壁虎的足，人的手掌是光滑的，它无法产生足够大的摩擦力（吸力）来承受你身体的重量。真空吸盘能增加你的吸力。吸盘工作要依靠空气压力。吸盘将其底部的空气抽空，形成部分的真空。吸盘外部的气压将其压在墙上，同时摩擦力使吸盘固定住。需要产生吸力时，连接管中的空气被压入气筒中，连接管中的气压降低，从而抽走吸盘底部的空气。要想移动吸盘，攀爬者需要将把手向上抬。这时，吸盘底部的阀门开启，通入空气，吸力消失。

参见：模拟器 p70，空中悬浮 p86，机器人 p90

图片：垂直风洞中的飞行者

空中悬浮

◀◀在垂直风洞中悬浮可以让勇敢者体会一次跳伞的经历，同时还能在这样的环境中练习移动。空气以每小时 190 千米的速度向上运动，正好与人做自由落体的速度相同。◀◀

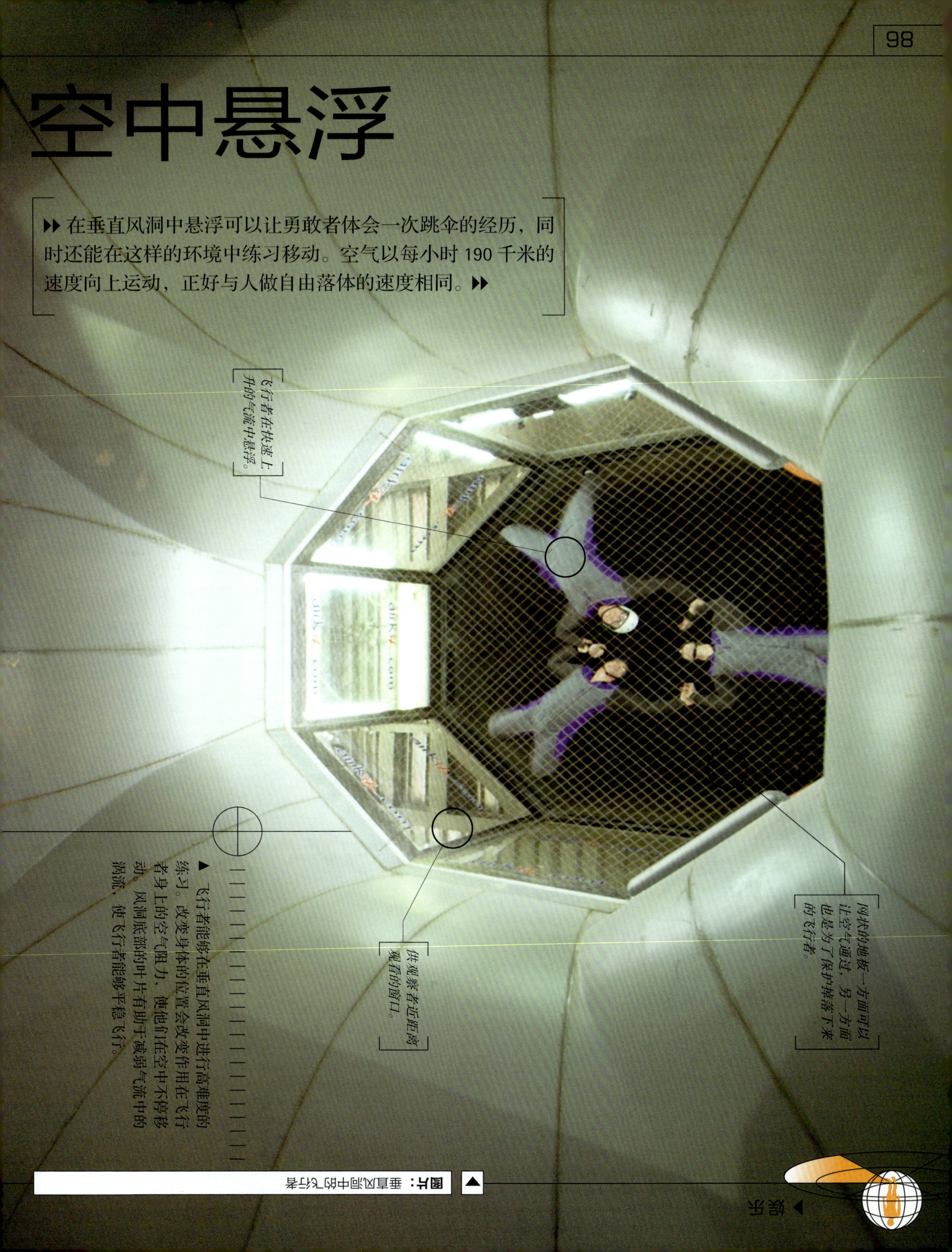

▲飞行者能够在垂直风洞中进行高难度的练习。改变身体的位置会改变作用在飞行者身上的空气阻力，使他们在空中不停移动。风洞底部的叶片有助于减弱气流中的涡流，使飞行者能够平稳飞行。

网状的地板一方面可以让空气通过，另一方面也是为了保护掉落下来的飞行者。

供观察者近距离观看的窗口。

飞行者在快速上升的气流中悬浮。

空中悬浮的原理

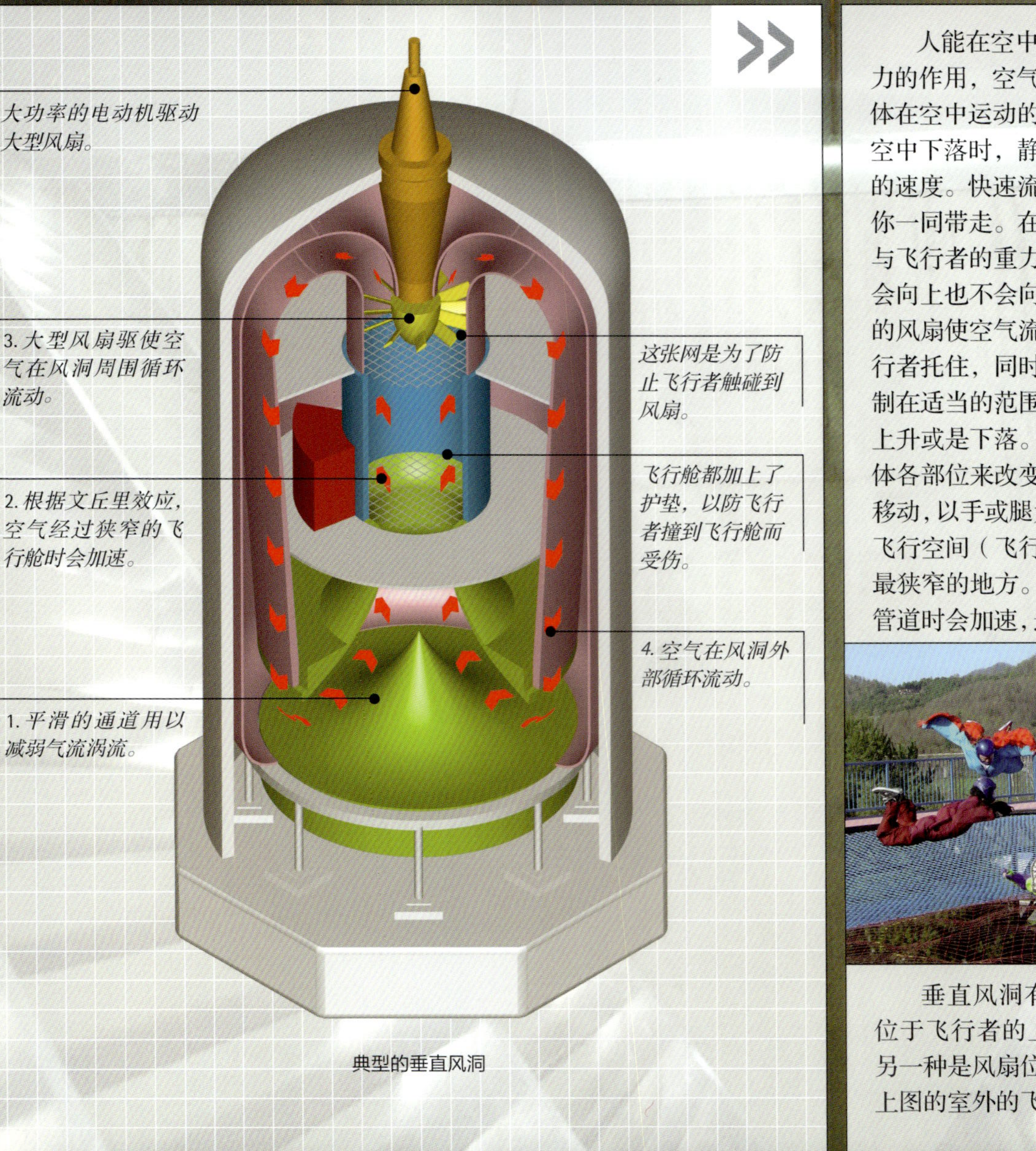

典型的垂直风洞

人能在空中悬浮是由于空气阻力的作用，空气阻力是气体阻碍固体在空中运动的力。所以，当你从空中下落时，静止的空气会减慢你的速度。快速流动的空气会试图将你一同带走。在垂直风洞中，阻力与飞行者的重力平衡，这样人既不会向上也不会向下运动。一个巨型的风扇使空气流动速度变快，将飞行者托住，同时，空气的速度被控制在适当的范围，防止飞行者急速上升或是下落。飞行者通过调整身体各部位来改变阻力大小，向四周移动，以手或腿为方向舵控制方向。飞行空间（飞行舱）是垂直风洞中最狭窄的地方。空气经过变狭窄的管道时会加速，这就是文丘里效应。

垂直风洞有两种。一种是风扇位于飞行者的上方（如左图所示），另一种是风扇位于飞行者的下方（如上图的室外的飞行者）。

▶▶ 参见：特技飞行 p128，失重飞机 p140，弹射座椅 p220

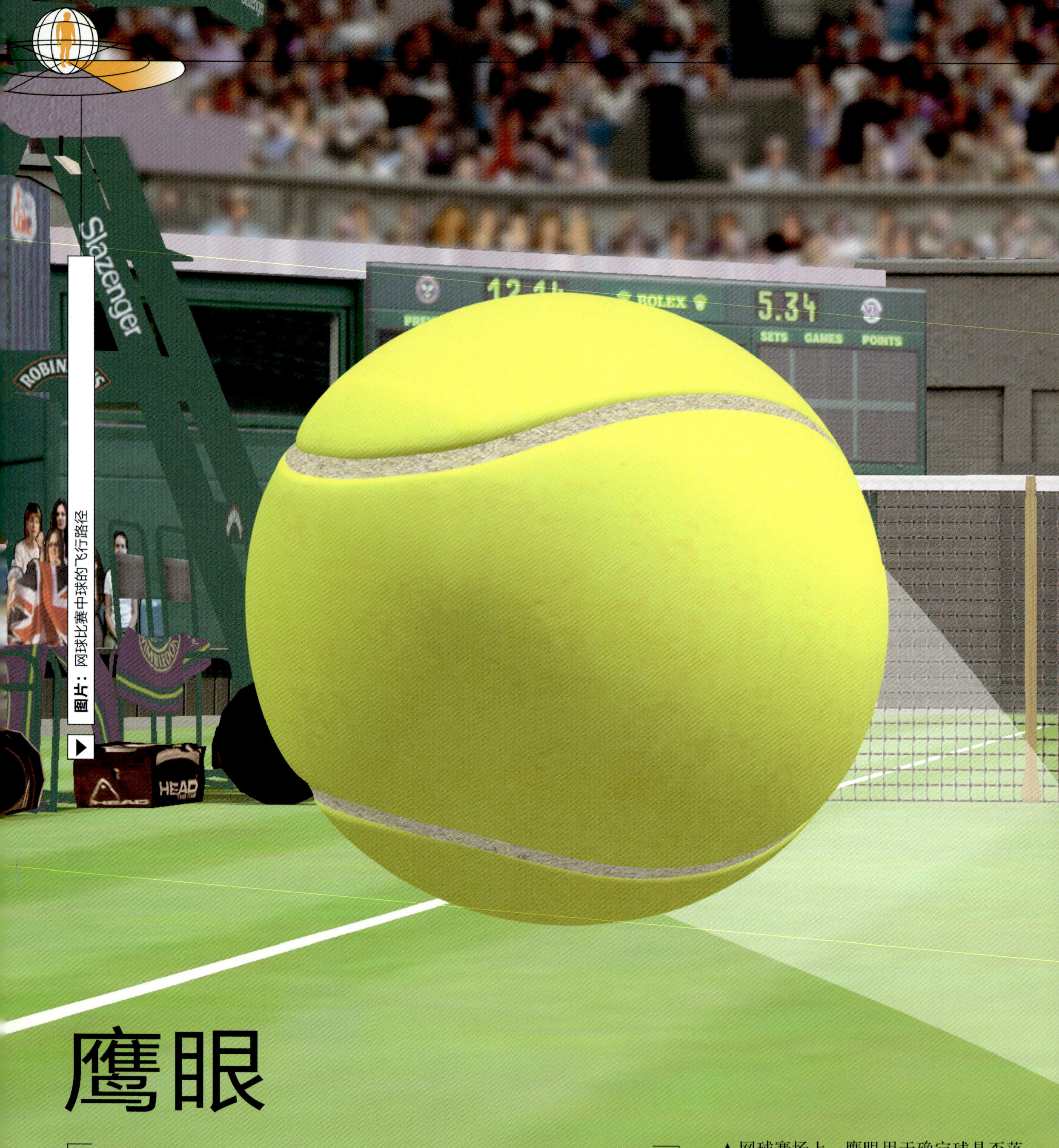

图片：网球比赛中球的飞行路径

鹰眼

▶▶ 在运动赛场上裁判有时会出现判断错误的情况。在网球和板球等赛场上，鹰眼摄像机用于对球进行准确的定位，以便于计算机能够计算出它具体的路径以及它的去向。▶▶

▲ 网球赛场上，鹰眼用于确定球是否落在了正确的区域内。尤其是当球刚好压线的时候，鹰眼显得尤为重要。电视观众能够看到球运动路径的三维图像，并且即时显示比赛的统计结果。

鹰眼的工作原理

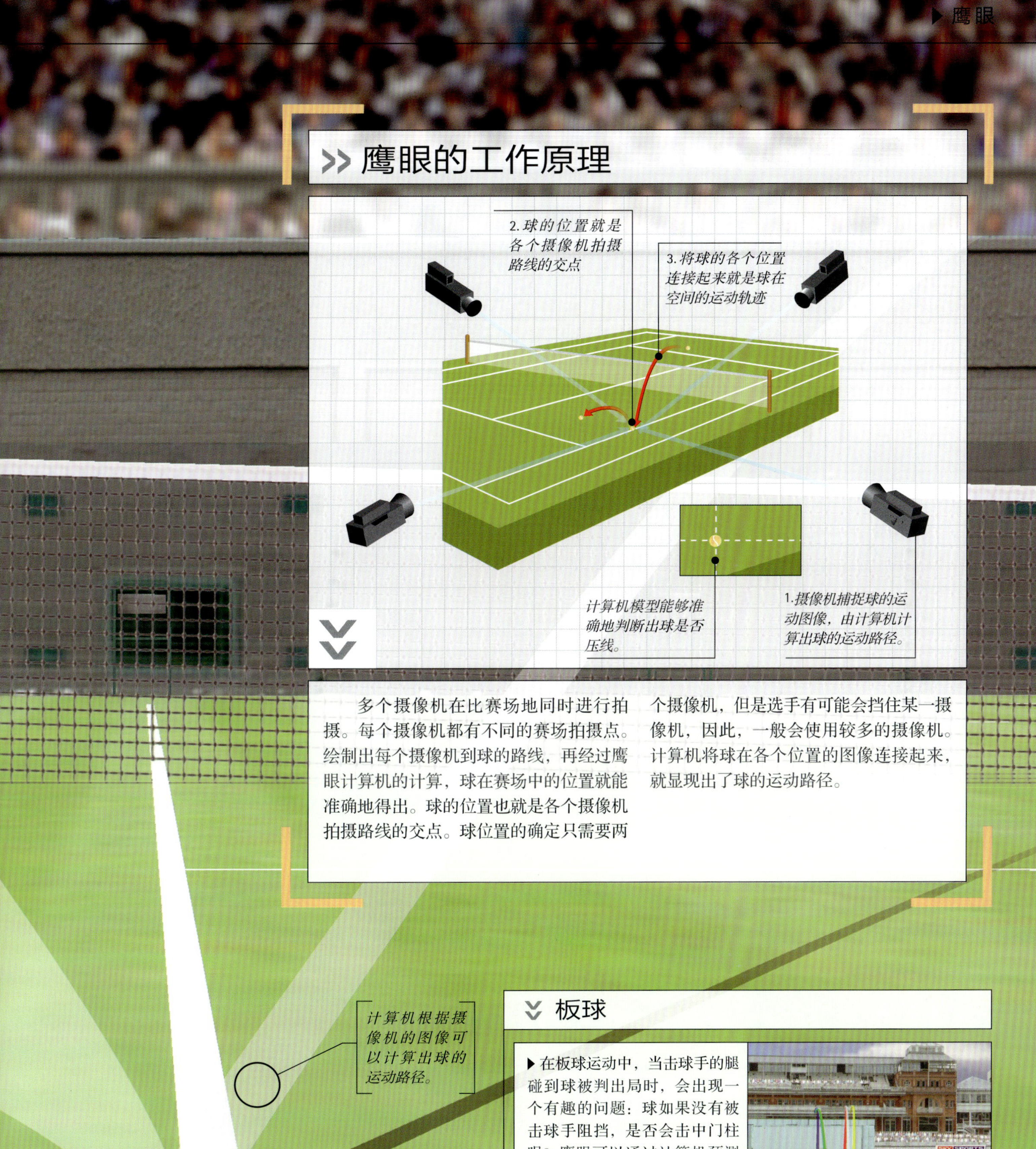

多个摄像机在比赛场地同时进行拍摄。每个摄像机都有不同的赛场拍摄点。绘制出每个摄像机到球的路线，再经过鹰眼计算机的计算，球在赛场中的位置就能准确地得出。球的位置也就是各个摄像机拍摄路线的交点。球位置的确定只需要两个摄像机，但是选手有可能会挡住某一摄像机，因此，一般会使用较多的摄像机。计算机将球在各个位置的图像连接起来，就显现出了球的运动路径。

板球

▶在板球运动中，当击球手的腿碰到球被判出局时，会出现一个有趣的问题：球如果没有被击球手阻挡，是否会击中门柱呢？鹰眼可以通过计算机预测出球最终会落在哪里。

每个球的路径都被鹰眼拍摄了下来

▶▶ 参见：平视显示器 p54，模拟器 p70，影子交互视频 p74

机器人

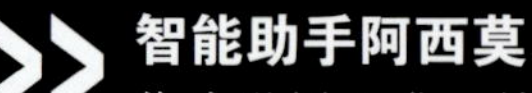

智能助手阿西莫

作为世界上唯一的能独立行走的机器人，阿西莫也能转弯奔跑，还会爬楼梯。当我们快步行走时，腿上的关节要承受相当于我们自重两倍的力。阿西莫也是一样，他穿着有衬垫的鞋子来减缓这种冲击。阿西莫的胳膊结构很复杂，他能够举起托盘、推手推车，甚至还能牵手。

机器人医生

这种问诊机器人是一个可移动的视频设备，即使医生远在医院里，通过它就可以向病人传达即时的消息。机器人的“头部”显示医生的视频影像，其中内置的电视摄像头和话筒将病人的影像和声音传送至医生办公室。

我们的身体是地球上最不可思议的“机器”。肌肉和骨骼能像杠杆一样协同合作，可以很灵巧地移动我们自身或者搬运物体。我们的大脑含有 1 千亿个神经细胞，远比计算机灵活。要达到如此全面的灵活性，对于新开发的机器来说是一个严峻的挑战。

服务型机器人 Ubiko

在工厂已经能够看到机器人工作的身影，它们的工作有喷漆、焊接等，但是它们也很快就会进入商店工作。这个有可爱猫脸、身高 1.13 米的 Ubiko 机器人已经在日本的手机销售商店工作了，它的工作是接待顾客并且帮助推销手机。

机器人 Kismat

机器人也学着表达它们的情绪。Kismat 的头用传感器以及电动机组成，这样让 Kismat 能够对附近的人有反应。当 Kismat 由平静（左图）转为兴奋（右图）时，它会微笑，耳朵会上扬同时张开。Kismat 可以用来研究人与机器是如何交互的。

机器人 Plen

如今在工厂工作的机器人只是有线远程控制的机器，但是未来的机器人将会更灵巧、更独立。这种由蓝牙手机遥控的无线机器人是一种进步，它能够行走，挥手，还可以响应键盘发送的命令。

▶▶ 参见：宠物录影 p52，乐高智慧型机器人 p92，机器人汽车 p104，火星探测器 p142

乐高智慧型机器人

▶▶ 设计机器人不是件容易的事情，否则我们可能早已经有了一个在卧室忙碌的打扫卫生的机器人了。学习这种技术一种极好的方法就是使用乐高智慧型机器人。如果你想制作并编程控制一个能运动的机器人，那么它都能为你提供你所需要的所有东西。▶▶

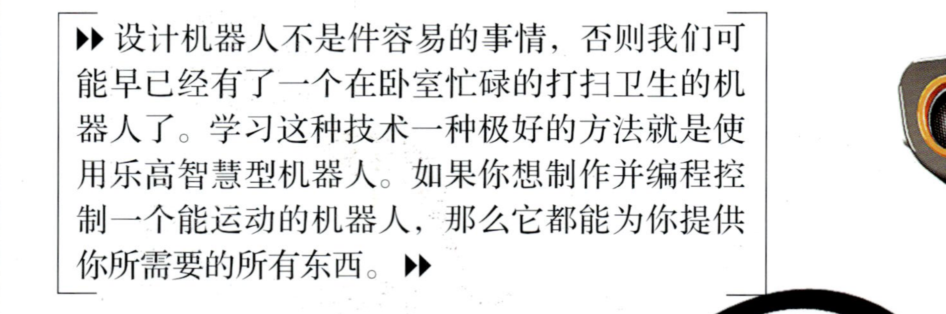

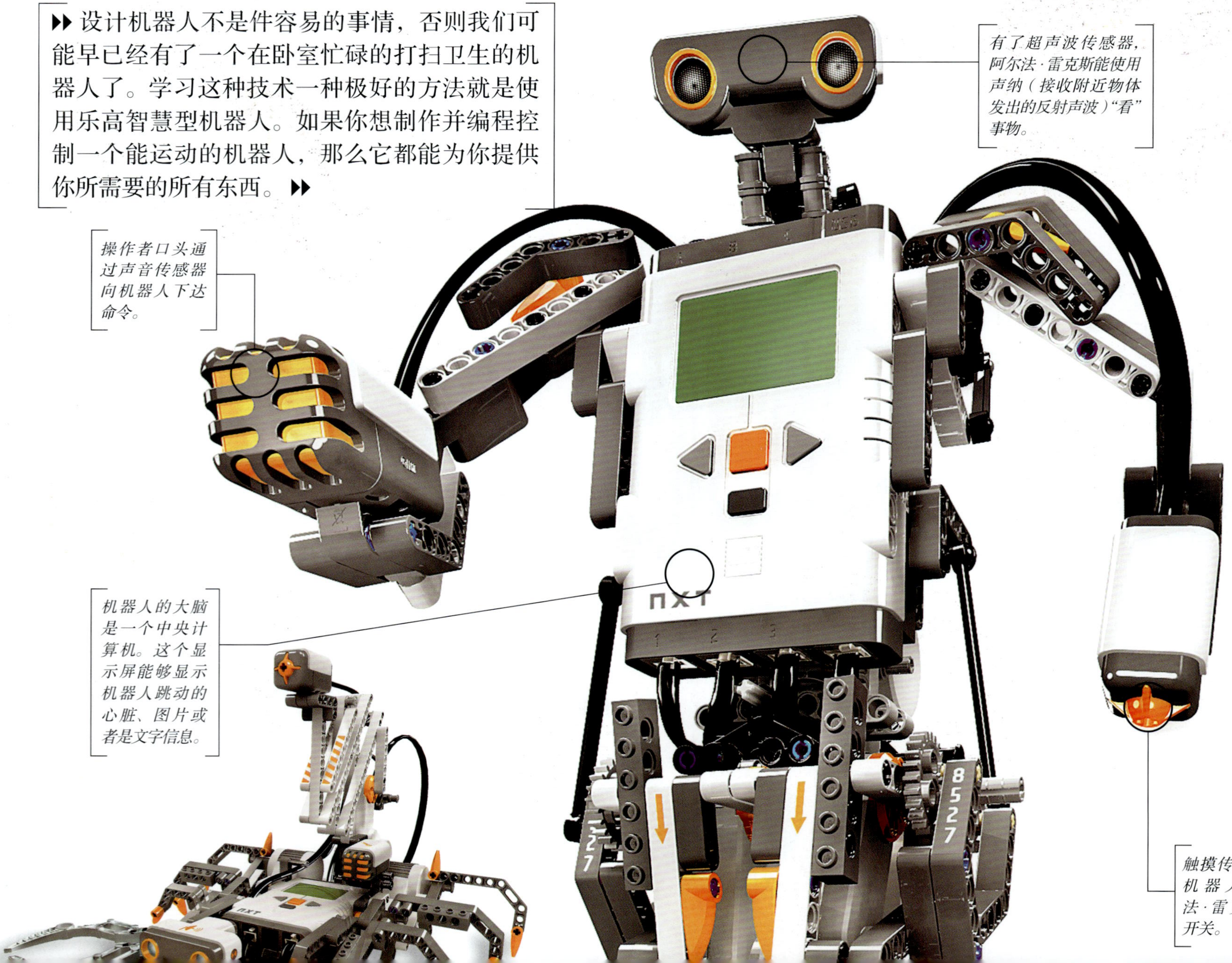

有了超声波传感器，阿尔法·雷克斯能使用声纳（接收附近物体发出的反射声波）“看”事物。

操作者口头通过声音传感器向机器人下达命令。

机器人的大脑是一个中央计算机。这个显示屏能够显示机器人跳动的心脏、图片或者是文字信息。

触摸传感器是机器人阿尔法·雷克斯的开关。

斯派克是一种机器蝎，它的尾巴可以伸展，它的蝎钳通过声音和触摸传感器感知外部的物体。

当机器人走动时，它的每一条腿都有一个独立的电动机进行驱动。

▶ 通过对机器人的计算机进行编程，机器人会依靠传感器和电动机完成预定好的行动。阿尔法·雷克斯是直立行走的人型机器人。机器蝎斯派克用 6 条腿运动，并配备了触觉感应器。

乐高智慧型机器人的原理

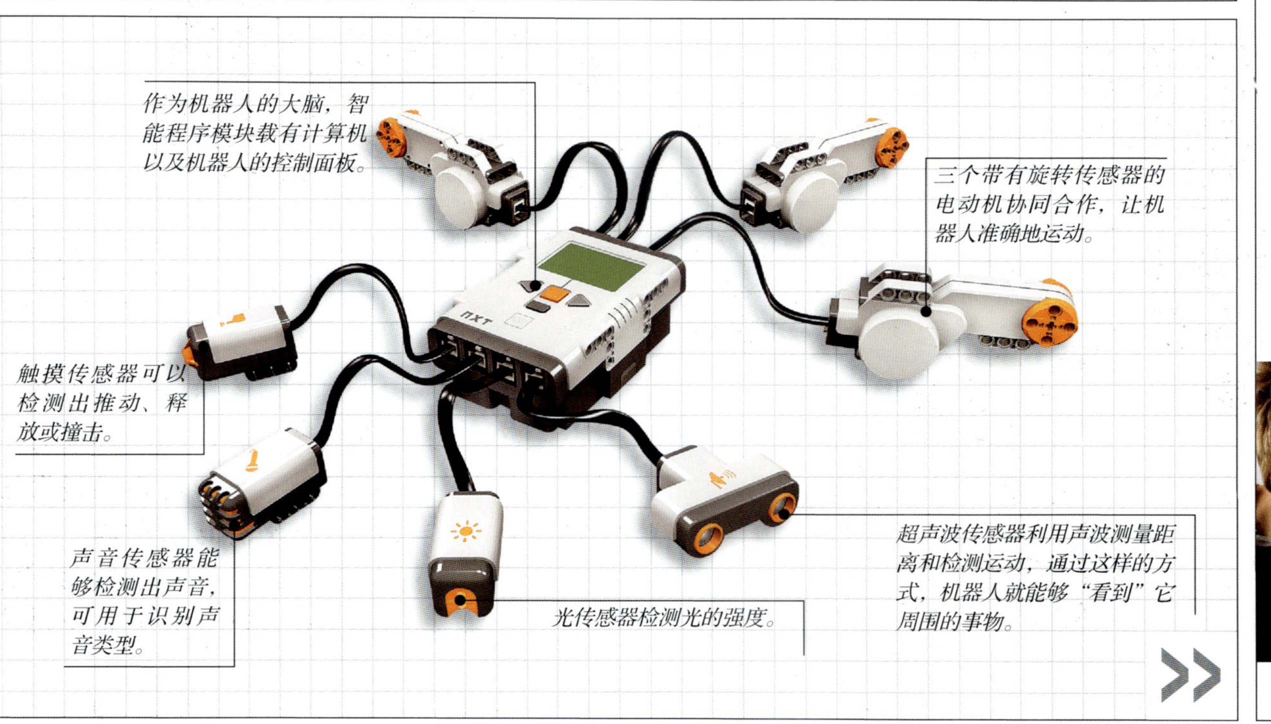

作为机器人的大脑，智能程序模块载有计算机以及机器人的控制面板。

三个带有旋转传感器的电动机协同合作，让机器人准确地运动。

触摸传感器可以检测出推动、释放或撞击。

声音传感器能够检测出声音，可用于识别声音类型。

光传感器检测光的强度。

超声波传感器利用声波测量距离和检测运动，通过这样的方式，机器人就能够“看到”它周围的事物。

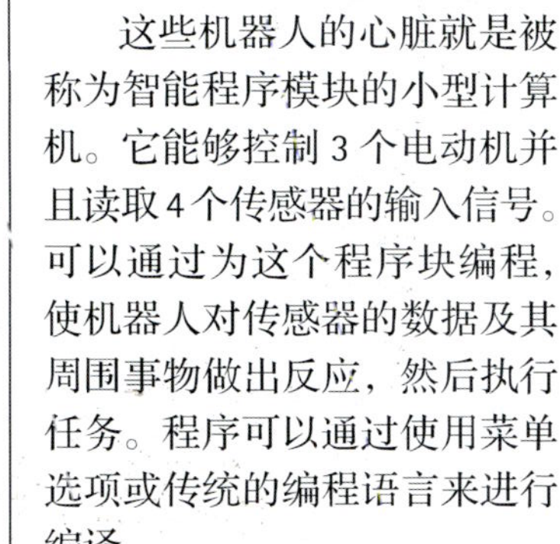

这些机器人的心脏就是被称为智能程序模块的小型计算机。它能够控制 3 个电动机并且读取 4 个传感器的输入信号。可以通过为这个程序块编程，使机器人对传感器的数据及其周围事物做出反应，然后执行任务。程序可以通过使用菜单选项或传统的编程语言来进行编译。

为机器人阿尔法·雷克斯编程。

▶▶ 参见：无线智能玩具 p46，机器人 p90，火星探测器 p142

电子火柴人

▶▶这些小塑料方盒能够堆叠起来或者是并排放置。方盒内的单个小人能玩游戏，或者与其他的小人互动，还可以穿越不同的方盒。▶▶

这个方盒的小人外出了，它正在拜访它楼下的邻居。

方盒前面的这个图标说明小人当前的活动情况。

图片：堆叠起来的电子火柴人正在进行互动

电子火柴人的原理

在每个方盒里面有一个电池供电的计算机，它连接着液晶显示屏及按钮。计算机运行程序，将活泼的小人显示出来，并且控制它的动作。当多个方盒堆积在一起时，方盒四个侧面上的电触头能够与其他方盒的电触头磁性连接。方盒相互连接的时候，计算机之间通过传递数字数据进行交流。如果两个方盒的计算机同意方盒内小人去拜访它的邻居，信号就能在这两台计算机之间进行传递，将小人出发以及到达另一个方盒的时间都精确地确定下来。当方盒内有多个小人时，这个方盒内的计算机利用从其他计算机得来的数据确定他们各自的动作。

◀ 每一个魔方世界中的小人都有他们自定的动作，例如演奏乐器或是举重。当方盒连接在一起时，其中的小人则可以互动。不需要外部的操作，他们就能跑去其他的方盒玩耍或者是一起跳舞。在一个方盒内最多能容纳 4 个小人。

电子宠物 Tamagotchi

口袋中的宠物

◀ Tamagotchi 是一种能够放在口袋里，随身携带的虚拟宠物。在带有按钮的塑料小盒的显示屏上会显示一种小型的生物。玩家可以通过按钮给宠物喂食或者与它们玩游戏。随着时间的推移，小宠物会长大，它的外表以及动作都会有所变化。如果忘了喂食，它就会饿死！现在最新版的 Tamagotchi 宠物还能够相互联系，利用红外线相互交流。

▶▶ 参见：无线智能玩具 p46，宠物录影 p52，游戏机 p68，乐高智慧型机器人 p92

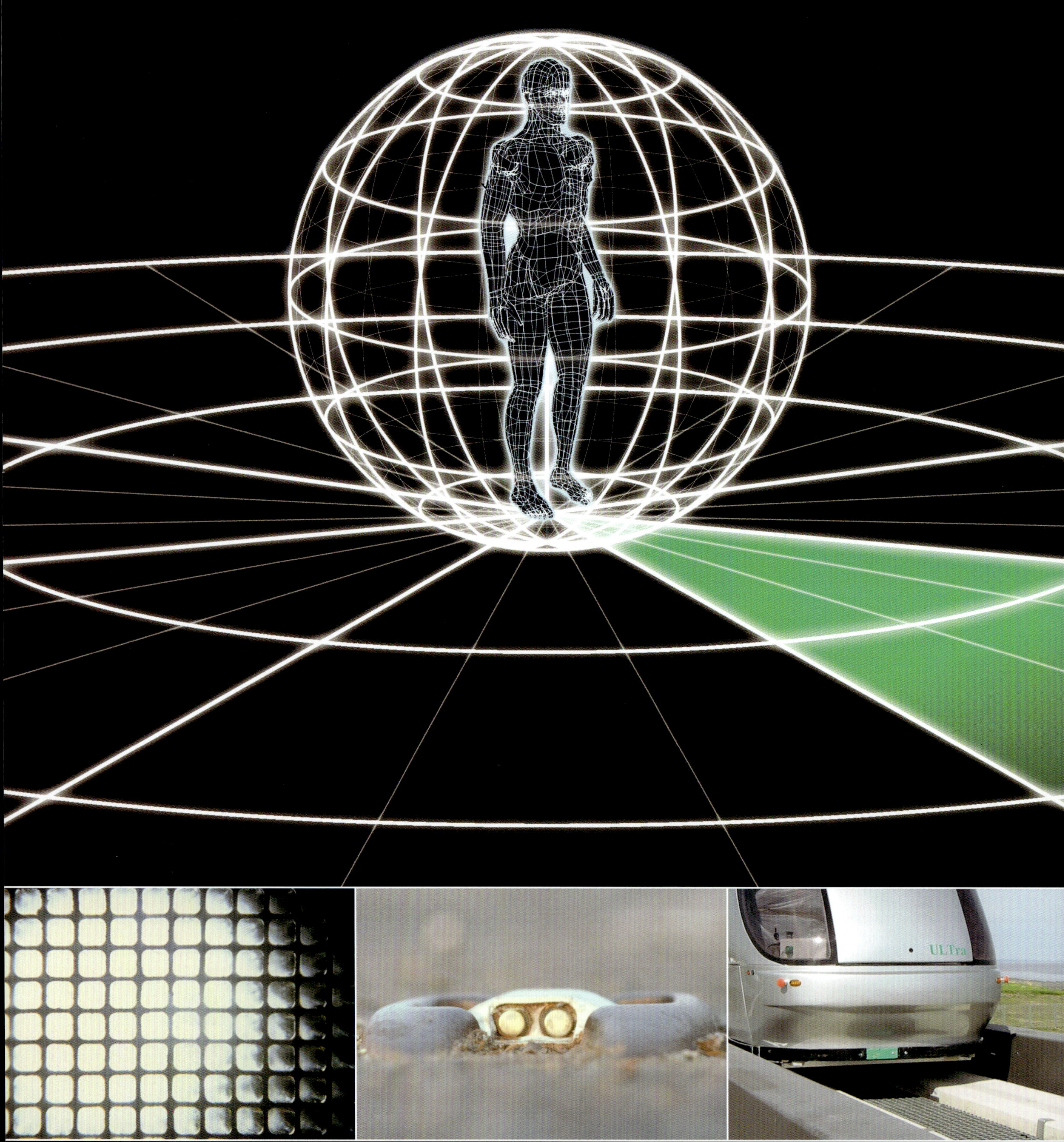
ULTra

>> 移动

一级方程式赛车 » 转化器 » 机器人汽车 » 道路 » 反光路钮 » 窄体三轮车 » 两轮智能代步车 » 出租车 » 船舶 » 浮动观测平台船 » 水上摩托车 » 极速帆船 » 滑翔机 » 无声飞行 » 特技飞行 » 直升飞机 » 运动鞋 » 自动扶梯

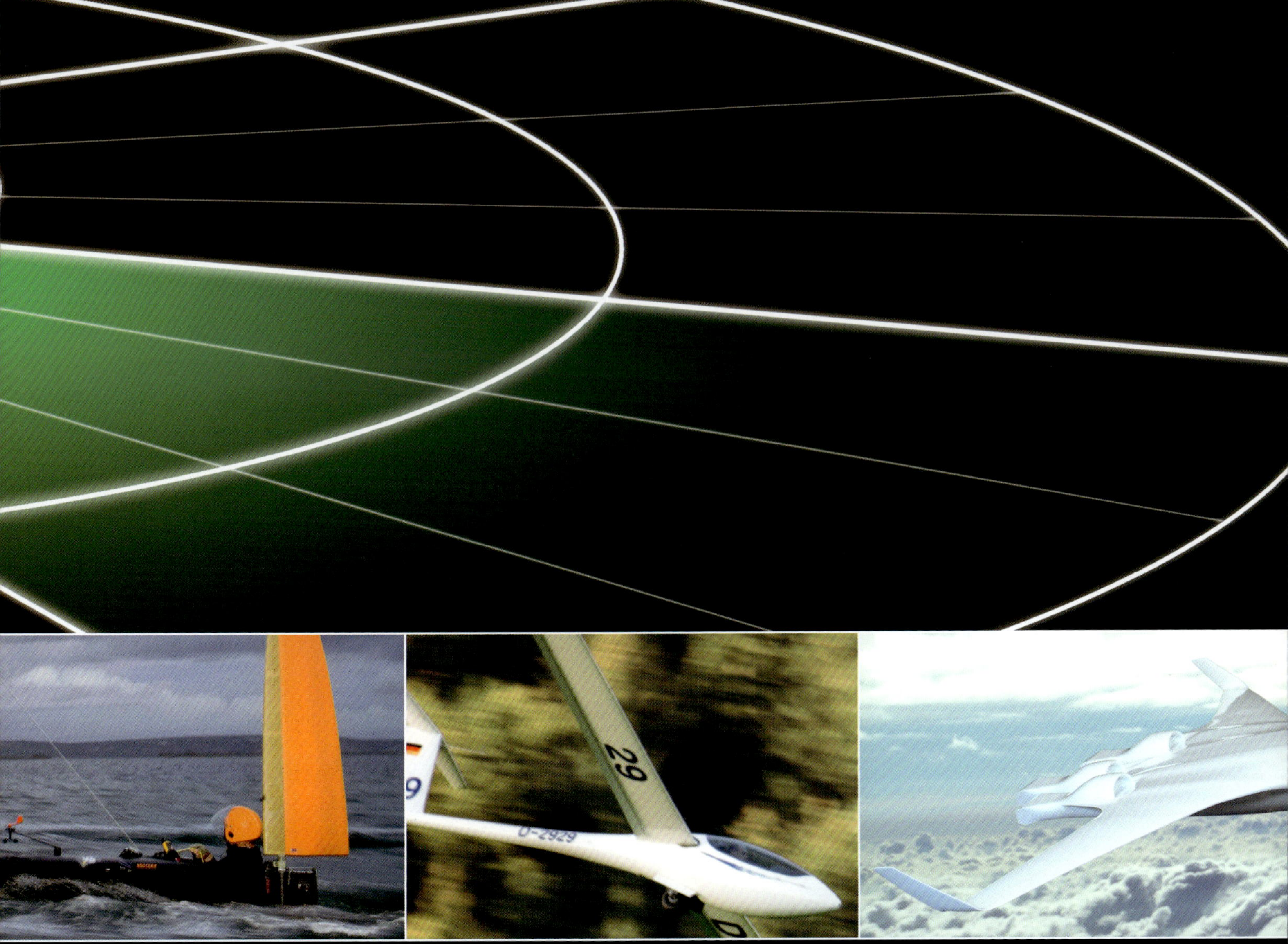

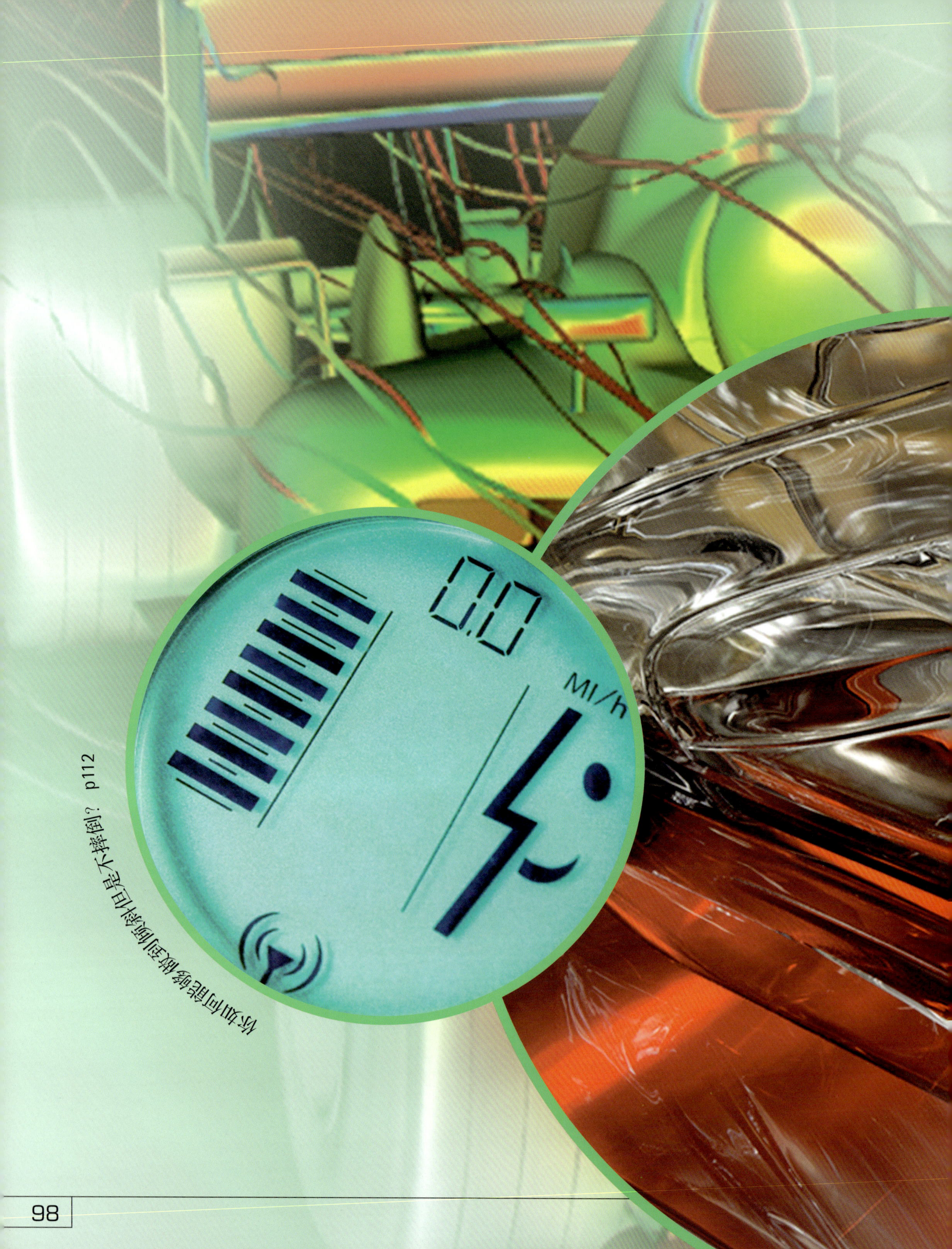

你如何能够感到倾斜但是不摔倒？ p112

▶▶ 从深邃的海洋到广袤的太空，有了神奇的交通工具，我们就能享受不可思议的旅程。F1赛车在赛道上飞驰，直升飞机在空中盘旋，水上摩托车乘着海浪，潜水艇潜入深海。现代的交通工具已足以让人啧啧称奇，但是未来的交通工具将会在各个方面更上一层楼。无人驾驶汽车、奔驰在悬浮铁轨上的出租车、排浪船、无噪声超音速飞机——它们即将粉墨登场。▶▶

它能让你保持领先吗？ p132

这个翻起来且一直立在海面上的东西是什么？ p118

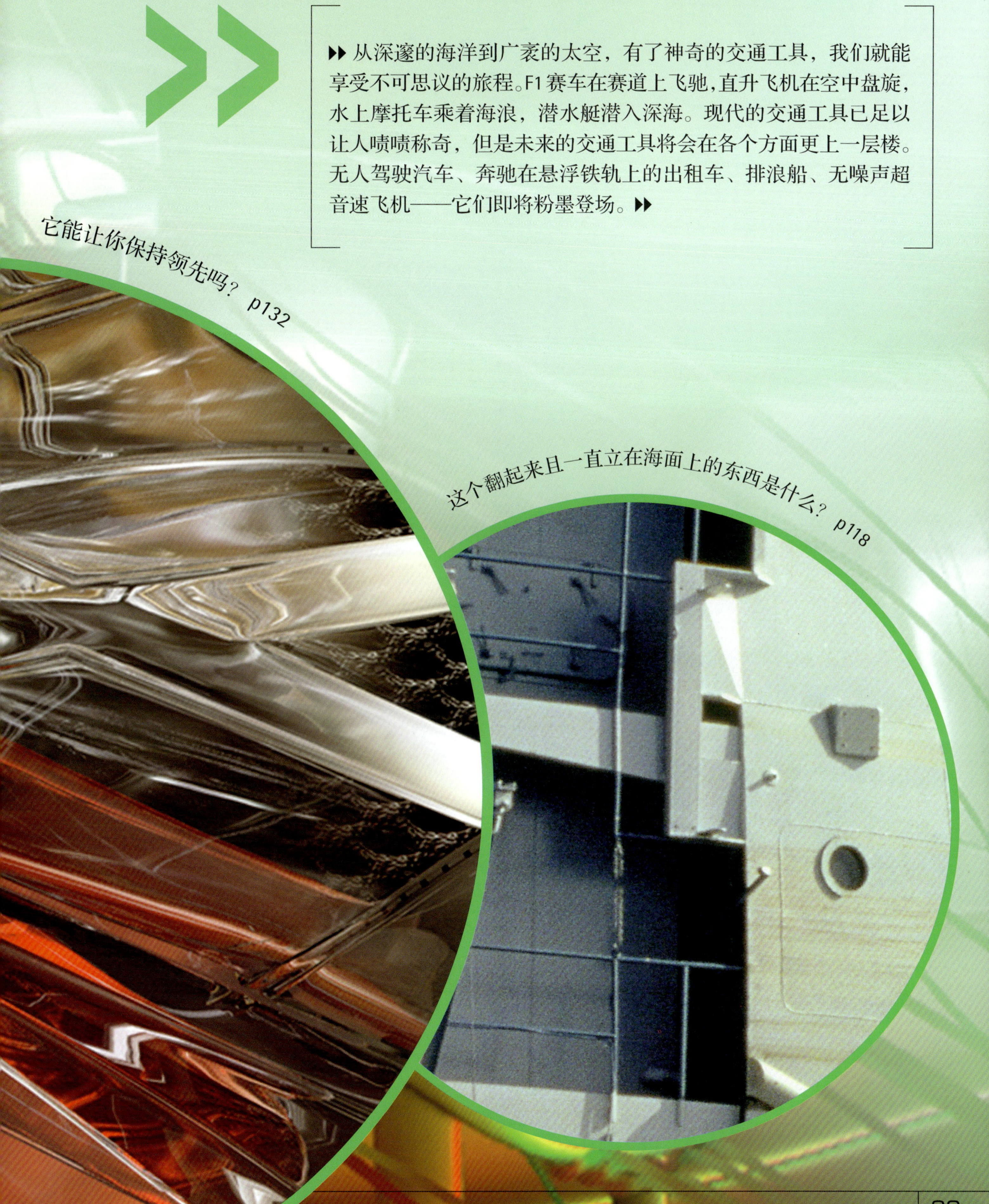

一级方程式赛车（F1）

风洞测试

▶通过风洞测试，赛车会变得更符合空气动力学原理（使空气平滑地通过）。在这个测试中，当空气高速通过时，4个机械手将标准模型车牢牢固定住，模型为真实车辆的一半大小。

在风洞中的F1赛车模型

尾翼能设置成20种不同的角度，这样形成的向下压力为车辆所受总向下压力的35%。

进气口每秒钟向发动机提供650升的空气，相当于成人120次深呼吸呼出的空气量。

这些线条表示空气流过车身的路径。

位于驾驶舱两侧的扩散器将车身下面的空气导出，从而形成真空，这样产生的向下压力为车辆所受总向下压力的40%。

▶▶驾驶F1赛车就如同驾驶一辆紧贴地面飞行的飞机，光滑的车身设计使赛车在高速行驶时能紧贴赛道。它的发动机功率是普通私家车的5倍。

当车辆高速转弯时，叉杆式悬架将轮胎夹住。

图片： F1赛车所受的空气压力以及周围气流的计算机仿真图

>> F1 赛车的技术原理

SIEMENS
mobile
Mobil 1
West

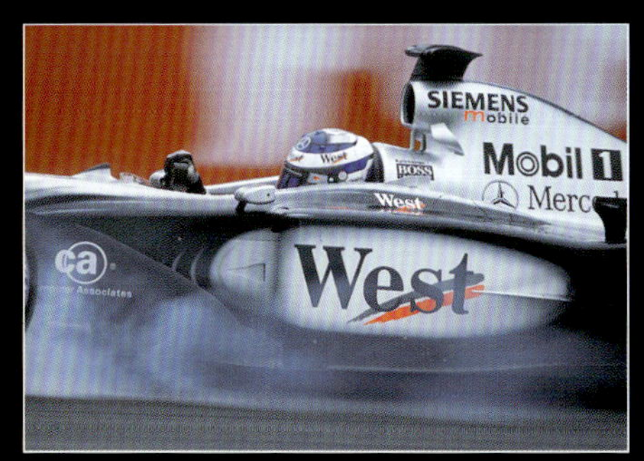

驾驶舱

驾驶舱尽可能地贴近地面，这样车辆能够高速转向。为了安全起见，驾驶舱会被加固，并且配备战机飞行员所使用的安全带来保护赛车手。

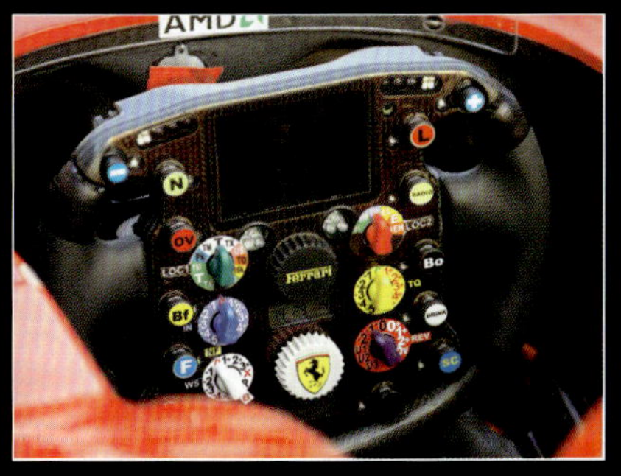

按键控制

赛车手没有足够的时间去操纵机械控制器，因此位于转向盘上的按键能够进行除了刹车和加速外的所有操作。同时不再使用传统的表盘，而是以一个液晶显示屏代之。

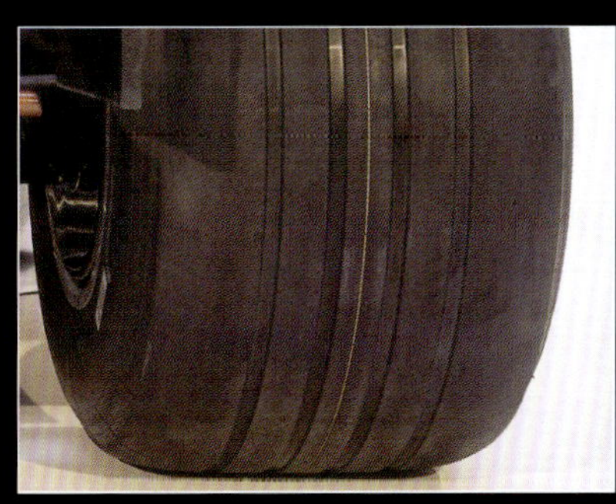

车轮

F1 赛车的车轮由合成橡胶制成，这种合成橡胶中加入的聚酯纤维和尼龙起到了加固作用。在 5 倍于其重力和 100 摄氏度的作用下，车轮行驶 200 千米就会报废。

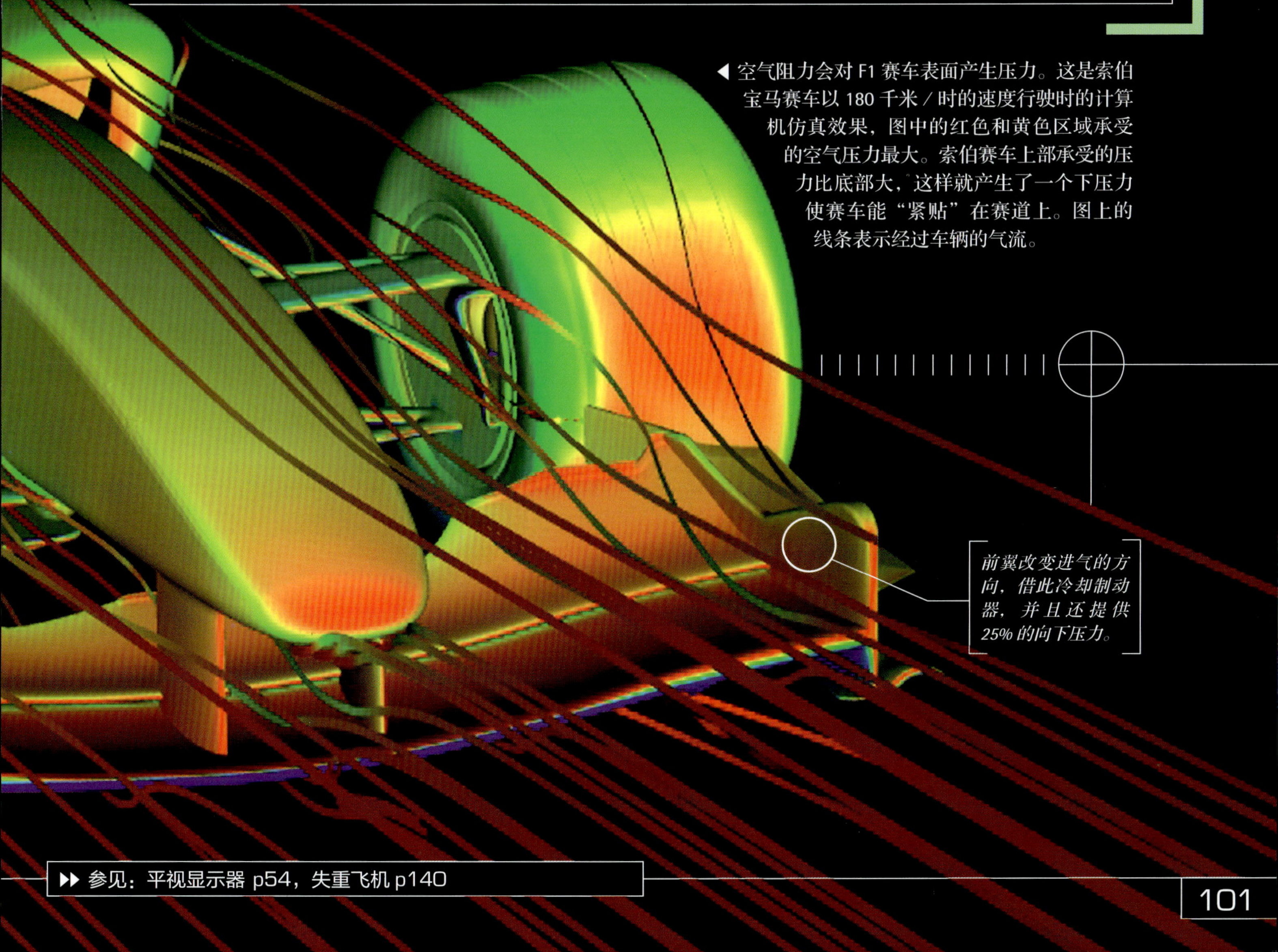
前翼改变进气的方向，借此冷却制动器，并且还提供 25% 的向下压力。

◀ 空气阻力会对 F1 赛车表面产生压力。这是索伯宝马赛车以 180 千米 / 时的速度行驶时的计算机仿真效果，图中的红色和黄色区域承受的空气压力最大。索伯赛车上部承受的压力比底部大，这样就产生了一个下压力使赛车能“紧贴”在赛道上。图上的线条表示经过车辆的气流。

▶▶ 参见：平视显示器 p54，失重飞机 p140

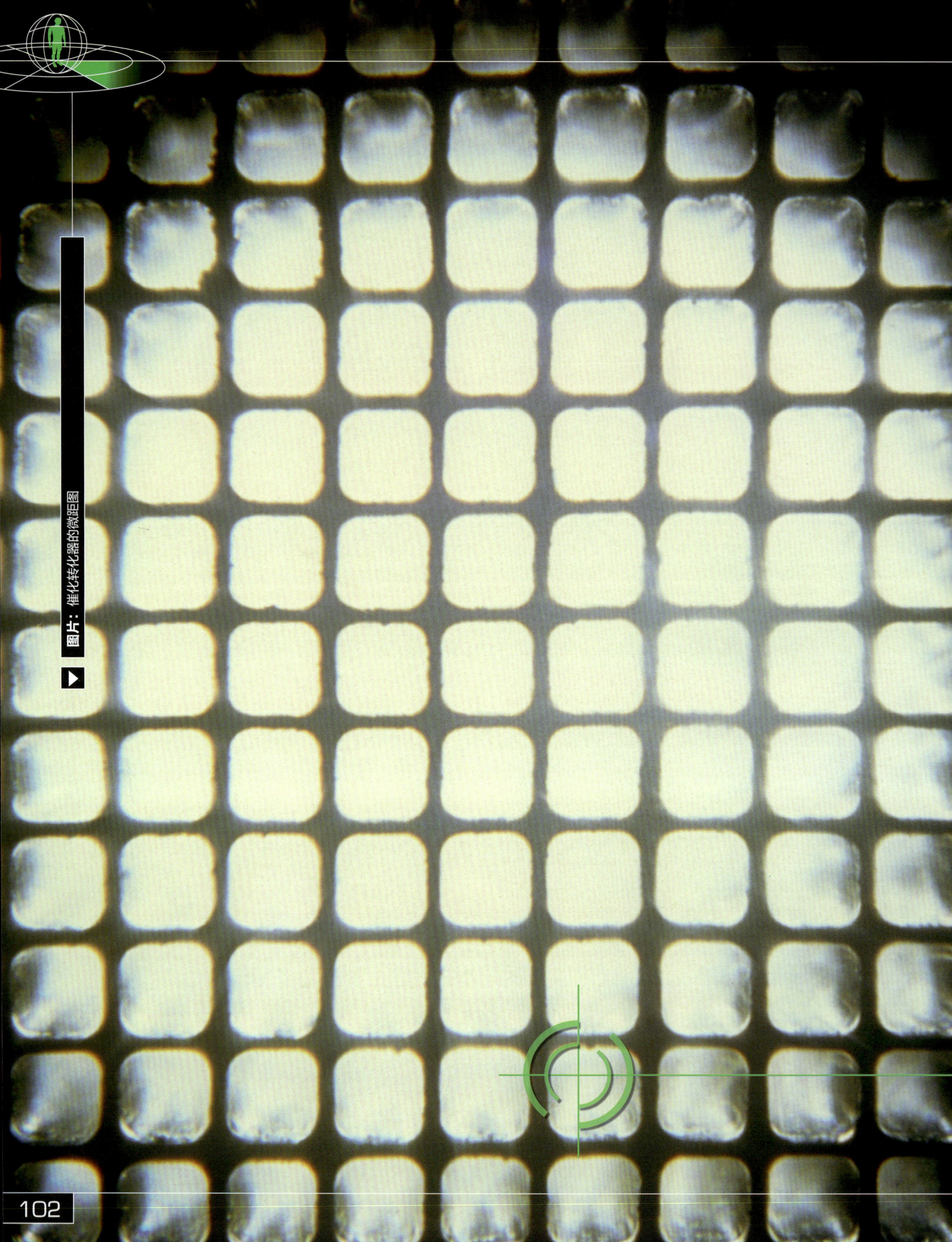

图片：催化转化器的微距图

转化器

▶▶ 从雅典到莫斯科，再到孟买，烟雾污染了这些世界上最大的城市。空气污染会引起我们肺部阻塞，使树木死去，同时还会让建筑物蒙上尘埃。催化转化器是一种化学清洁装置，它能够清除汽车尾气中的有害物质，减少来自发动机的污染。▶▶

催化转化器的工作原理

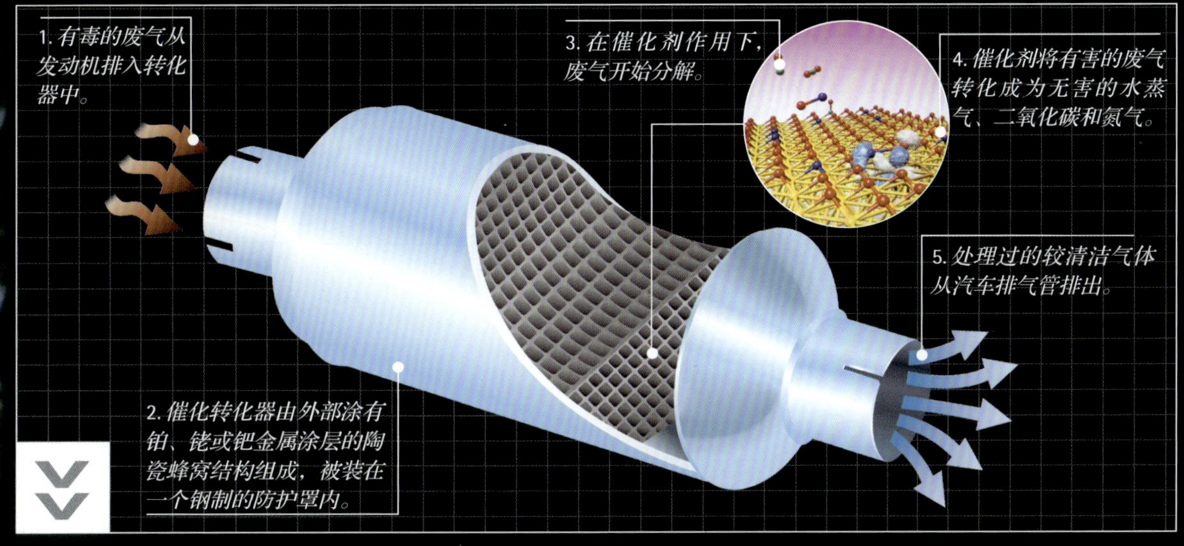

在汽车发动机内，燃料在空气中燃烧，发动机通过这样的化学反应获得能量。然而，汽油是碳氢化合物，在发动机内氧气不充足的情况下，不能完全燃烧，因此发动机产生了混合的污染物。最初的有害气体中包括氮氧化物（能引发肺部疾病）、有毒的一氧化碳以及未燃烧的碳氢化合物。

催化转化器从外形上看是一个立体的筛子。但是它不是用来过滤污染物的。它大面积的表面区域会促进化学反应的发生。通过这些化学反应将氮氧化物、一氧化碳和碳氢化合物的有害分子分解。接着，在催化剂的作用下，原子进行重组，生成更加清洁、更加安全的化合物：水蒸气、二氧化碳和氮气。

◀ 当尾气通过催化转化器时，一对相连的催化剂将污染物滤去。分解催化剂将氮氧化合物分解，同时氧化物催化剂将一氧化碳和碳氢化合物转化成二氧化碳和水。

▶▶ 参见：平视显示器 p54，道路 p106

机器人汽车

▶▶ 在美国的沙漠中出现了一些不寻常的赛车比赛。它们无人驾驶，也不受远程控制。这些机器人汽车必须利用摄像机、雷达和激光，自己完成行驶 212 千米的路程。▶▶

▶ 参赛者，例如此图中的“沙暴号”，必须横跨沙丘，穿越岩石地带，越过干涸的河床，同时要避开途中的障碍物。工程师设计此车旨在开发出一种机器人汽车，使它们能将必需品或是设备运送到路程远且危险的地方，这样就不需要驾驶员冒生命危险了。

可操纵远距离激光扫描仪能够旋转并观察周围情况。

摄像机勘察地势以确认障碍所在。

GPS 天线计算自己的位置，精度在几米范围内。

计算机确定下一步的行驶目标并且控制所有的系统。

对于不平坦的地势，有特制的缓冲装置将电子产品和传感器垫起来。

无人驾驶摩托车

“幽灵骑士”——无人驾驶摩托车

◀ 在 2005 年的比赛中，有一队无人驾驶摩托车加入。除了要完成行驶课程之外，“幽灵骑士”摩托车还面临着要保持直立行驶的挑战。每 0.01 秒，由计算机指示车辆倾斜，同时前轮偏向相反的方向，以保持平衡。但是这种摩托车没能通过资格赛，因此失去了 100 万英镑的奖金。

▶▶ 参见：平视显示器 p54，鹰眼 p88，机器人 p90，道路 p106

》“沙暴号”导航原理

“沙暴号”从车载的传感器获得数据。GPS（全球定位系统）为车辆提供详细的位置信息，这样车辆就能沿着路线行驶，但是当车辆行驶在狭窄的道路上或者是处理途中遇到的障碍时，这样的定位就不够精确。为了精确地确定行驶方向，“沙暴号”的计算机通过远程雷达、摄像机图像和激光扫描仪（激光雷达）读取它周边环境的数据。激光雷达会给出最详尽的信息，当它用激光扫描车辆周围地形时，会获得地面和所有障碍物的精确形状。

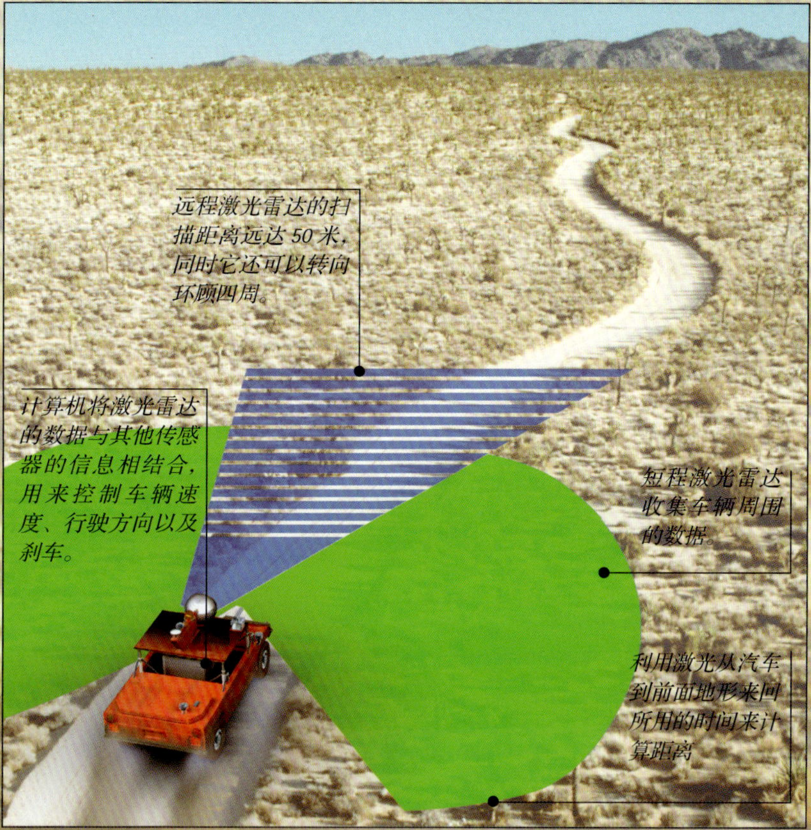

远程激光雷达的扫描距离远达50米，同时它还可以转向环顾四周。

计算机将激光雷达的数据与其他传感器的信息相结合，用来控制车辆速度、行驶方向以及刹车。

短程激光雷达收集车辆周围的数据。

利用激光从汽车到前面地形来回所用的时间来计算距离

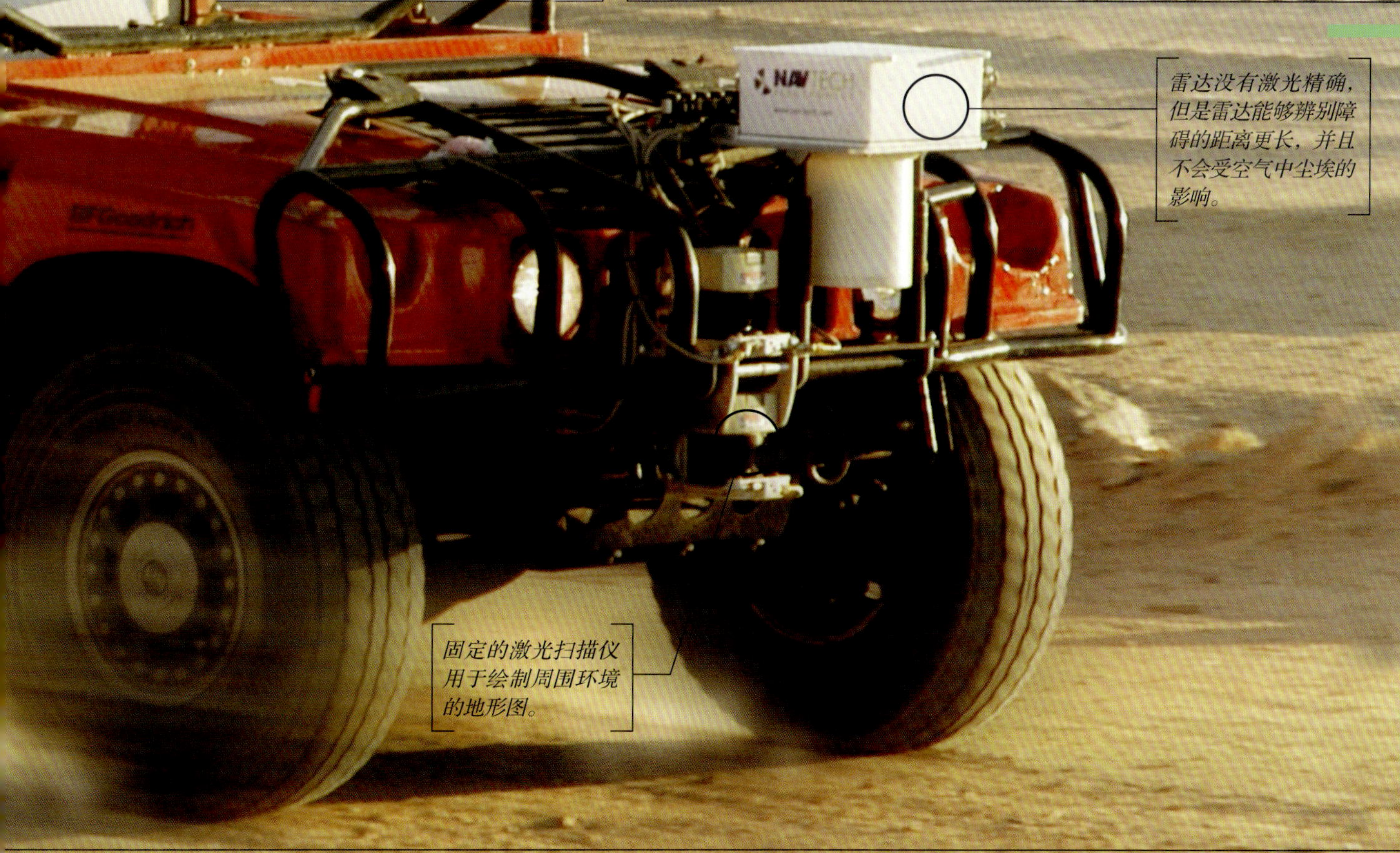

雷达没有激光精确，但是雷达能够辨别障碍的距离更长，并且不会受空气中尘埃的影响。

固定的激光扫描仪用于绘制周围环境的地形图。

图片：比赛中的“沙暴号”机器人汽车

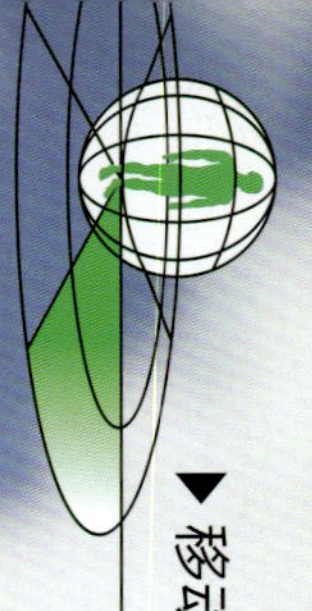

道路

▶▶ 无论是城市中车辆嘈杂的马路，还是蜿蜒在田野中僻静的小路，都被称为道路。世界上最拥挤的高速公路每天的车流量为 15 万辆，包括相当于大象 7 倍重的卡车。▶▶

沥青湖

沥青湖位于特立尼达岛的拉布雷亚地区

▲大多数的道路看上去都是黑色的，那是因为它们表面铺有沥青的缘故。这个位于特立尼达岛拉布雷亚地区的湖是世界上最大的沥青储存处。这里产出的沥青相当柔软以至于车辆会很快陷入其中。沥青中必须掺有砂砾或者其他石块，才能形成具有耐磨性、防水性的表面，以及有足够的强度来承载车辆的重量。

▼这是位于挪威弗敦群岛的一条道路，由于它处在北极圈内，它必须承受冬季和夏季巨大的温度变化。有了添加剂，上层沥青就可以随温度变化膨胀和收缩。这样能防止路面产生裂缝，避免由于渗水而影响路基的稳定性。

道路的构造原理

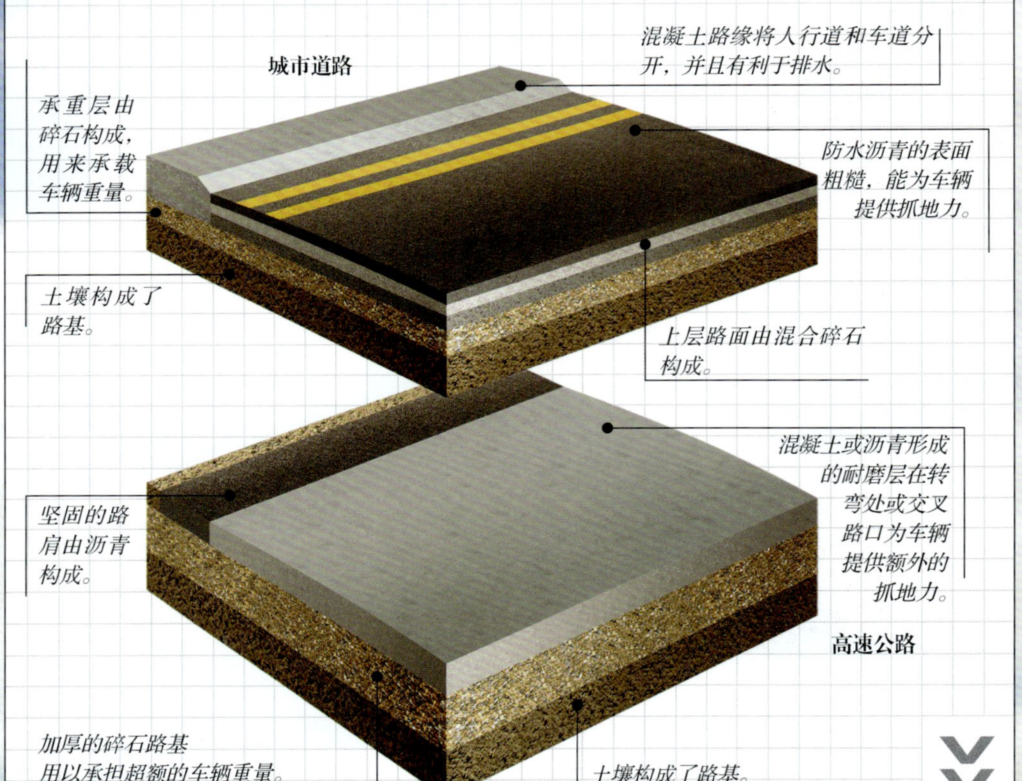

道路底层的粗糙的石块用以承担重量，而上层设计得比较平坦是便于车辆加速以及使人们感觉舒适。路面是防水的，以保护下层的路基。车轮产生的摩擦力会将路面的材料磨去，所以每隔几年，路面就必须进行翻新。高速公路大多是混凝土路面，它比沥青路面更耐磨。而超过 90% 的城市道路都是沥青路面，在遇到弯曲的街道、井、排水渠和其他障碍时，使用沥青铺路会更容易。

施工期间，用强力的喷水器喷射或锤击沥青表面，使其变粗糙，以改善抓地力。

二氧化钛道路标志涂料中有微型玻璃珠，车前灯的灯光照到上面时，能反射灯光使驾驶员看得更清楚。

▶▶ 参见：一级方程式赛车 p100，机器人汽车 p104，反光路钮 p108

反光路钮

▶▶ 驾驶员晚上驾车发生事故的概率是白天的 10 倍，道路上的小型光反射镜能够减少事故的发生。众所周知，反光路钮从 1934 年出现至今，已经挽救了无数条生命。▶▶

图片：道路摄像机拍摄到的反光路钮

▶ 夜晚车辆能够安全地行驶，要归功于车道之间的反光路钮。反光路钮通常是白色的，但也可以是红色、琥珀色或绿色，用来标识不能越过的道路、支路或者是其他特殊的道路。当反光路钮上突起的防撞器被越过时，它就会发出警报，警告驾驶员已经偏离车道。

周围铁制的防撞器保护反光路钮免遭撞击。

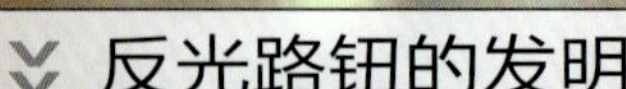

反光路钮的发明

▶ 佩尔西·肖（1890-1976），他在一次大雾天气开车下山的惊险经历之后，发明了反光路钮。当他行驶在路上时，看到一束奇怪的光，结果发现那是一只猫的眼睛将车灯光反射回来的结果。这时肖突然意识到自己偏离了车道，正在向悬崖开去，如果掉下去必死无疑，是那只猫救了他的命。因此反光路钮也被设计成猫眼的样子，反光路钮有时也被人们叫做猫眼。

佩尔西·肖在他的反光路钮生产工厂

反光路钮的原理

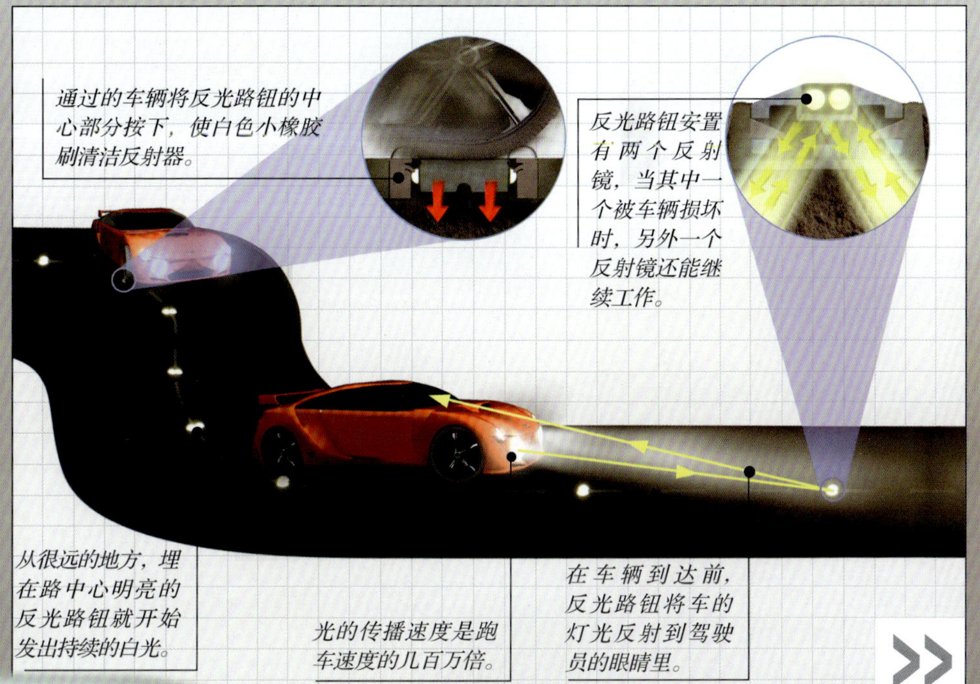

汽车的前车灯光向下偏，将路面照亮，反光路钮中的反射镜向上倾斜，将迎面而来的光线反射回驾驶员的眼中。在普通的道路上，反光路钮之间的安装间距为6至8米。在快速的道路上，这个间距要适当加大，而在弯道、山顶和容易积雾的路段，反光路钮的间距要适当减小。如果没有它们特有的自动清洁设计，反光路钮会很容易变脏失效。每当车辆越过一个反光路钮时，它中心的白色橡胶部分都会上下振动，将反射镜清洁干净。

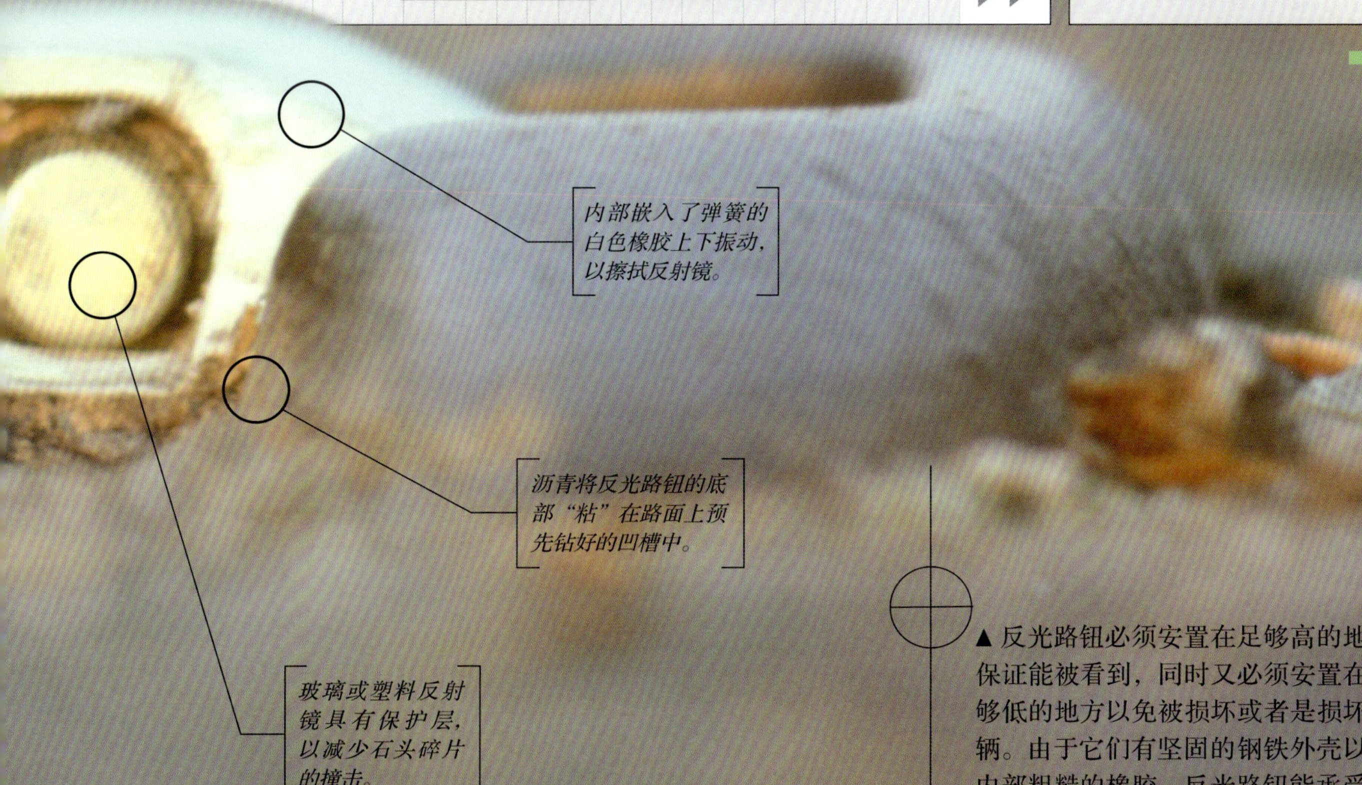

▲ 反光路钮必须安置在足够高的地方保证能被看到，同时又必须安置在足够低的地方以免被损坏或者是损坏车辆。由于它们有坚固的钢铁外壳以及内部粗糙的橡胶，反光路钮能承受好几百万次的碾压，能够工作10到20年。

▶▶ 参见：平视显示器 p54，道路 p106，夜视仪 p160

窄体三轮车

▶▶ 有没有一种交通工具，既像轿车一样安全，又像摩托车一样刺激、经济。这个靠电力和汽油驱动的三轮车将二者完美地结合了起来。它比摩托车安全 30 倍，同时又能和摩托车一样快，而燃烧的汽油只是摩托车的一半。▶▶

▼ 窄体三轮车利用混合动力（汽油和电力）。后部小型的汽油发动机驱动一个发电机和电池，给安装在车轮内部的发动机供电。当车辆刹车时，通常被浪费掉的能量会被保留下来，用来给电池充电，增加了能源的使用效率。

在碰撞或翻车时，高强度的钼钢笼起到保护乘车人员的作用。

后置式发动机下方的倾斜装置。

车身外形向内弯曲，所以当车辆倾斜时不会刮到地面。

▲ **图片：** 窄体三轮车

▶▶ 参见：两轮智能代步车 p112，无声飞行 p126

▼ 当摩托车骑手转弯时倾斜车身，摩托车会跑得更快，窄体三轮车也可以倾斜。低速转弯时，只需要前轮转向，车身保持直立。而高速转弯时，整个车身会变得倾斜，车轮仍保持直立。

窄体三轮车的防护措施

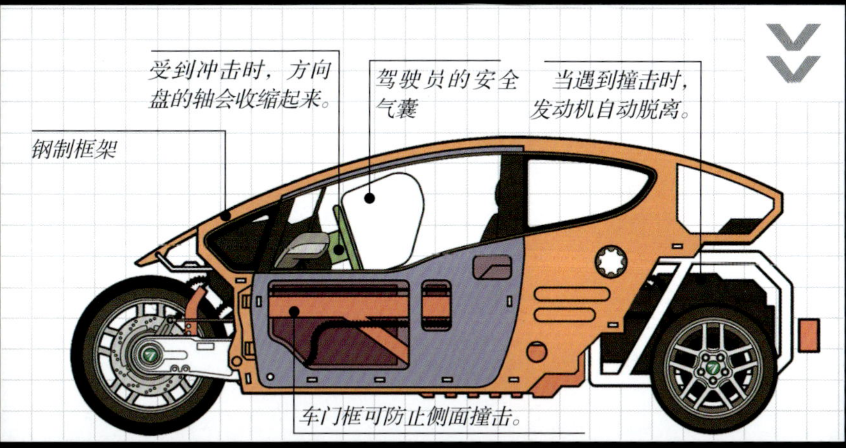

摩托车在保护方面的设计比较少，但是窄体三轮车的乘客则处于一个封闭的、由钢制框架构成的安全罩中，车体能够承受发生事故时的冲击力。对于迎面而来的撞击，冲击从前轮转移到车架，所以撞击产生的能量不会对乘客产生太大影响。对于后部的撞击，后部的发动机会从车架里脱离出来，防止挤压到车内乘客。安全玻璃、防滑刹车和安全气囊的使用，使窄体三轮车比摩托车更具安全性。

发生撞击时，产生的能量从前轮转移到车架上。

倾斜技术

摆式列车

▲ 这列由意大利人设计的摆式列车，它能够以较高速度转向。车轮还是安全地压在轨道上，而旅客车厢则会在轨道上左摇右晃。

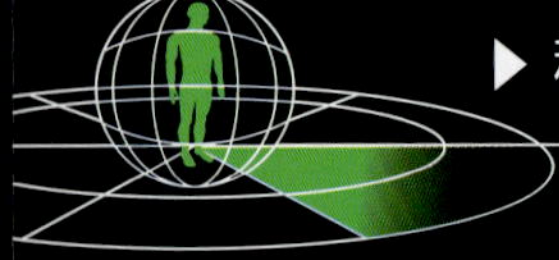

两轮智能代步车

▶▶ 骑上赛格威两轮智能代步车，只要你稍稍向前倾，就能带着你在人行道上滑行，速度是人们步行的3倍。这种由电动机和电池提供能量，无噪声、无污染的装置可能会成为未来的城市交通工具。▶▶

>> 赛格威两轮智能代步车如何移动

当你站立身体向前倾斜，身体就会开始向前倒。在身体摔倒之前，你耳中的平衡传感器就会检测到这一点，然后你的大脑向肌肉发出信号让你向前迈一步来避免摔倒。赛格威两轮智能代步车的工作原理与其相同，只不过是用电子陀螺仪和电动机代替了大脑和肌肉的作用。陀螺仪是只有6毫米长的电子传感器。当你改变身体姿势并倾斜的时候，芯片能检测到代步车在倾斜，同时控制电动机来保持你身体的平衡。

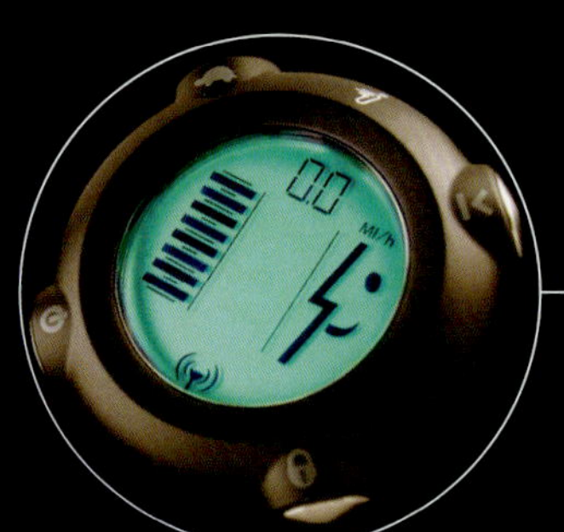

▲ 一个便携的、无线钥匙用来启动设备，并且在屏幕上显示电池寿命、速度和已行驶的路程。它同时也是一个防盗报警器。

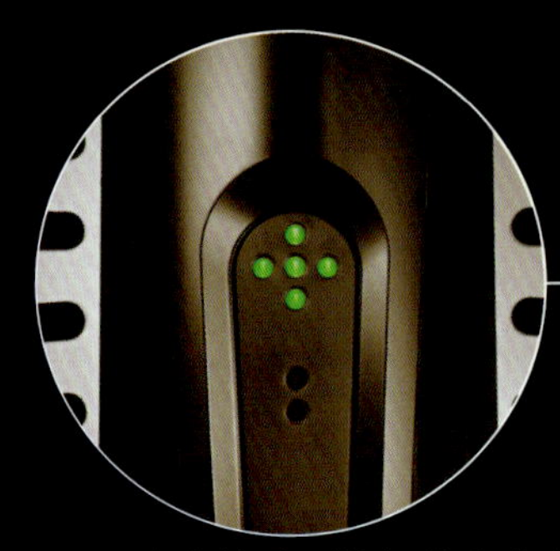

▲ 当赛格威两轮智能代步车达到平衡并且能够安全驾驶时，指示灯会柔和地闪动。5个嵌入式的陀螺仪时刻检测并且校正代步车的平衡。

▲ 通过重型锁，能够将赛格威两轮智能代步车锁在不可移动的物体上，并且当防盗警报响起时，车轮能自动锁起来。

◀ 赛格威两轮智能代步车的车身框架和把手，像是驾驶员身体的延伸。当驾驶员向前倾或向后仰，抑或是将车架拨向任何一边，代步车都会向着那个方向以 20 千米 / 时的速度行进。

倾斜操纵杆架能够适应不同的高度，也能折起来装进汽车的后备箱中。

车轮结实耐穿透，适于户外使用。在室内使用时，也不会在地板上留下轮胎印记。

驾驶代步车巡逻

机场警察驾驶着赛格威两轮智能代步车巡逻。

▲ 事实证明，赛格威两轮智能代步车对警察和安全人员的工作很有帮助，因为他们要在较大的区域内巡逻，例如机场候车室。使用代步车的人员行驶的面积是步行人员的两倍，并且速度是步行的数倍。嵌入式的电池每次充电能够供代步车行驶 38 千米。

▶▶ 参见：新型弹簧单高跷 p82，真空吸盘 p84，窄体三轮车 p110，出租车 p114

图片：ULTra 出租车在高架的轨道上运行

出租车

世界上有 6 亿辆汽车，也就是说，地球上每 11 个人就拥有一辆车。交通的状况每况愈下，无人驾驶电动 ULTra 出租车将会有助于缓解堵车和污染现象。

◀ULTra 出租车是有轨电车和轿车的结合产物。因为它是在特殊的距离地面 6 米的轨道上运行，独立于其他交通工具，所以在城市的行驶速度比现有车辆快 2 至 3 倍。ULTra 出租车每个驾驶室中都没有驾驶员，而是有一些车载的传感器，通过一个中心计算机系统引导车辆运行。

ULTRA 出租车的核心功能

乘客通道

每辆车长 3.7 米（如同一辆小型汽车），能够容纳 4 位乘客，最大承重为 500 千克。宽车门和低地板的设置让老人、带有婴儿车的父母和残疾人都能轻松上车。ULTra 出租车的速度是普通汽车的 10 倍以上。

站台

虽然 ULTra 出租车的最高时速只有 40 千米，但车辆是从一个站台直达另一个站台，因此行驶时间还是非常短。ULTra 出租车非常多，乘客的平均等待时间在 10 秒以内。这些车穿越市区的速度要比街道上行驶的车辆快得多。

电荷点

电动机

ULTra 出租车不再使用汽油发动机，而是使用电动机和电池，因此，它们基本上是无噪声、无污染的。在交通高峰时段，这种车消耗的能量是普通车辆的十分之一，并且比公共汽车、火车和有轨电车的效率要高得多。

▶▶ 参见：机器人汽车 p104，道路 p106，两轮智能代步车 p112

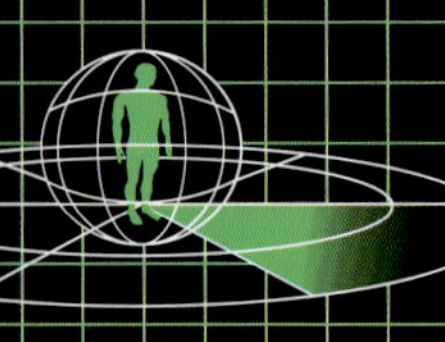

船舶

波浪适应模块船

这艘引人注目的波浪适应模块船的船体能够顺应起伏多变的水面，因此即使在较大的风浪中，乘客也不会觉得摇晃不定和眩晕。这个悬浮于海面上方的船舱可以作为奢华的游船、货船或者是海洋研究实验室。

环保快艇

这艘“地球竞赛”号环保快艇是用来尝试能否在记录时间内完成环球航海旅行的。大豆或废弃的食用油制成的生物柴油为它提供动力。装满油后，这艘船能以 90 千米 / 时的速度行驶 6000 多千米。

在过去从未有过如此多种的水上交通工具。现代先进船舶的种类非常繁多，有的看上去甚至不是船的形状。符合空气动力学的设计和轻型金属能够提高船舶的最大速度和可操作性，同时潜艇技术的应用使船舶也能潜入水底。

《 仿生海豚船

坐上这种令人称奇的、由玻璃纤维制成的仿生海豚船，你就能体验海洋哺乳动物的生活。它能以 48 千米／时的速度航行，能潜入到水下 3 米的地方，还能模仿海豚，例如从水中跳出并在空中转体。

短剑快艇

这艘短剑快艇是由轻型的碳纤维制成。因此，它能在很浅的水域中航行。24 米长的对称 M 型船身行驶效率很高，几乎不产生尾浪，最高时速超过 100 千米／时。

《 Exomos 潜水艇

这艘奢华的游艇同时也是潜水艇，它能潜至水下 20 米。当这艘 21 米长的潜艇潜入水中时，甲板上最多能坐 14 个潜水员，防水舱中能容纳 8 个乘客观赏风景。

▶▶ 参见：浮动观测平台船 p118，水上摩托车 p120，极速帆船 p122

浮动观测平台船

▶▶ 放进水里的东西，不是下沉就是漂浮，但是这个不可思议的实验室却两样都能做到。既像是船又像是潜艇，浮动观测平台船能漂浮在海面上，也能潜入海底进行海洋研究。◀◀

▼ 有了浮动观测平台船，科学家们能够研究风暴怎样形成海浪、鲸鱼之间怎样传播声音、海洋和大气之间如何交换热量。不论船是水平的还是直立的，海洋学家都必须居住在浮动观测平台船中，所以洗手间是能够旋转的，天花板和墙上都安有桌子和水池。

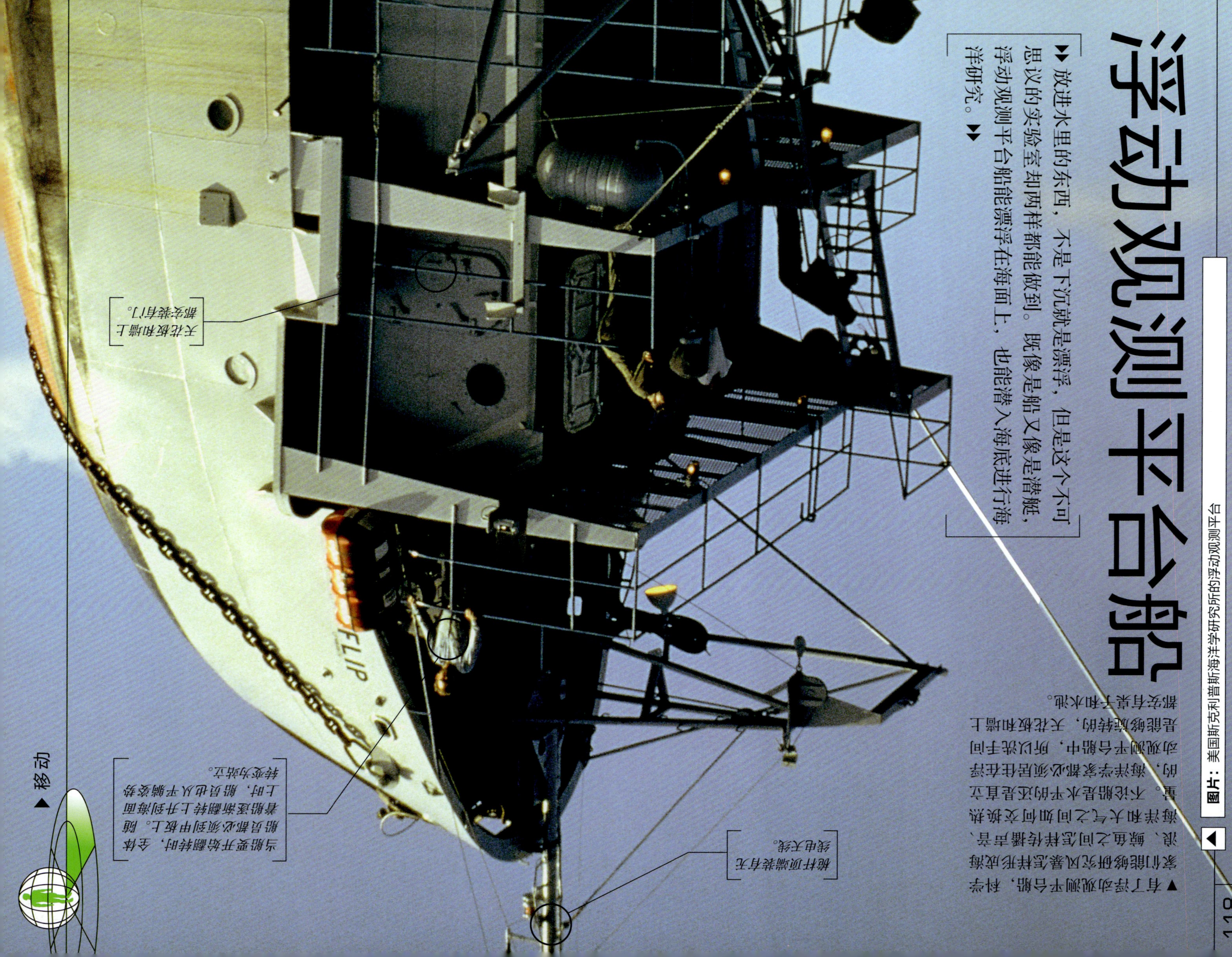

▲ **图片：** 美国斯克利普斯海洋学研究所的浮动观测平台

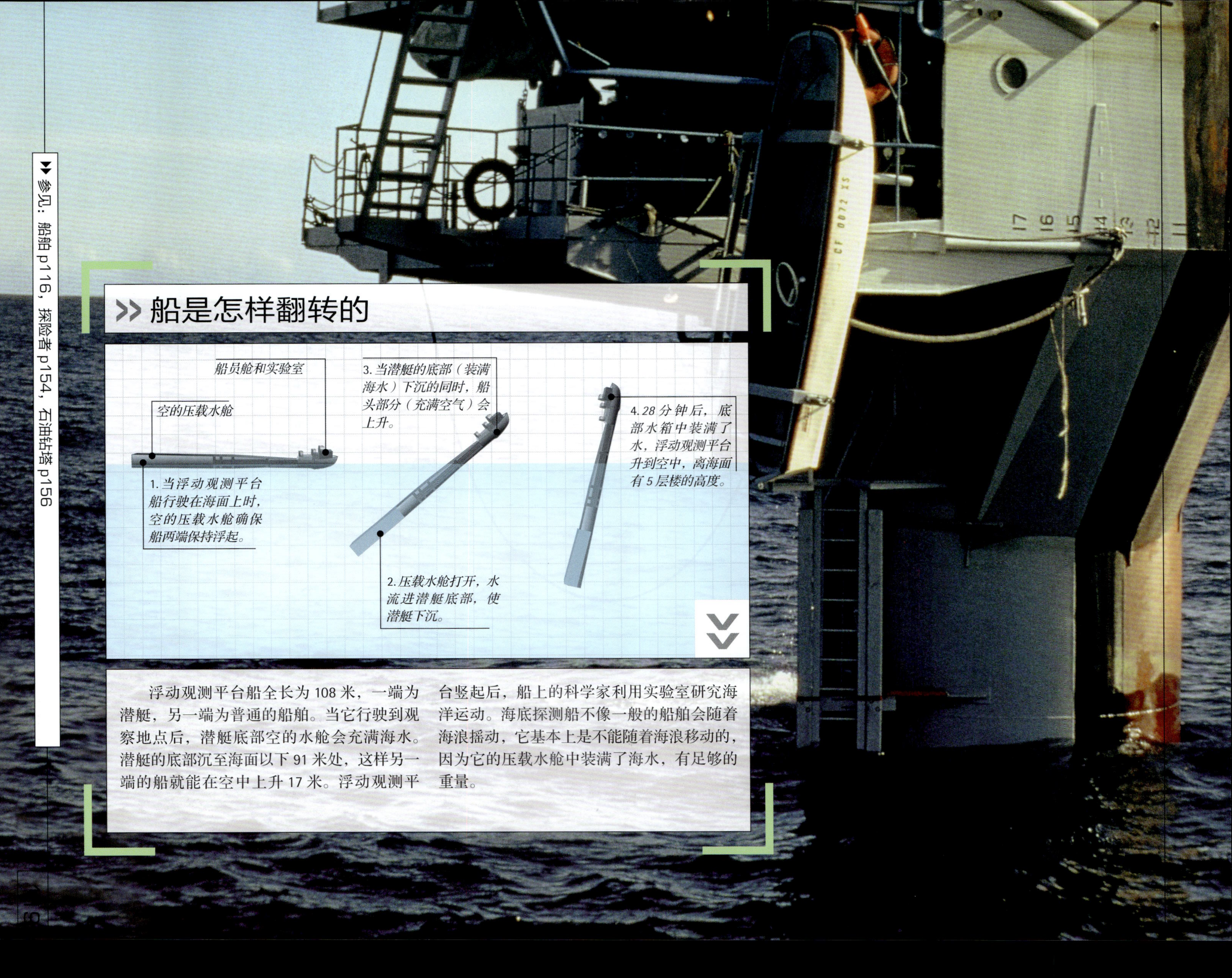

船是怎样翻转的

浮动观测平台船全长为 108 米，一端为潜艇，另一端为普通的船舶。当它行驶到观察地点后，潜艇底部空的水舱会充满海水。潜艇的底部沉至海面以下 91 米处，这样另一端的船就能在空中上升 17 米。浮动观测平台竖起后，船上的科学家利用实验室研究海洋运动。海底探测船不像一般的船舶会随着海浪摇动，它基本上是不能随着海浪移动的，因为它的压载水舱中装满了海水，有足够的重量。

▶▶ 参见：船舶 p116，探险者 p154，石油钻塔 p156

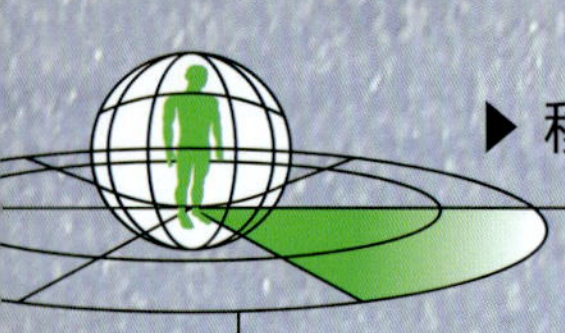

水上摩托车

▶▶Jet Ski 是一种能够以 80 千米/时的速度破浪行驶的水上摩托车。不同于一般的由螺旋桨提供动力的摩托艇，Jet Ski 使用大功率水泵使水向后喷射而产生动力。▶▶

发生撞击时，顶盖区域提供缓冲保护。

水上摩托车的船身是由质量轻但很坚韧的玻璃纤维塑料构成。

图片：日本川崎水上摩托车 800 SX-R

利用喷气前进的动物

章鱼在水中游动

▲当章鱼遇到危险时，它会使用与水上摩托车相同的原理来逃脱。首先它会喷出墨汁似的物质，作为烟幕将自己隐藏起来，然后再从体内喷出水流，从而迅速朝反方向逃走。

▲这个双缸发动机具有 70 马力，排量为 781 cc，与世界摩托车大奖赛中的摩托车一样强大。

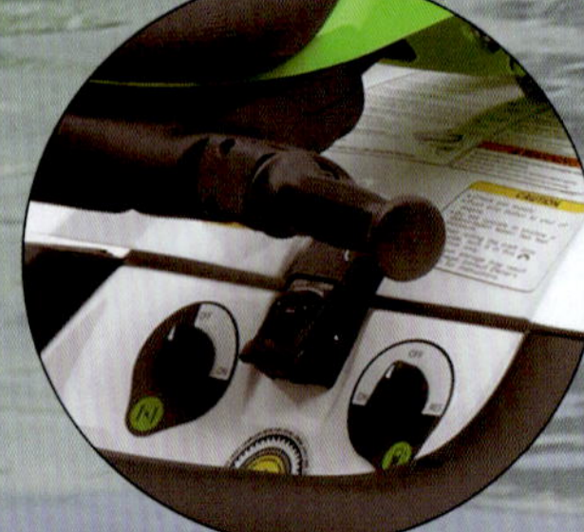

▲Jet Ski 采用电子式点火装置，并由嵌入式计算机芯片控制。

▶▶ 参见：船舶 p116，浮动观测平台船 p118，极速帆船 p122

水上摩托车的行驶原理

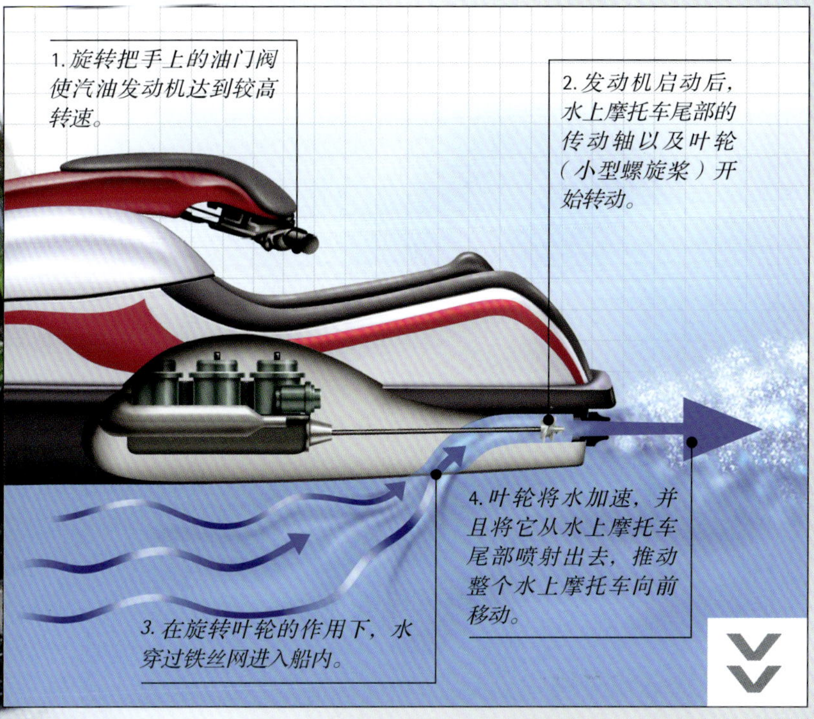

1. 旋转把手上的油门阀使汽油发动机达到较高转速。

2. 发动机启动后，水上摩托车尾部的传动轴以及叶轮（小型螺旋桨）开始转动。

3. 在旋转叶轮的作用下，水穿过铁丝网进入船内。

4. 叶轮将水加速，并且将它从水上摩托车尾部喷射出去，推动整个水上摩托车向前移动。

水上摩托车的原理是300多年前由英国物理学家艾萨克·牛顿（1643-1727）提出的。当水上摩托车强大的发动机向后喷射水流，整个水上摩托车就向前移动。这就是“作用力与反作用力”原理，即一个作用力（向后喷射的水流）会产生一个相等反向的反作用力（使Jet Ski向前移动）。摩托艇由螺旋桨提供动力，通过舵操纵方向。而水上摩托车是依靠转动把手来操纵方向。

◀ 水上摩托车与摩托车都非常重，也都有强大的动力，但是水上摩托车却能像船一样浮在水面上。事实上，由于有嵌入式的泡沫板，它不会往下沉；流线型的车身有助于将水的阻力减至最小，同时使速度最大化。成锐角形的前端使水上摩托车能够破浪而行，即使是在波浪起伏的海面上也能平稳行驶。

▲ 红色按钮用于关闭发动机，车手通过拉动手腕上的缆绳开动发动机。

▲ 推进器将水向后喷出，并且在把手旋转的时候操纵摩托车相应的转向。

极速帆船

▶▶ 优雅地掠过海浪，在海面上完美地保持平衡，极速帆船旨在打破世界帆船纪录。在各种航行条件良好的情况下，它的速度能够达到 90 千米 / 时。▶▶

冲浪

▶ 如同极速帆船一样，这种冲浪板与水接触的地方也有弯曲的前沿。当海浪推动冲浪板时，弯曲的边缘会使冲浪板的前部向上翘起，这就减小了水的阻力。因此，冲浪板能够快速地掠过水面，而不是在海浪里缓慢地滑行。

海上的冲浪运动

▶ 极速帆船有极好的流线外型，它就像是风帆冲浪船（一种有帆的冲浪板）和小型帆船的结合体。它完全由风提供动力，驾驶员只需舒服地躺在驾驶室内，用手和脚通过绳控制方向。

轻型的帆船由合成纤维和碳纤维构成。

主船体有很好的流线型设计以减少风和水的阻力，它是由轻质碳混合材料制成。

横梁长为 8.3 米，起着连接帆船桅杆和船身的作用。

▶▶ 参见：浮动观测平台船 p118，水上摩托车 p120，凯夫拉尔纤维 p222

>> 极速帆船如何破浪而行

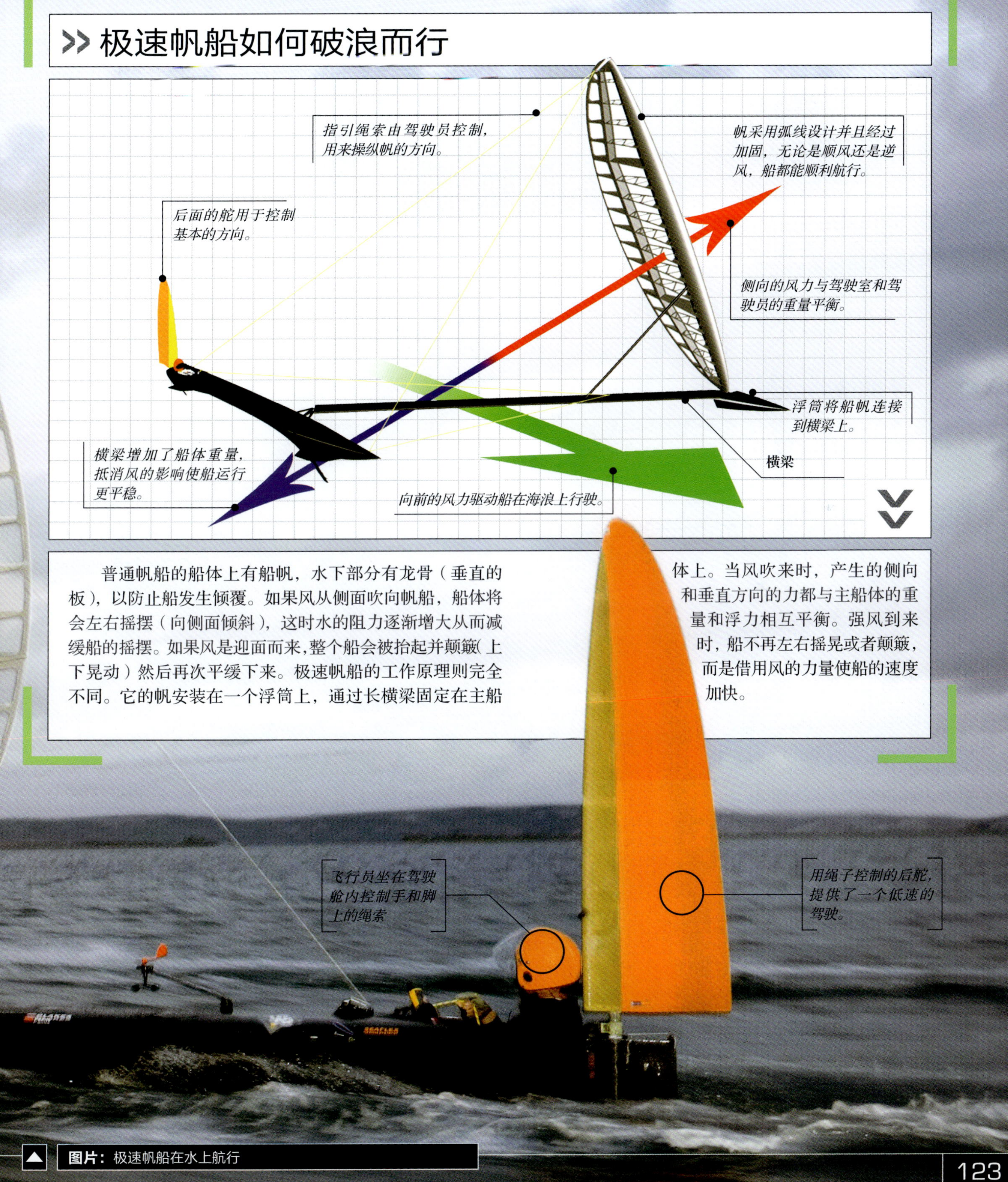

普通帆船的船体上有船帆，水下部分有龙骨（垂直的板），以防止船发生倾覆。如果风从侧面吹向帆船，船体将会左右摇摆（向侧面倾斜），这时水的阻力逐渐增大从而减缓船的摇摆。如果风是迎面而来，整个船会被抬起并颠簸（上下晃动）然后再次平缓下来。极速帆船的工作原理则完全不同。它的帆安装在一个浮筒上，通过长横梁固定在主船体上。当风吹来时，产生的侧向和垂直方向的力都与主船体的重量和浮力相互平衡。强风到来时，船不再左右摇晃或者颠簸，而是借用风的力量使船的速度加快。

图片： 极速帆船在水上航行

滑翔机

想象某一天，你在 3000 千米的高空上飞行，在上升气流中像一只鸟儿一样盘旋或者是乘着风掠过山坡。现代高性能的滑翔机不需要引擎就能在天空翱翔。

长而扁的机翼长 18 米，能减少飞行阻力。

由于滑翔机没有发动机来产生推力（牵引力），起飞时滑翔机可以由小型飞机拖曳起飞，也可用绞车牵引起飞。加速后使机翼保持特定的角度，借助上升的暖气流向前滑行。

光滑的机翼表面减少了机翼与空气之间的摩擦力。

图片：飞行中的滑翔机

破纪录的滑翔机飞行

大部分客机的飞行高度大约为 10670 米。2006 年，普兰滑翔机和机上的两名飞行员达到了 15447 米的高度。在这个高度，温度降为零下 60 摄氏度，飞行人员需要配备航天服和氧气面罩。滑翔机利用了高层大气中气流的波动，通过在上升气流中“冲浪”增加飞行高度。

普兰滑翔机以及飞行员

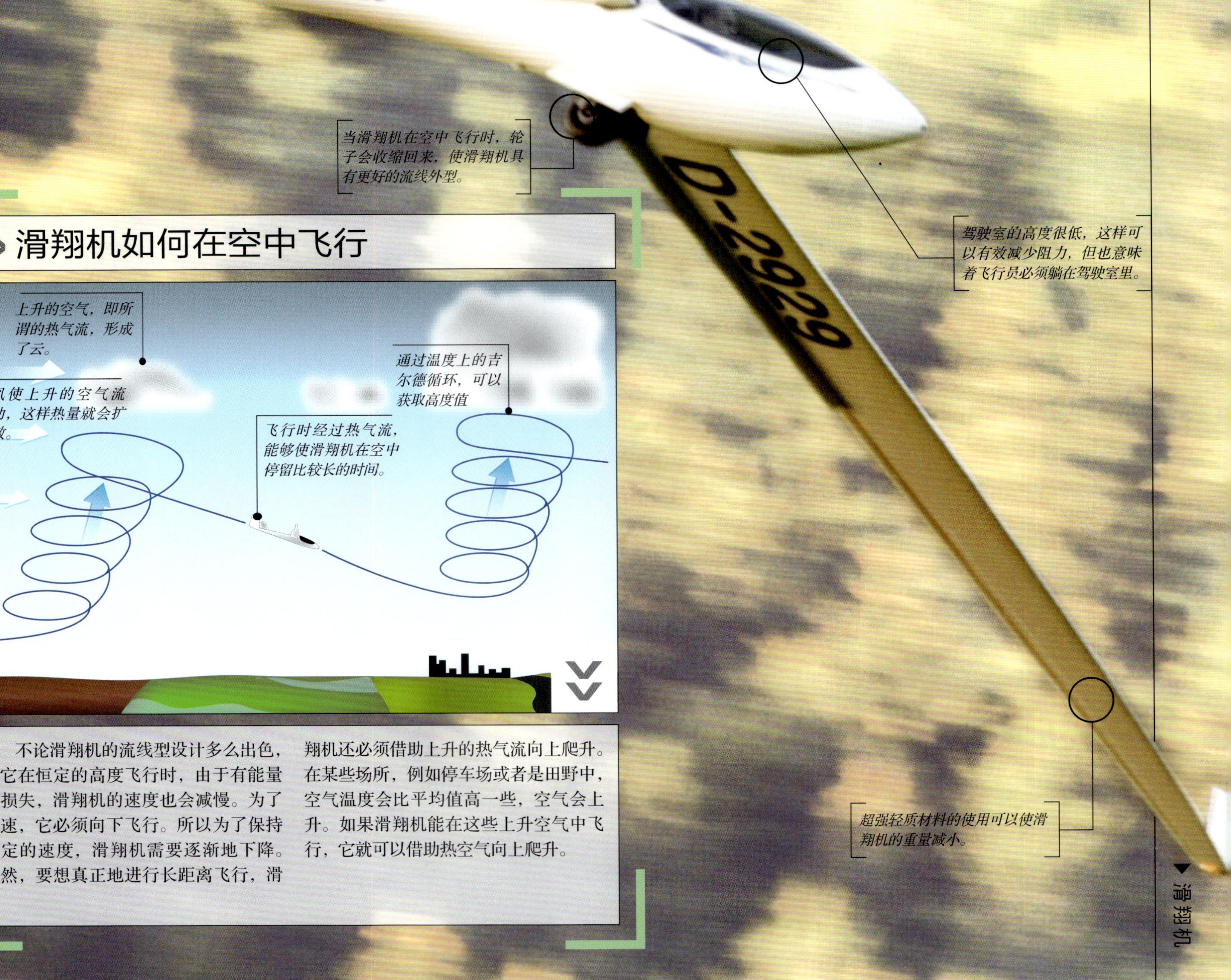

滑翔机如何在空中飞行

不论滑翔机的流线型设计多么出色，当它在恒定的高度飞行时，由于有能量的损失，滑翔机的速度也会减慢。为了加速，它必须向下飞行。所以为了保持稳定的速度，滑翔机需要逐渐地下降。当然，要想真正地进行长距离飞行，滑翔机还必须借助上升的热气流向上爬升。在某些场所，例如停车场或者是田野中，空气温度会比平均值高一些，空气会上升。如果滑翔机能在这些上升空气中飞行，它就可以借助热空气向上爬升。

▶▶ 参见：无声飞行 p126，特技飞行 p128

无声飞行

▶▶ 未来的飞机与现在的飞机将会有根本上的不同。无噪声的省油飞机将能24小时飞行，这项技术的研究已经在进行当中。▶▶

发动机进气口在机翼上方，使噪声直接向上传出，因此地面基本不会听到噪声。发动机中装有隔音材料，能进一步降低噪音。

发动机排出的气体能够在最佳的方向产生推力（即驱动力），从而降低飞行所需的能量。

翼翘阻止空气从机翼的末端处泄漏，这样能减小飞行阻力。

机翼的设计使飞机能以较低的速度着陆，这样噪音就会小很多。

图片：未来无噪音飞机 SAX-40 的效果图

▲这种飞机目前还不存在，但是预计能在2030年前研制成功。它是科学研究的产物，即如何制造小噪音、高效率的飞机。目前，科学家们正在使用风洞以及计算机仿真对新型机体和新的发动机进行测试。降低起飞和着陆时噪音的方法也还在研究中。

早期的“飞翼”技术

▶ 机翼与机体混合的设计并不是一个新的想法。早在20世纪40年代，美国空军就开始尝试制造一种“飞翼”轰炸机。这种形状能够产生更大的升力（向上的力）以及较小的阻力，因此可以长途运载重型货物。美国空军制造了几架试验飞机，但是在一次严重的事故之后，这个项目就被搁浅了。

早期的“飞翼”原型——诺斯罗普 N-9M

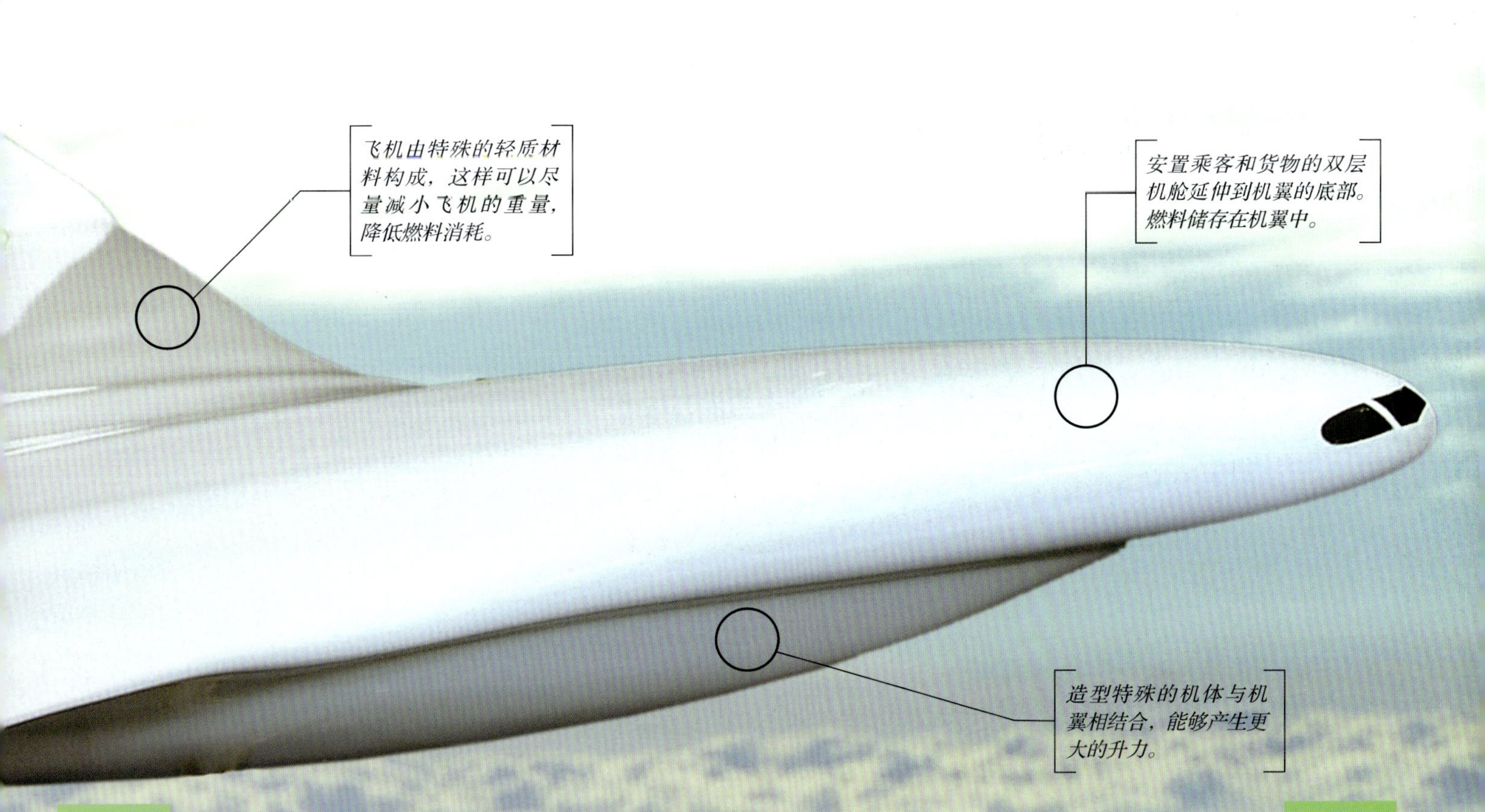

飞机由特殊的轻质材料构成，这样可以尽量减小飞机的重量，降低燃料消耗。

安置乘客和货物的双层机舱延伸到机翼的底部。燃料储存在机翼中。

造型特殊的机体与机翼相结合，能够产生更大的升力。

无声飞机的发展

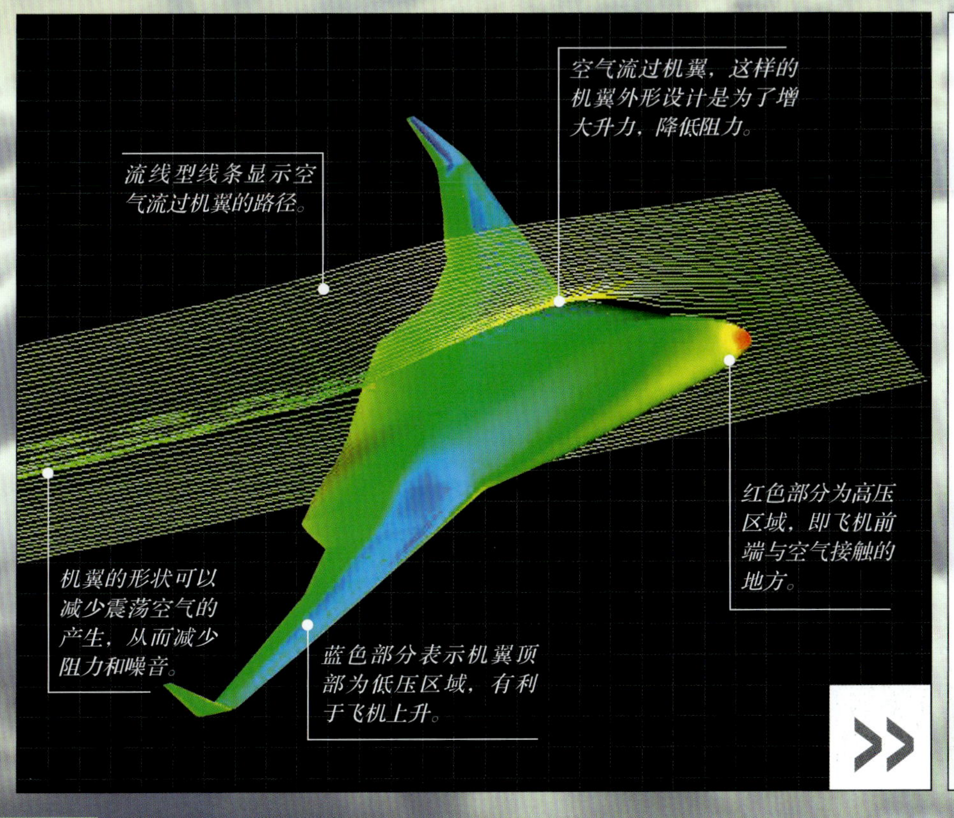

目前，设计者们正在用计算机仿真对新型飞机的设计进行测试和优化。此图显示的是虚拟风洞的测试结果——机体外形被转换成彩色编码的三维图像。设计师能够对不同情况下流过机翼的气流进行分析。对设计进行调整后，也不需要花费时间和金钱重新建立一个新的模型进行风洞测试。大多数飞机飞行时的升力只由机翼提供。将机翼机体一体化后，流线型的形状可以提升飞机整个表面的升力，并减少阻力。因此，这种飞机更高效更节约燃料，同时它产生的噪音就如同它浪费掉的燃料一样少。

▶▶ 参见：空中悬浮 p86，滑翔机 p124，特技飞行 p128，直升飞机 p130

▼ **图片：** 刀锋 540 正在大角度上升

特技飞行

▶▶ 坐在现代特技飞行飞机舒适的驾驶室中是一种刺激的体验。当飞机在空中翻转、盘旋时，飞行员必须努力保持神志清醒，这是因为作用在身体上的力会使人的大脑供血不足。◀◀

▼ 刀锋 540 是一种轻型的专用特技飞机，它的控制表面（用来展示技巧的襟翼）很大，要比其他的飞机占用更多空间。刀锋 540 能够快速地改变方向，非常适合执行特技飞行任务，它的机翼能在一秒钟内旋转 360 度。

机轮外部包有流线型外壳，将机轮覆盖住是为了减小阻力。

不论飞机以何种方式飞行，大功率发动机都能正常工作，驱动推动器。

飞行员飞行时是坐在后倾的座椅上，这样能够减少重力对飞行员的影响。

方向舵是位于尾翼上的襟翼，控制飞机向左或是向右转向。

升降控制器是位于横尾翼上的襟翼，控制飞机上下运动。

副翼是每个机翼后侧的襟翼，能够使飞机滚动翻转。

特技飞机如何飞行

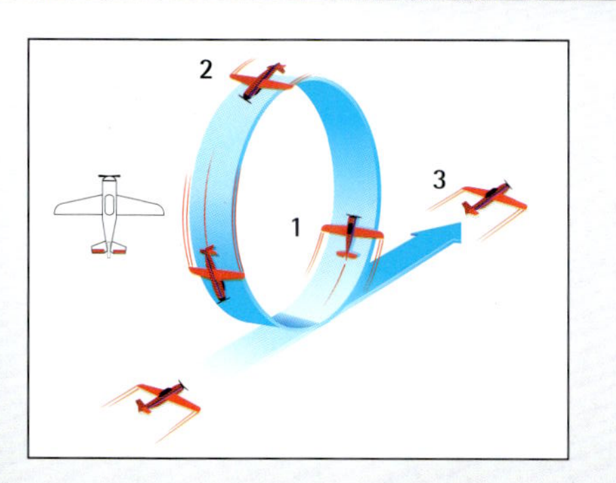

垂直绕圈

飞机以一较大的角度爬升（如1），达到向上的垂直位置之后继续爬升，直到飞机倒转过来（如2），然后垂直下降。最终回到水平飞行状态（如3）。横尾翼上襟翼的作用就是使飞机前端不断上升。

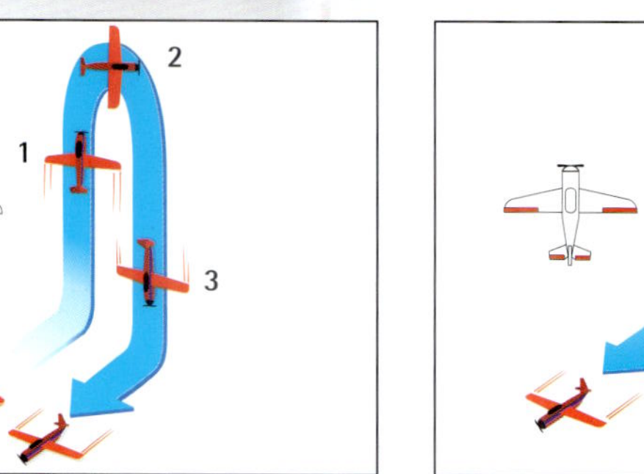

失速倒转（“锤头”飞行）

在这种特技飞行中，升降控制器的作用是使飞机不断上升，直到飞机达到垂直爬升状态（如1）。之后飞机逐渐减速直到停止，方向舵控制飞机侧翻（如2），使飞机的前端垂直向下，进入俯冲状态（如3）。最后再通过升降控制器使飞机恢复水平飞行状态。

半古巴8字

这一动作开始的时候像是要做垂直绕圈（如1），然后飞机转成上侧朝下（如2）。这时飞行员关闭升降控制器，使飞机仍然保持上面朝下的飞行状态。接着通过副翼使飞机翻转（如3），让飞机再次回到正常飞行状态。

▶▶ 参见：一级方程式赛车 p100，滑翔机 p124，弹射座椅 p220

▲空中救护飞机利用了直升飞机的垂直起降特性。几乎在任何地形上，直升飞机都能够将伤员搭救出来，而普通飞机则需要一段很长的跑道。

▶▶直升飞机看上去没有机翼，但其实它顶部有水平旋翼。固定机翼的飞机必须通过移动才能使空气从机翼流过，而直升飞机停在某地就能使它的旋翼转动。▶▶

直升飞机

▲ **图片：**瑞士红十字会的空中救护车

直升飞机的主要特点

尾部螺旋桨

如果没有尾部螺旋桨，直升飞机机身将会沿着主旋翼旋转的相反方向旋转。两个短叶片安装在侧面，用以产生抵消旋转的推力。尾部螺旋桨可以依靠调整叶片角度来控制产生力的大小，从而控制直升飞机的旋转。

主旋翼叶片

主旋翼的每个叶片通过旋转产生升力，使直升飞机能够在空中飞行。飞机要移动的时候，叶片的角度会有所调整，让主旋翼的某一个方向产生较多的升力，从而使直升飞机向该方向移动。

控制板和踏板

推动操纵杆能够控制主旋翼，并通过倾斜来操纵直升飞机的飞行方向。踏板控制尾部螺旋桨，在不改变航线的情况下调整机身位置。还有一个操纵杆位于中间位置，叫做节气阀，它控制发动机的功率和主旋翼产生的总升力。

大扇窗户为飞行员提供了良好的大范围视野，这在搜寻和营救工作中是必不可少的。

旋翼-机翼混合飞机

▶卡特直升机的原型机将带有机翼的飞机和直升飞机相结合。它的设计是为了测试同时装有直升机旋翼和普通机翼的飞机是否可行。这两项技术的结合意味着这个飞机可以使用直升机旋翼起飞，当飞机达到较高的速度时，旋翼可以放慢转速，由普通机翼产生升力使飞机保持在空中飞行。

卡特直升机的原型机

▶▶参见：滑翔机 p124，特技飞行 p128

运动鞋

部落风

这种鞋应用了马赛赤足科技系统，再现了东非马赛人赤脚走路的风格。它能够促进肌肉和关节的健康。秘密就藏在不平的鞋底上，穿着这样的鞋会觉得有一点不稳。这就使穿着者不断地进行微小的调整，使肌肉收缩并消耗掉多余的热量。

尺蠖鞋

孩子的脚长得很快，因此设计师们发明了尺蠖鞋，它能够与孩子的脚一起“长大”。只要简单地按下鞋子侧面的按钮，将脚趾向前伸，鞋子就能增加尺寸，最多可增加原来一半的长度。一个微小的窗口显示鞋子目前的尺寸。

制造现代化的鞋已经发展成为了一个庞大的产业。人们将科学和技术结合起来，为多种运动活动打造了专业的鞋。有能保持全身健康的鞋；有能“长大”的鞋；有鞋跟处带有轮子的鞋；还有能减少碳排放量的环保鞋。

单轮滑轮鞋

如果你拥有这样一双鞋子，就没有必要再带着你的滑板了，每只鞋的鞋跟处都有隐藏的轮子。要想使用这些轮子滑行，穿着者只需将他们的身体重量压在鞋后跟上。若想停下来，将整个脚踩在地上即可。

夜行鞋

这两只由发亮金属构成的运动鞋是为了夜间行走或奔跑而设计的。走路过程中踩压所产生的能量被转化为电能。电能作用在鞋表面的特殊聚合物材料上，使聚合物发光照亮前方的道路，同时也能引起身后行驶车辆的注意。

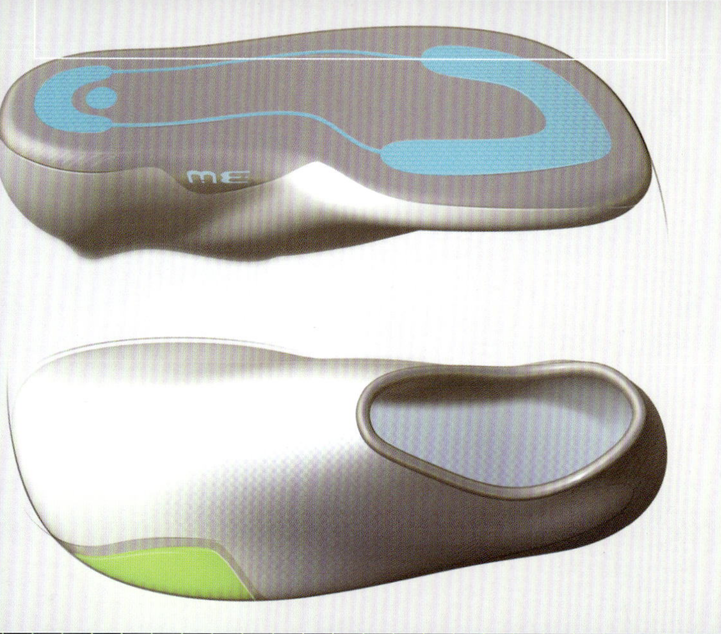

环保鞋

99% 的环保鞋都是用回收材料制成的。回收材料可以是任何物品，包括废旧车座椅以及旧衣服。为了减少能源的使用，这些鞋是用在工厂附近找到的无用物品制成的。除此之外，鞋的整个制造过程也很环保，通过植树进行绿化有效地控制了二氧化碳的排放。

▶▶ 参见：极限运动 p80，新型弹簧单高跷 p82，真空吸盘 p84

图片：购物中心里的多个自动扶梯

自动扶梯

▶▶ 自动扶梯是一种高效的行人运输工具。普通的直梯一次只能搭乘数目有限的人，而自动扶梯能够不断循环地搭载行人。当一些人刚刚踏上扶梯的时候，有些人已经在上升过程中，还有些人已经到达上端正在走下扶梯。▶▶

▲自动扶梯往往会引导人们按曲折的路线在商场中穿行。这样，顾客就可能会注意到并购买一些商品，而普通直梯没有这样的作用。

自动扶梯的原理

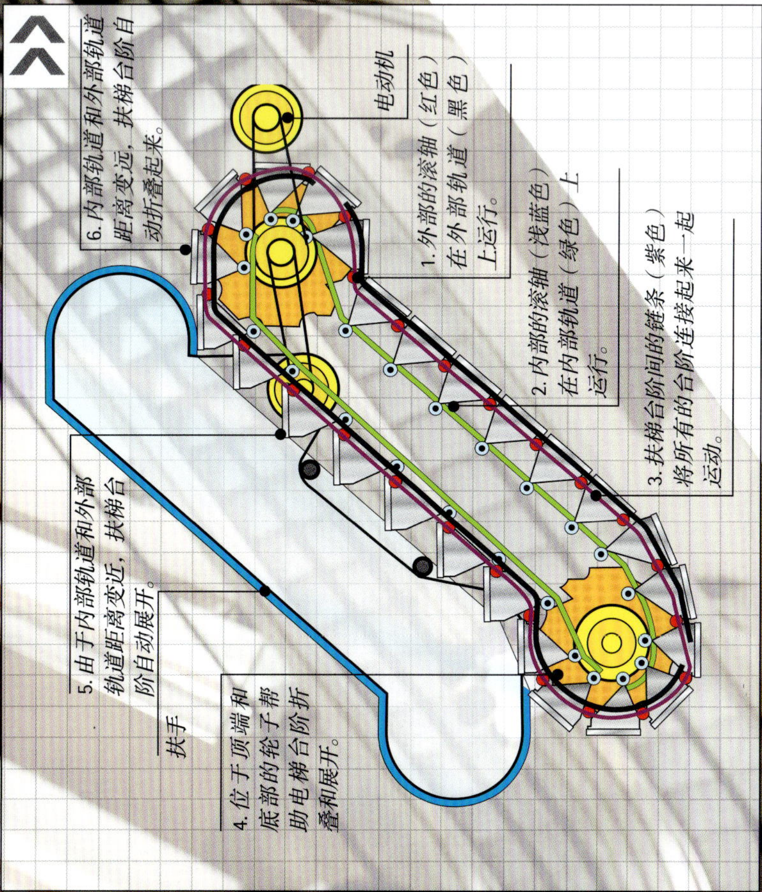

当扶梯台阶运行到人们搭乘扶梯的起始位置时，电梯台阶就会自动展开形成楼梯，当台阶到达终点时则会自动折叠起来然后返回。每一个台阶都配有两个滚轴，当台阶循环移动时，滚轴交替展开和折叠。其中一个滚轴安置在台阶的顶部，另一个在底部。两个滚轴分别在两个分离的轨道运行。以一台由下向上运行的扶梯为例，在扶梯的下部，当两条轨道的间距变小，扶梯台阶会自动展开；在扶梯的上部，当两条轨道的间距增大，扶梯台阶自动折叠起来。扶梯台阶可自动折叠也使得人们搭乘起来更容易。

▶▶ 参见：过山车 p78，出租车 p114

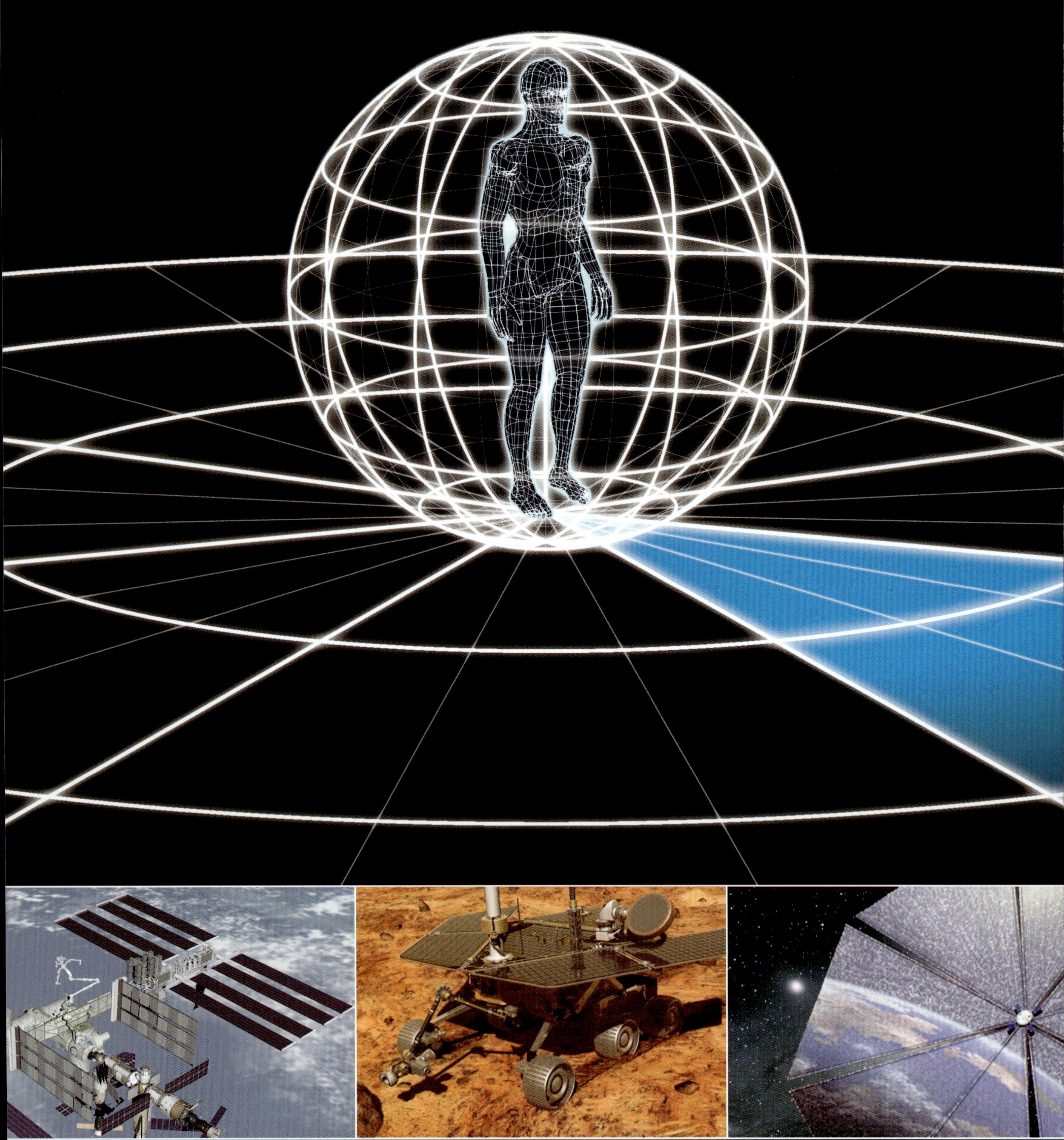

探索

失重飞机 » 火星探测器 » 太空探测器 » 太阳帆 » 太空飞船一号 » 望远镜 » 空间站 » 探险者 » 石油钻塔 » 双筒望远镜 » 夜视仪 » 显微镜 » 气象气球 » 阿特拉斯探测器 » 中微子探测器 » 核聚变反应堆

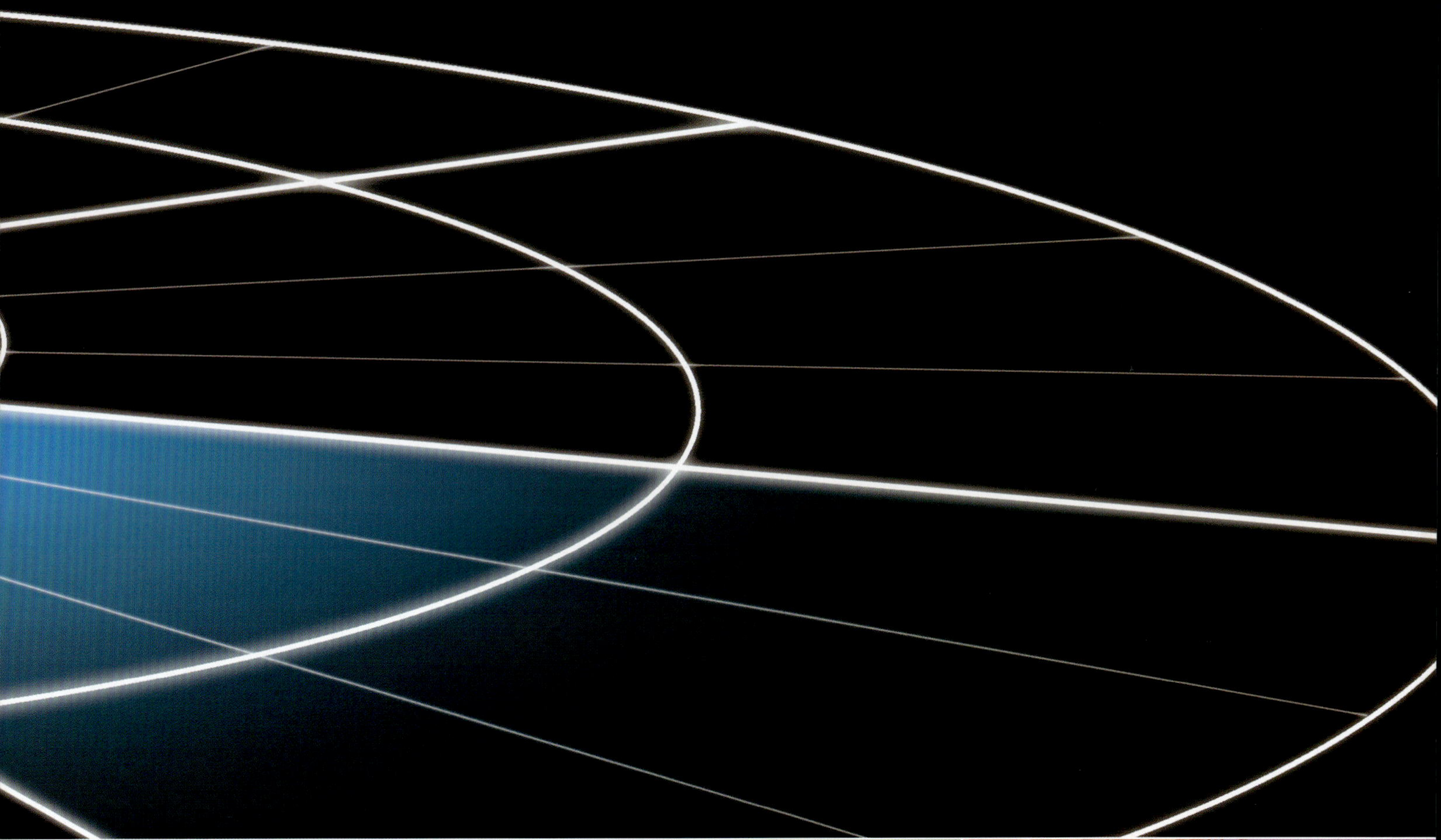

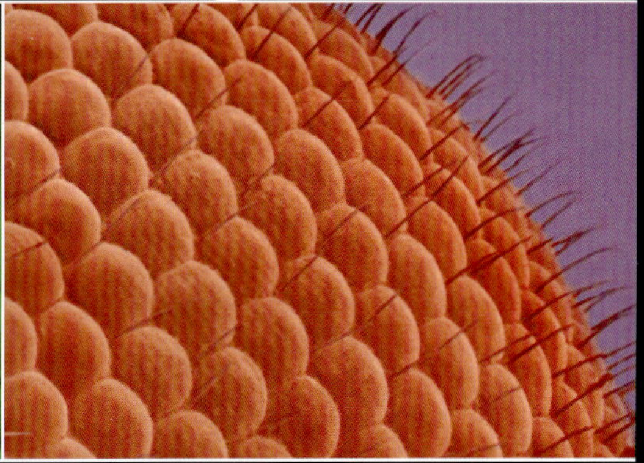

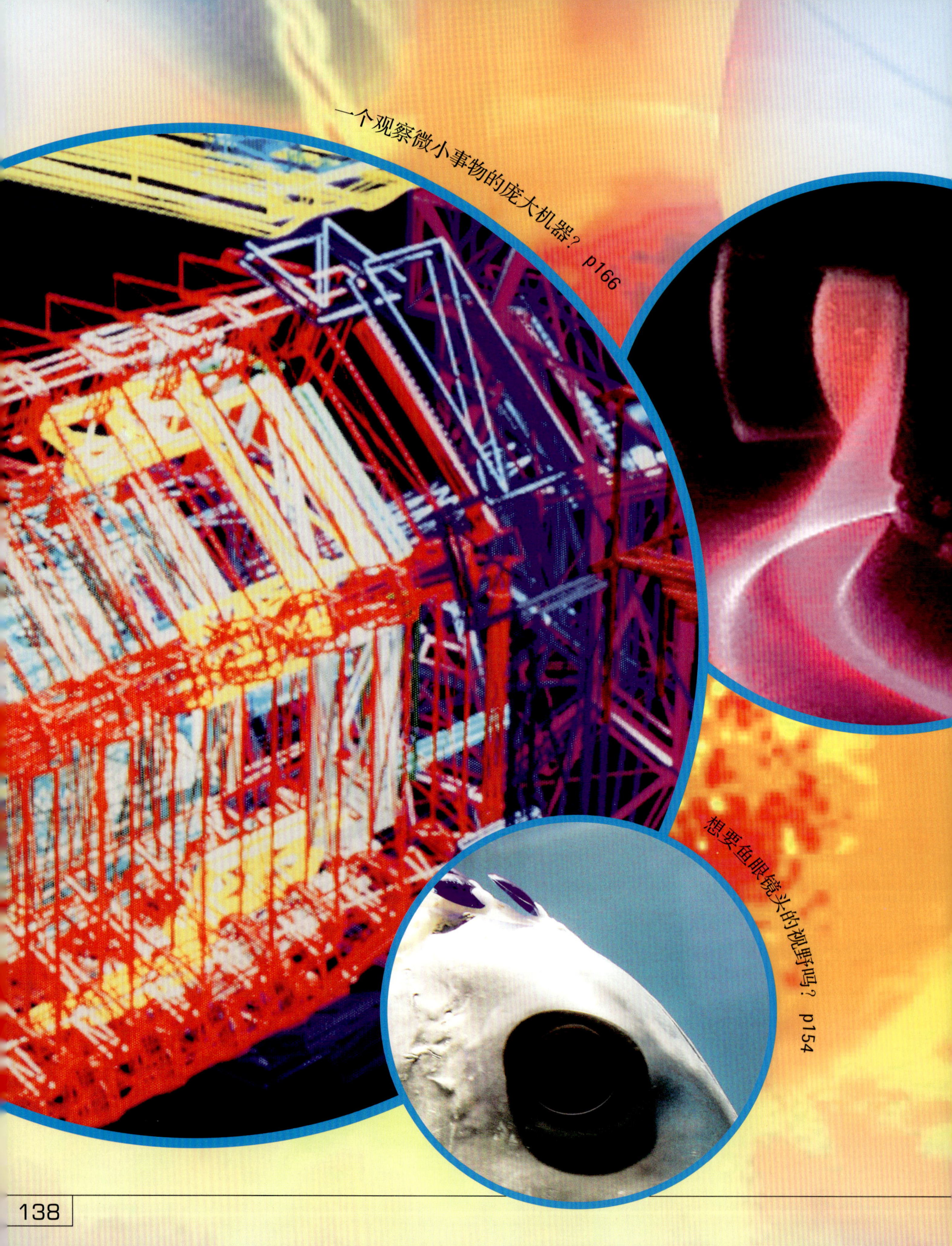
一个观察微小事物的庞大机器？ p166
想要鱼眼镜头的视野吗？ p154

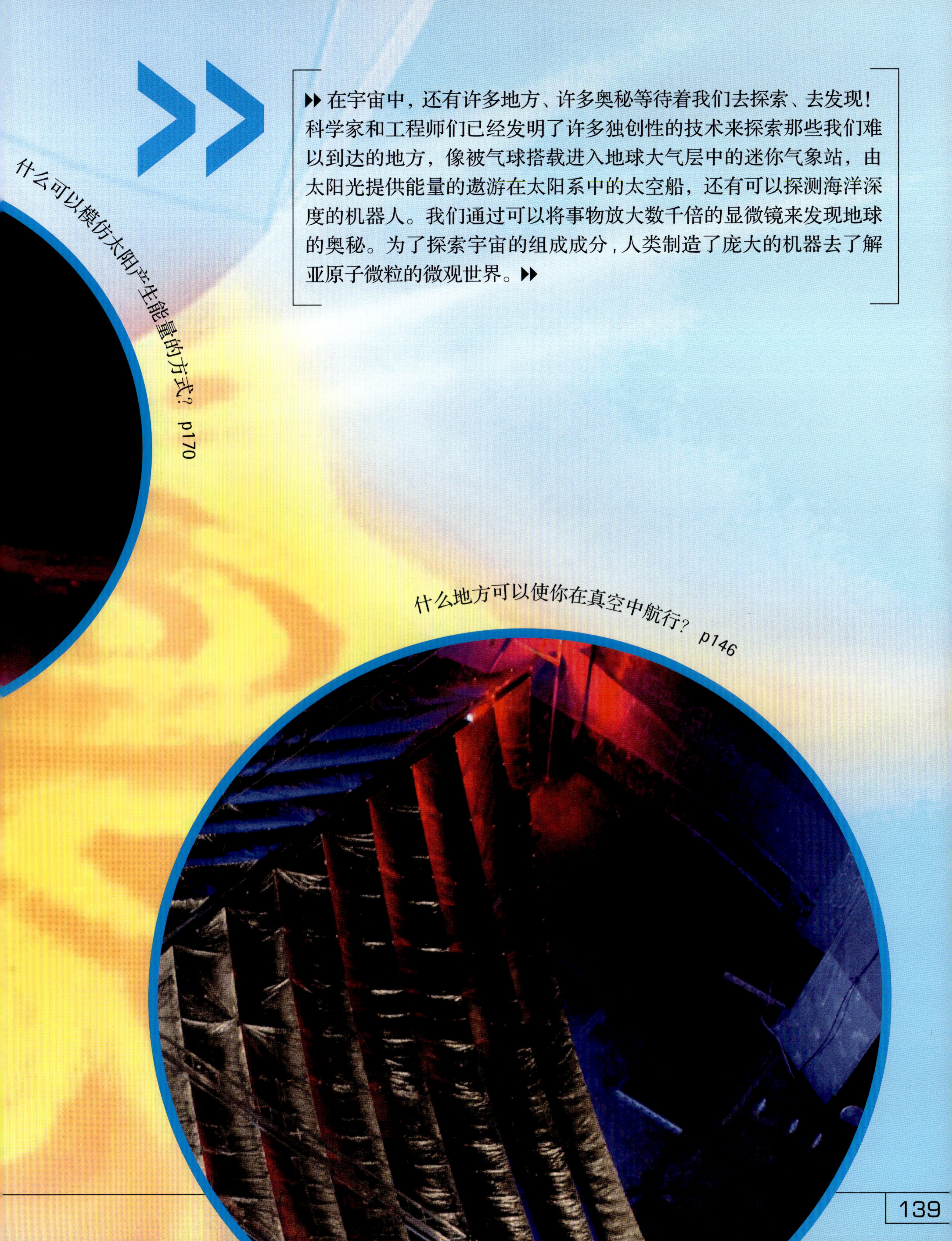

▸▸ 在宇宙中，还有许多地方、许多奥秘等待着我们去探索、去发现！科学家和工程师们已经发明了许多独创性的技术来探索那些我们难以到达的地方，像被气球搭载进入地球大气层中的迷你气象站，由太阳光提供能量的遨游在太阳系中的太空船，还有可以探测海洋深度的机器人。我们通过可以将事物放大数千倍的显微镜来发现地球的奥秘。为了探索宇宙的组成成分，人类制造了庞大的机器去了解亚原子微粒的微观世界。▸▸

失重飞机

失重漂浮时，宇航员们用胳膊挽在一起。

▲ 在失重飞机不同寻常的飞行轨道中，它进入了一个可以持续 25 秒的失重区域，感觉就像飞机屏蔽掉了重力，人们都漂浮在半空中。抛出的物体也不再落到地板上，而只是悬浮于空中。

▶▶ 想尝试一下在外太空中的感觉吗？一个特别设计的飞行轨迹让接受培训的宇航员们感受到了完全失重状态，这种状态使他们的胃里的东西上下翻滚。失重下的高质量练习可以帮助他们更好地完成地球轨道上的航天任务。▶▶

图片： 全体宇航员在失重飞机的航行中感受失重状态。

▶▶ 参见：过山车 p78，空中悬浮 p86，太空飞船一号 p148

失重飞机的飞行过程

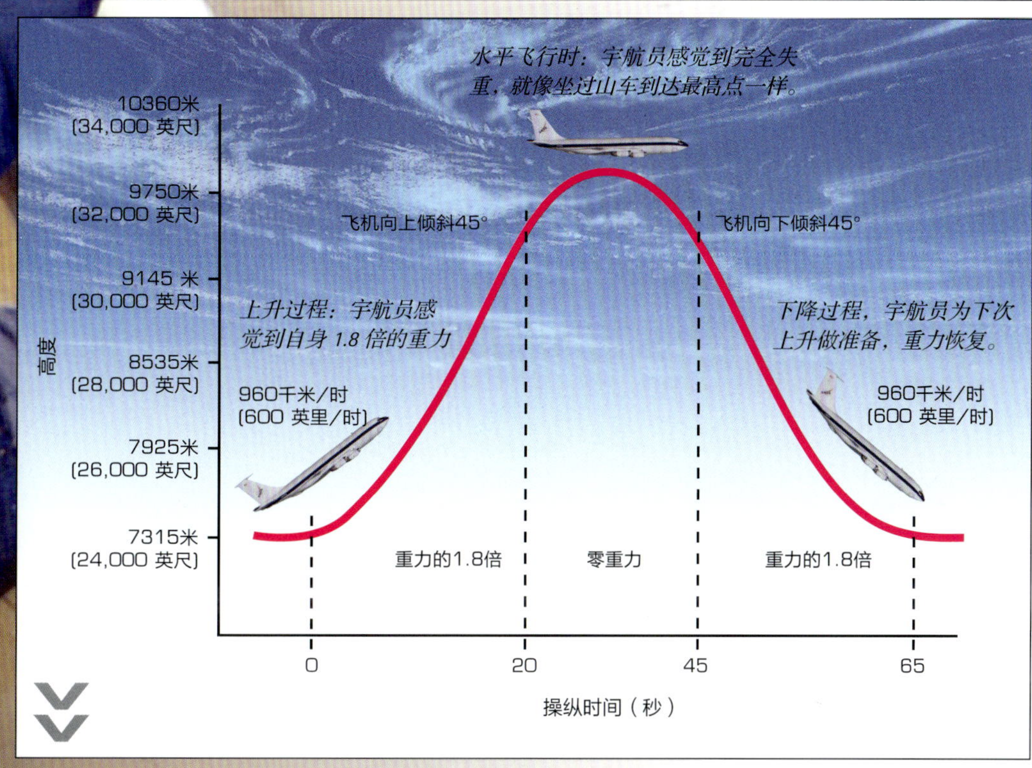

当飞机沿直线水平飞行时，宇航员感觉到的重力和在地面上一样。当飞机以45° 仰角向上飞行时，宇航员们被压在了椅子上并感觉自身重量增加，这就是超重。接着，缓慢地，飞行员控制飞机向下俯冲，使飞机沿着抛物线轨迹飞行。这实际上就如同一块石头被抛向空中的轨迹，先到达最高点再落下。飞机上的物体离开飞机地板并以等速落回仅仅只有 25 秒钟。宇航员们悬浮于空中的某一点但可以感觉到自己在下降，这就是失重。

宇航员们离开地面慢慢向上漂浮。

水槽训练

▶失重飞机只能提供短时间的失重状态，而且空间受到飞机大小的限制。当宇航员们需要长时间或较复杂的空间行走训练时，例如修理哈勃太空望远镜，水槽就派上了用场。宇航员们穿上厚重的宇航服在水槽中练习操作步骤。在太空中和在水槽中的失重感觉并不是完全相同的，而对于向前移动来说，水里比太空中更难。

为完成哈勃太空望远镜任务，宇航员在做训练。

火星探测器

▶▶ 从 2004 年 1 月至今，两个名叫勇气号和机遇号的机器人已经在探索着火星表面的奥秘。这些机器人地质学家能够独立地去寻找火星表面水和生命的迹象。▶▶

>> 火星探测器的工作原理

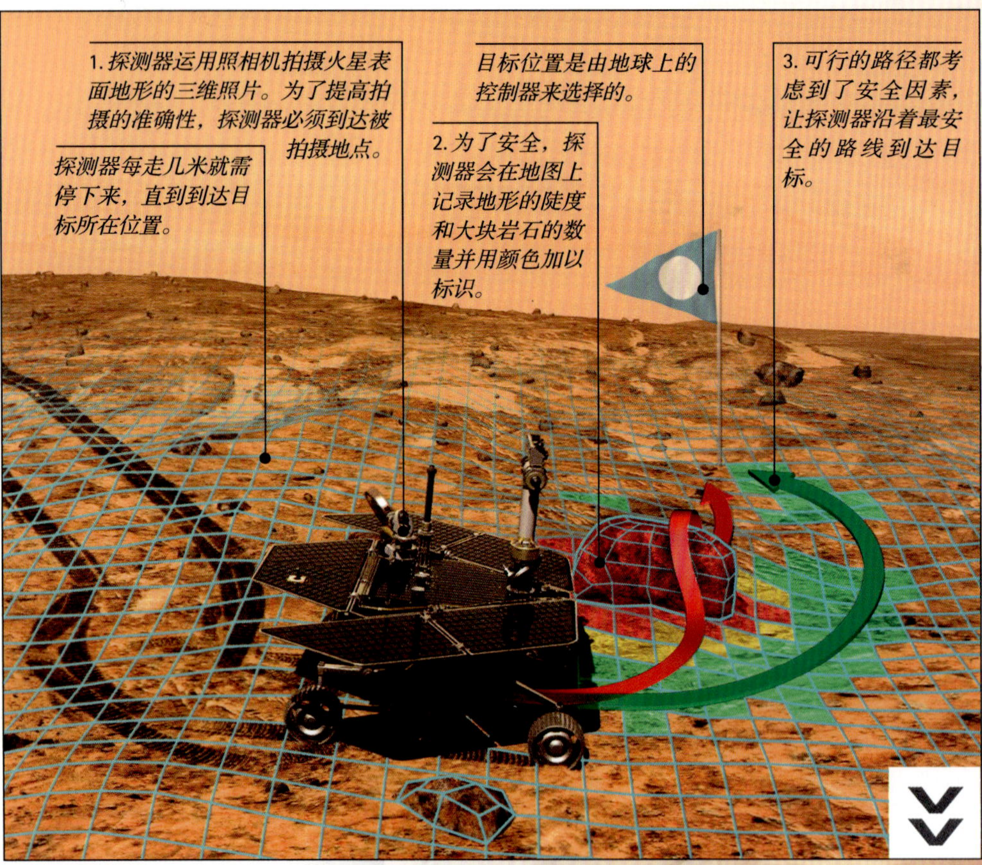

地球与火星之间的信号传递需要几分钟，所以不可能像控制模型车一样对探测器进行实时控制。探测器必须能够独立并顺利地穿越崎岖的地表达到目标位置。地球上的控制器将探测目标告知探测器。探测器上的计算机能够根据避险导航绘制出火星表面的三维图像。计算机从中选择最安全的线路，探测器前行 2 米后，计算机又会重新探测路线。在没有进一步引导下，探测器能够独自到达 1 千米以外的目标地点。

▶ 每一个火星探测器都是自给自足的。它能够发电，在不平坦的地面上航行、做实验，同时还可以与地球进行交流。这两个探测器永远不会相遇，因为它们的着陆地点位于火星上相对的两侧。探测器已经找到了很早以前火星上就有液体水流动的证据。

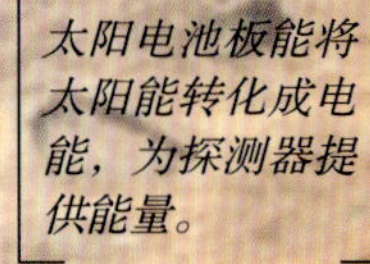

太阳电池板能将太阳能转化成电能，为探测器提供能量。

一对避险导航相机

机械臂操纵科学仪器

▶▶ 参见：太空探测器 p144，太空飞船一号 p148，空间站 p152

火星表面

2006 年 10 月 4 号，机遇号拍摄的火星表面全貌。

▲ 探测器的全景科学照相机能够拍摄出火星表面三维 360° 的全貌照片。因为这个照相机的功能与人眼相似，所以地球上的地理学家们通过照相机的镜头观察火星时，感觉就像他们亲临火星表面一样。

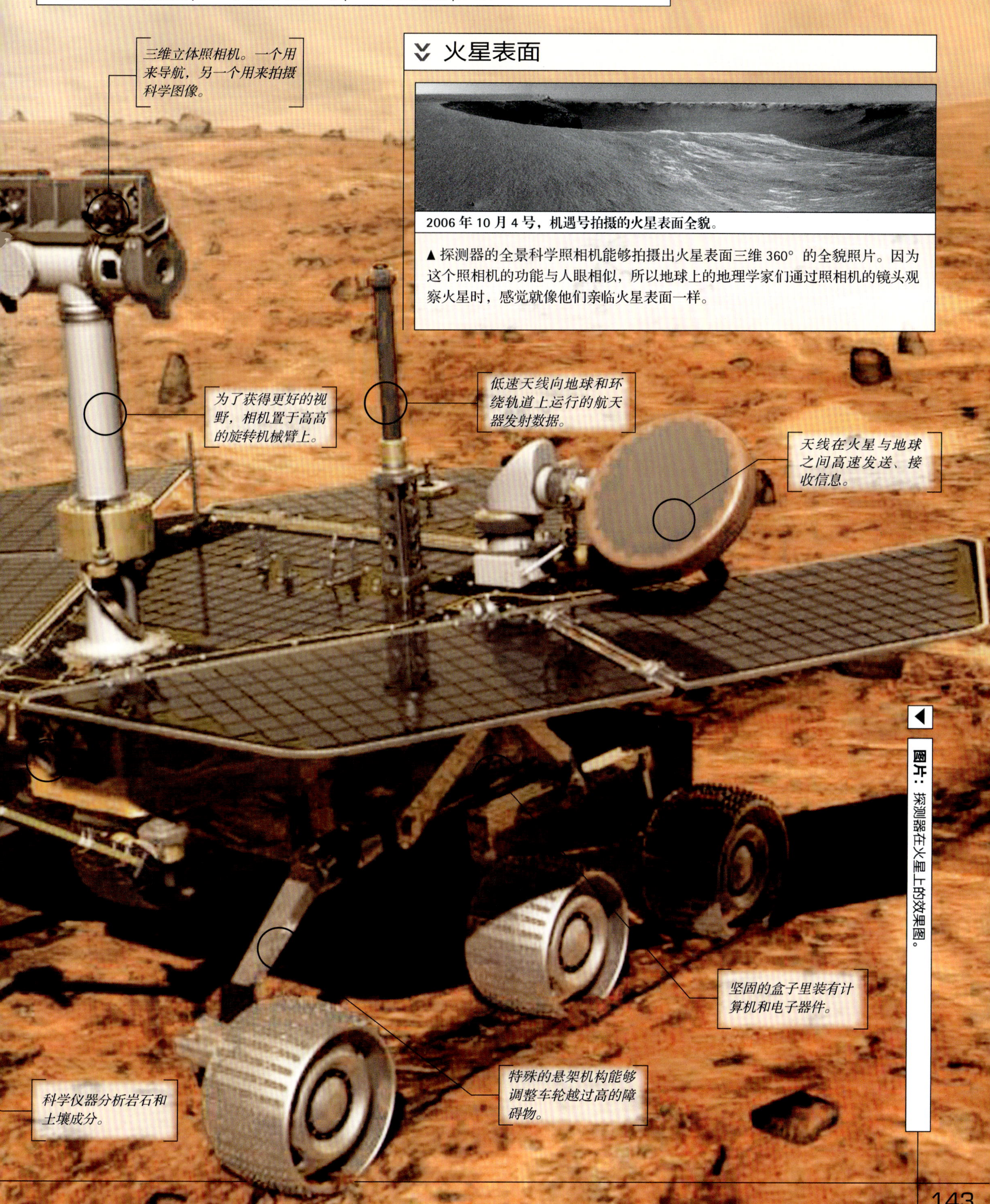

◀ 图片：探测器在火星上的效果图。

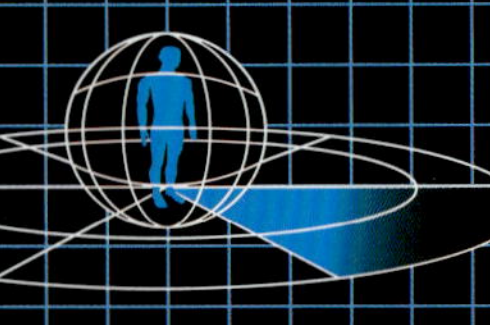

太空探测器

迄今为止，人类最远的足迹只到达过月球，但科学家们却能将各种类型的太空探测器送到太阳系进行更广泛的探索。一部分探测器对行星、卫星、彗星进行远距离拍照并搜集科学数据。另一部分探测器登陆在各类星球上分析土壤和空气的成分。功能最强大的探测器能够收集气体和岩石的样品，并把它们送回到地球上以供研究。

旅行者

1977 年，美国宇航局发射了两个旅行者太空探测器去探测木星，土星，天王星和海王星。旅行者 1 号现正用来探索太阳系的边界。它是离地球最远的人造物体，每天航行距离超过 150 万千米。

太阳探测器

太阳对于我们来说仍旧充满太多的神秘，科学家们也乐此不疲地想更多地了解它。美国宇航局正在研制一种能够穿越太阳日冕层（外表气层）的探测器。探测器上会有一个尖端的防热屏障来保护它的结构和系统，防止被太阳的高温所熔化。

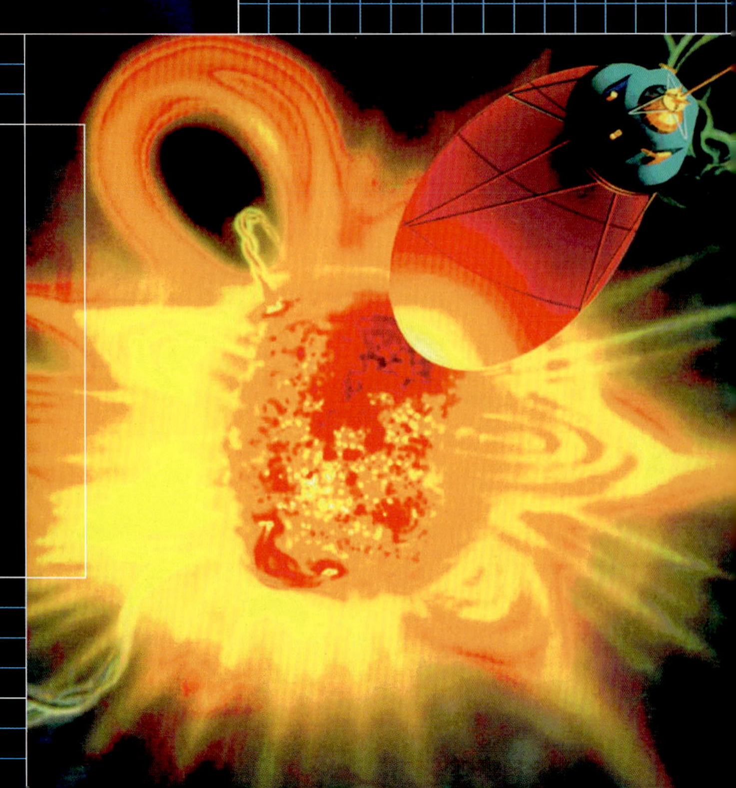

惠更斯探测器

2005 年，卡西尼宇宙飞船把惠更斯探测器发射到土星轨道上。惠更斯探测器在降落伞的帮助下，着陆到土星的最大卫星——土卫六的表面。探测器记录下了土卫六上的液态甲烷雨的存在，并着陆在了由冰粒组成的具有砂粒质感的土壤上。

群组任务

四个群组探测器以固定顺序环绕地球旋转，用于探索太阳和地球之间的联系。太阳发射的粒子束（太阳风）会与地球磁场相互作用。科学家们可以通过探测器上发回来的信息绘制出太阳风活动的三维图像。

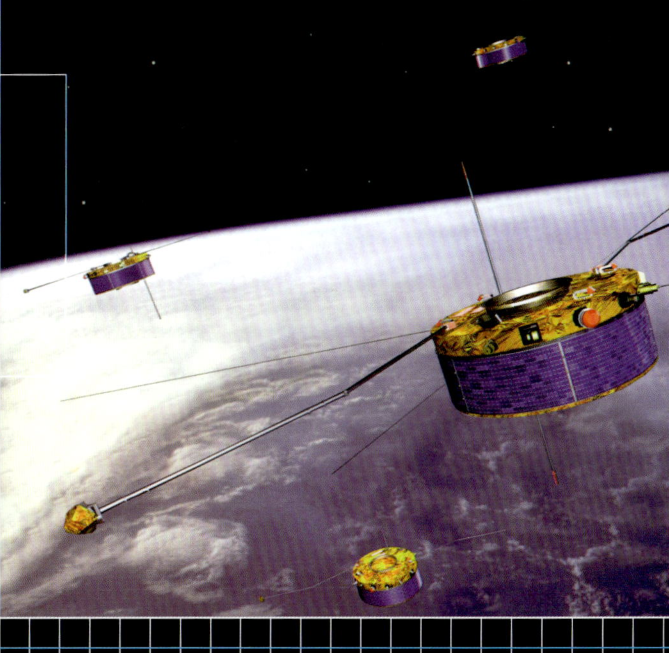

隼鸟探测器

2005 年 11 月，由日本宇宙研究机构发射的隼鸟探测器，在一颗小行星上着陆了 30 分钟。它的目的是搜集样品，并将于 2010 年，使用降落伞将这些样品置于密封舱中送回地球。然而，由于探测器在行星上着陆时遇到了一些问题，所以能否成功搜集到样品还是个未知数。

▶▶ 参见：火星探测器 p142，太阳帆 p146

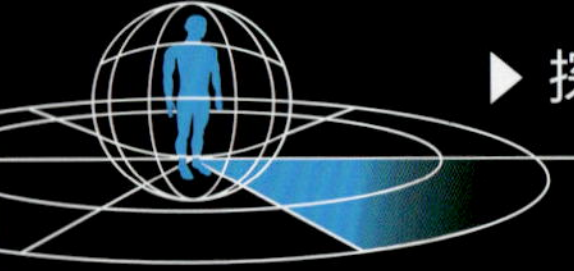

太阳帆

▶▶ 太阳帆利用太阳光驱动宇宙飞船，让它们不再使用燃料。太阳帆将改变我们探索太阳系的方式，也许在未来的某一天能帮助我们飞行到非常遥远的星球。▶▶

▶ 宇宙一号太阳帆沿地球轨道飞行。它的反射帆有三个网球场那么大，发射时将其折叠起来。推动飞船前行的动力不是由发动机提供的，而是来自帆反射的太阳光推力。遗憾的是，由于发射火箭出现了问题，宇宙一号被毁坏，因此它从来没有被使用过。

可充气的塑料管用来展开光帆并使它们保持平整。

光帆是由表面有金属涂层的超轻塑料制成。

太阳帆的工作原理

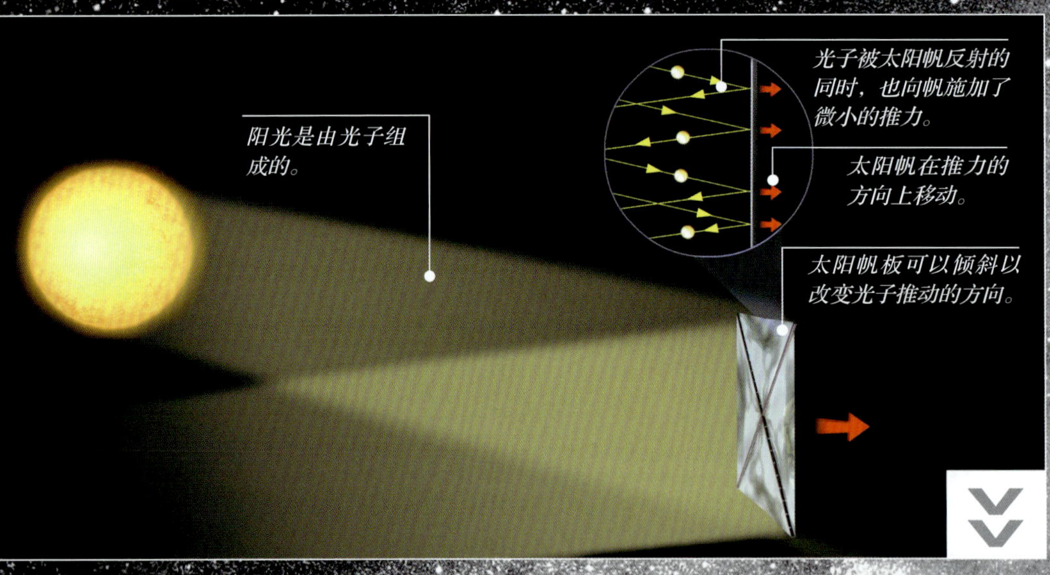

光是由一种叫做光子的粒子所组成的。当光子被镜面反射时，会因为光子的冲击和反射，给镜面一个微小的推力。太阳帆就是一个能反射光子的大镜子。它受到由大量光子冲击产生的推力。因为真空环境下没有空气阻力，这些微小的推力会持续地使太阳帆和相连的宇宙飞船逐渐加速。帆的面积越大，总重量越小，加速度就越大。帆的角度可以调整，从而改变宇宙飞船的行驶方向。

▲ **图片：** 一个美术家的在太空中的宇宙 1 号印象图

▶▶ 参见：火星探测器 p142，太空探测器 p144，太空飞船一号 p148

总重量包括计算机、传感器和用于调整光帆倾斜角度的发动机。

太阳帆测试

科学家在测试一个样品

▲ 一个太阳帆样品（比宇宙 1 号太阳帆小）在模拟太空环境的房间里展开。在这个房间里，太阳帆处于逼真的太空真空和温度环境中，以便测试它的可靠性、展开方式和控制系统的性能。

图片：太空飞船一号飞行效果图

太空飞船一号

▶▶ 数千年来，人们都向往着能去太空旅行。1961 年苏联宇航员尤里·加加林成为让梦想成真的第一人。今天，虽然太空旅行者们需要付几百万美元才可以到国际空间站一游，但在不远的将来，像太空飞船一号这样的飞船可以带更多的人去太空边际遨游。▶▶

» 太空飞船一号是如何到达太空的?

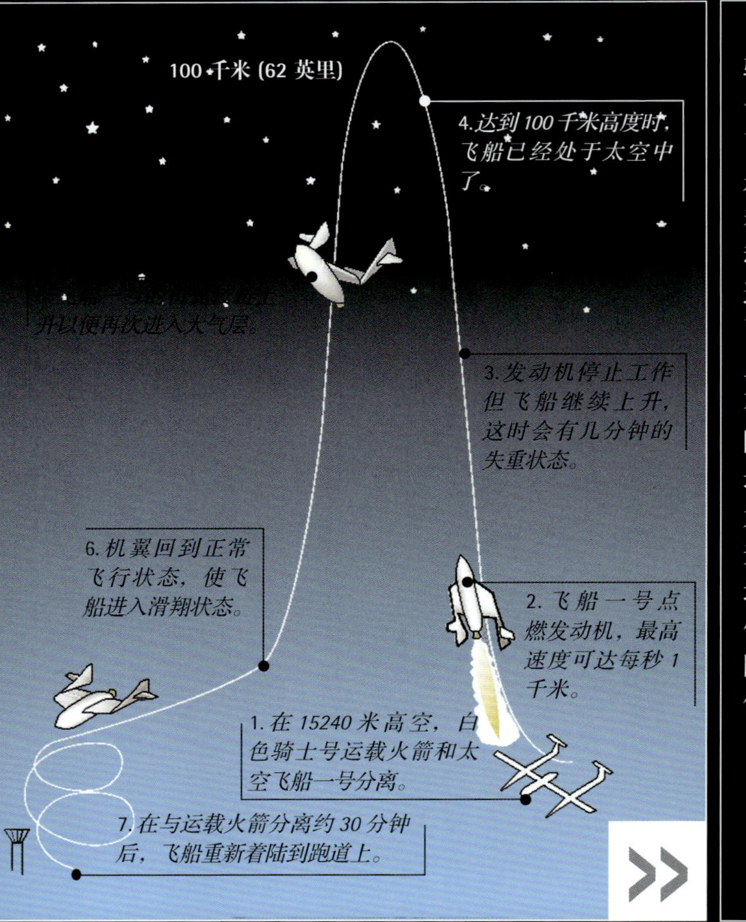

太空飞船一号由白色骑士号运载火箭发射。白色骑士号运载火箭如普通飞机一样起飞，在 15240 米的高空与飞船分离。接着，飞船点燃它的火箭发动机，以高于三倍声速的速度升空。一旦燃料耗尽，飞船由于具有动量会继续上升，就像一块扔出去的石头一样。这一段是失重阶段，在达到飞行轨迹的最高点后，飞船平稳进入太空。飞船尾部的铰链上升以确保飞船能稳定安全地再次进入大气层。一旦低于大气层，尾部铰链下降，飞船滑翔返回地球，像普通飞机一样着陆。

▶ 为了更缓慢、更安全地返回大气层，太空飞船一号机翼尾部和背部的铰链会上升，以提供更大的拉力。

▶ 多个小的圆形窗户可以提供很好的视野。若在飞船上安装大窗户，则会使船壳变脆弱。船舱内可以容纳三个人，并且不需要穿宇航服。

飞船的火箭发动机以橡胶和一氧化氮的混合物为燃料。

太空飞船一号配有在大气中使用的普通飞机的机翼以及在太空中使用的气体推进装置。

▲ 太空飞船一号是在两个星期内两次搭载三个人进入太空的第一架私人航天器，它由此获得了奖金为 1000 万美元的安萨里 X 奖。太空飞船一号由轻型复合材料制成，它的制造费用只是大部分太空飞行器费用的一小部分。

太空飞船二号

太空飞船二号在沙漠中起飞和降落。

◀ 维珍银河公司正在组建一支由太空飞船二号组成的第二代舰队。付费后，乘客可以搭载这些太空飞船去太空旅行。虽然票价高达 10 万美元，但已经有数千人提出了申请。飞船将在 100 千米以上的地方飞行数分钟，使乘客正式进入太空，并且能够体验到较长时间的失重。这幅艺术家想象中的图片展示了位于美国新墨西哥州已完成规划的太空船发射降落场。

▶▶ 参见：在家搜寻外星生物 p62，失重飞机 p140，空间站 p152

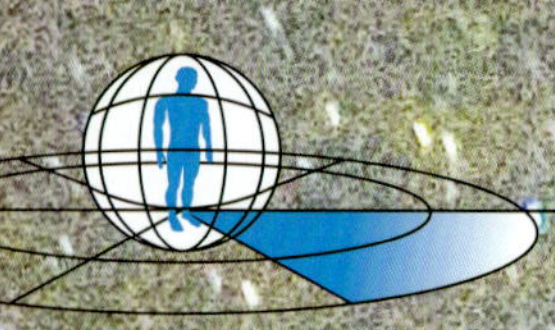

▼ 凯克Ⅰ和凯克Ⅱ望远镜位于美国夏威夷的一座火山顶上，那里的夜晚万里无云，空气清新。这个巨大的望远镜用平面镜代替了透镜。凯克望远镜内的镜面直径达 10 米，是世界上最大的望远镜之一。人们用这些望远镜去寻找新的行星和恒星，探索星系形成的过程和时间。

天王星上的云层

用凯克望远镜拍摄到的天王星

◀ 这是通过凯克望远镜绘制的天王星的伪彩色红外图。现代望远镜能够显示出过去的望远镜看不到的细节，帮助科学家解开太阳系的谜团。图片中这些亮点是高空大气层中快速移动的云层，微弱的行星环也能从图片中看到。

发射到大气中的激光束制造出一个虚拟的恒星。天文学家们可以通过追踪这颗“恒星”获得天空清晰的图片。

望远镜

▶▶ 大型望远镜使用巨大的曲面镜来探索太空深处，能够很好地观测到微弱光芒的遥远天体的一些细节。有些望远镜通过向高空大气层发射激光来提高观测效果。▶▶

▲ 每一个望远镜都重达 300 吨，当地球转动时，它们能够通过移动和瞄准，精准地跟踪天空中的某一点。这两个完全相同的望远镜一起工作时就像是一个更大的望远镜。

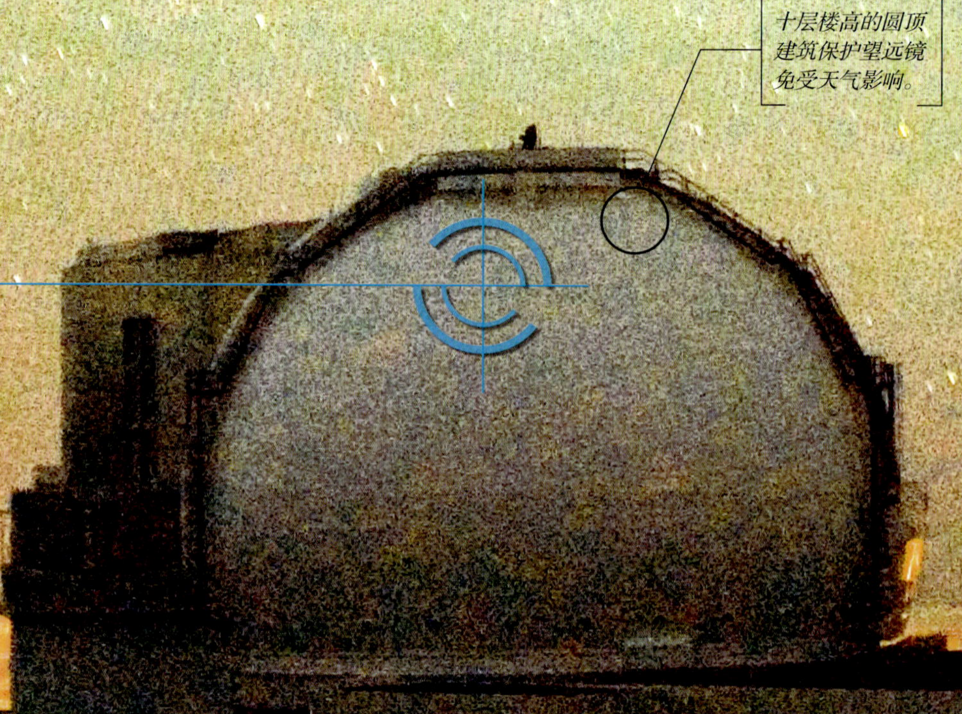

十层楼高的圆顶建筑保护望远镜免受天气影响。

凯克望远镜的工作原理

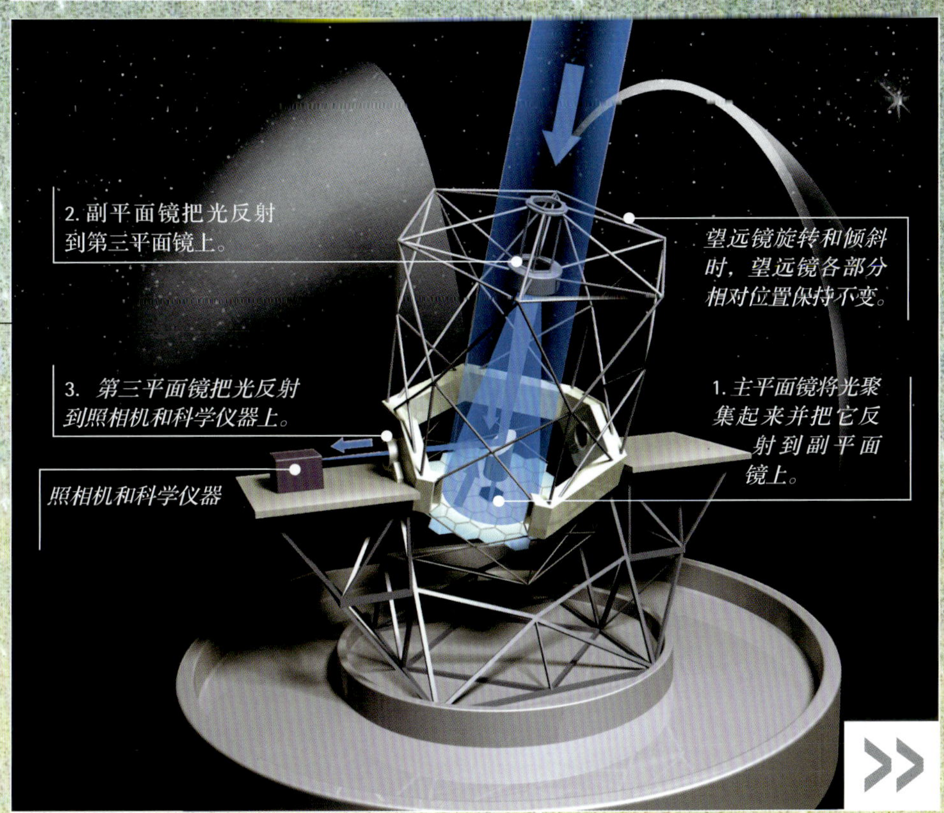

功能最强大的望远镜都使用平面镜代替透镜，因为平面镜更轻便，更容易移动而且更精确。每一个凯克望远镜都有个巨大的主平面镜，它能够捕捉和聚焦来自太空中天体发出的微弱光线。它由 36 个小六边形镜片组成，工作时就像一个单独的大平面镜。每一个六边形镜面都由一台计算机调整，每秒钟调整两次，调整精度小于人头发的 1/25000。镜子的每一部分都能非常精准地反射光线。每个镜面都被打磨得非常光滑，镜面上的任何一个瑕疵都大约只有一张纸厚度的 1/1000。除了拍摄图像，这些平面镜也可以把光直接反射到科学仪器中。这能帮助天文学家们了解那些遥远物体的组成。

白天降低室内温度以防止平面镜温度过高而弯曲变形。

光线通过开启的光闸进入望远镜，并且能够在不同的方向聚焦。

参见：在家搜寻外星生物 p62，太空探测器 p144，太空飞船一号 p148

空间站

▶▶ 国际空间站 (ISS) 是一个在距地球 300 千米以上的高空环绕地球飞行的研究设备，计划在 2010 年完工，它是众多国家相互合作与交流的象征。▶▶

▶ 这就是国际空间站建成后的样子。空间站的各个太空舱在地球上建成后运送到空间站上，并在轨道上完成组装。每一个舱都有不同的功能，有的是航天员居住舱，有的是实验舱，还有的是为运送宇航员和补给物资的航天器准备的停泊舱。

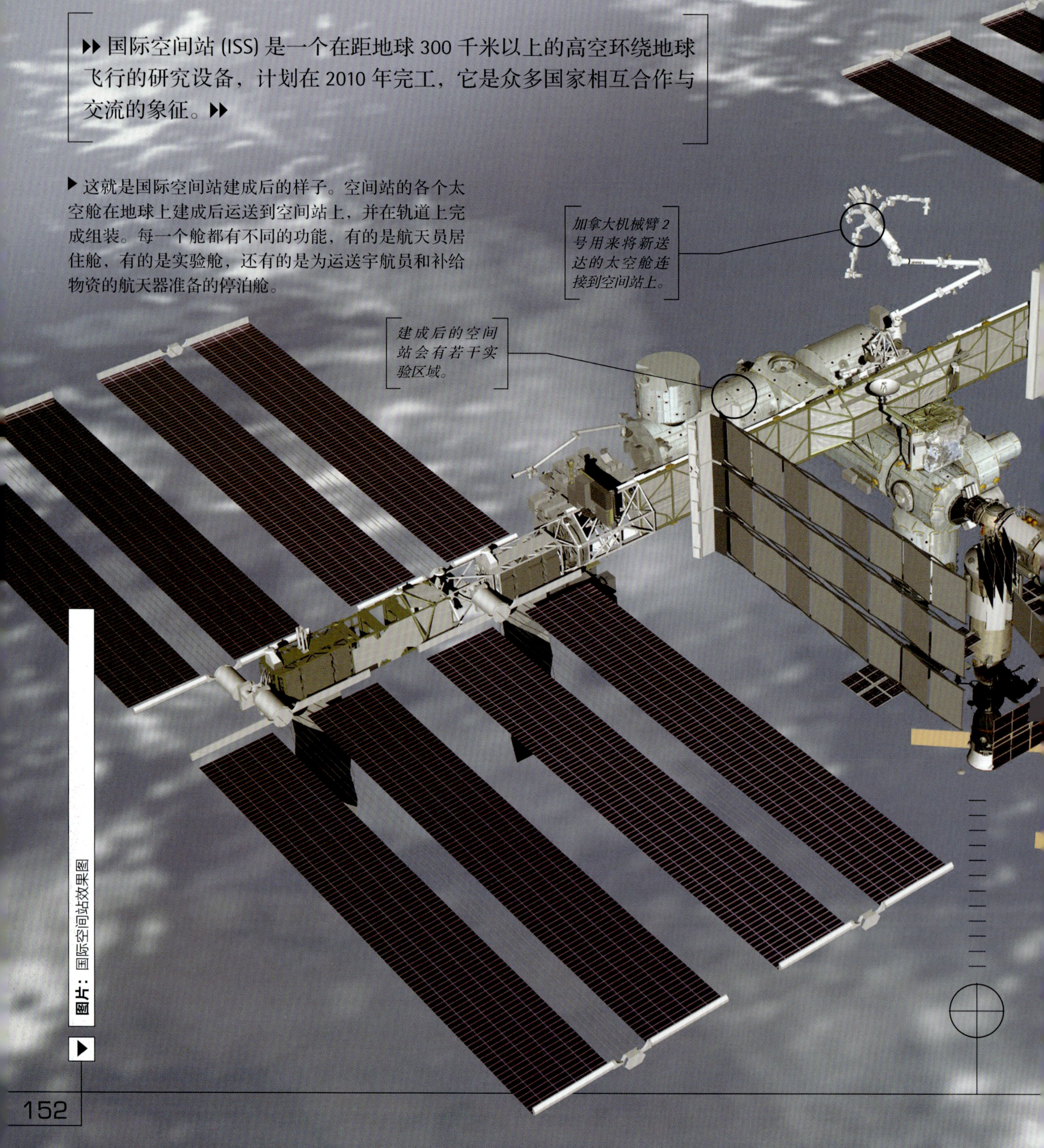

加拿大机械臂 2 号用来将新送达的太空舱连接到空间站上。

建成后的空间站会有若干实验区域。

图片： 国际空间站效果图

太阳能电池板将太阳能转化为驱动空间站系统所需要的电能。

太空舱中的生活

▶国际空间站每90分钟绕地球转一圈，这就意味着在空间站上每天看到太阳升起15次。宇航员必须制定一个24小时的生活时间表，确定正常的睡觉和吃饭时间。训练可防止在失重情况下宇航员的肌肉和骨骼变得虚弱。为了避免漂走，宇航员在跑步时必须被绑在太空舱上。

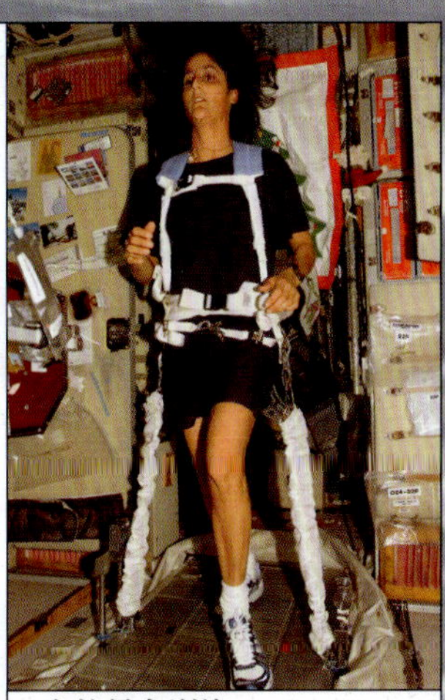
宇航员在训练

太空舱里的工作

实验

与地球上的实验室不同，在国际空间站中可以在失重状态下进行实验。这项研究可以帮助科学家们了解长期生活在非正常重力条件下人类身体受到的影响。该研究能为今后人类探索月球、火星或更远的天体作出关键的准备。

加拿大机械臂2号

图为系在航天飞机上的宇航员在空间站的机械臂上工作。机械臂能绕空间站移动，到达需要它的任何地方。不用宇航员出舱，机械臂就能完成一些舱外日常工作。

来访的航天器可与空间站对接。

▶▶参见：失重飞机 p140，火星探测器 p142，太空探测器 p144，太阳帆 p146

探险者

黄蜂服

黄蜂服是潜水服和小型潜艇的结合体，专为水下管道维修人员设计，潜水深度能达 600 米以下。潜水者的胳膊套在一个柔软的铝管内，铝管外连接着手动夹钩。潜水者通过脚动推进器向前移动。

探险者不仅要为潜在的危险做好心理上的准备，还应确保携带了最先进的装备。这些高科技装备能帮助他们抵达平时难以到达的地方，并在这些地方很好地生存。

空气露营

这只双人帐篷挂在汽车尾部，是深夜露营时一个舒适的扩充房间。它没有支撑杆，而是通过空气压力支撑起来。它可以利用连接在汽车内部电插座上的风扇自我充气。

机器鱼

既然深邃的海底充满黑暗和危险，为什么不发射一条机器鱼呢？这种内置了传感器的智能机器鱼能独自寻找路径，躲避障碍物，应对水中情况的变化。机器鱼可以用来进行海底探测或者检测石油管道泄露。

普罗米修斯 1 号

有了这个直径为 1.3 米的折叠式反射器，煮饭也可以不用燃料。锅放在反射器的中心位置，反射器把太阳能聚集到中心处，使锅内最高温度达到 250℃。

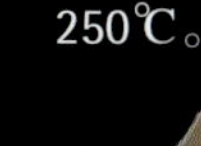

动力滑翔伞

使用动力滑翔伞是去遥远地方旅行的一种极好的方式。它由一个可充气成机翼形状的降落伞和一个由割草机引擎驱动的大风扇组成。飞行员几乎能够在任何地方起飞和降落，并随意控制飞行的高低。

▶▶ 参见：机器人 p90，机器人汽车 p104，火星探测器 p142，太空探测器 p144

石油钻塔

▶▶ 地球的岩层中储藏着数万亿桶石油，就像是一个庞大的石油站。大部分石油都埋藏在海底。开采出这些石油需要可以钻入坚硬地壳的大型钻头。▶▶

▶ 这种石油平台或钻塔叫做自升式钻井平台，用来在浅水区中开采石油。钻塔的安装地点确定后，将它的支撑架插到海底固定位置。等该区域石油开采完毕，可将支撑架升起来，将钻塔移到其他地方。

▲ **图片：** 位于地中海的一座自升式钻井平台

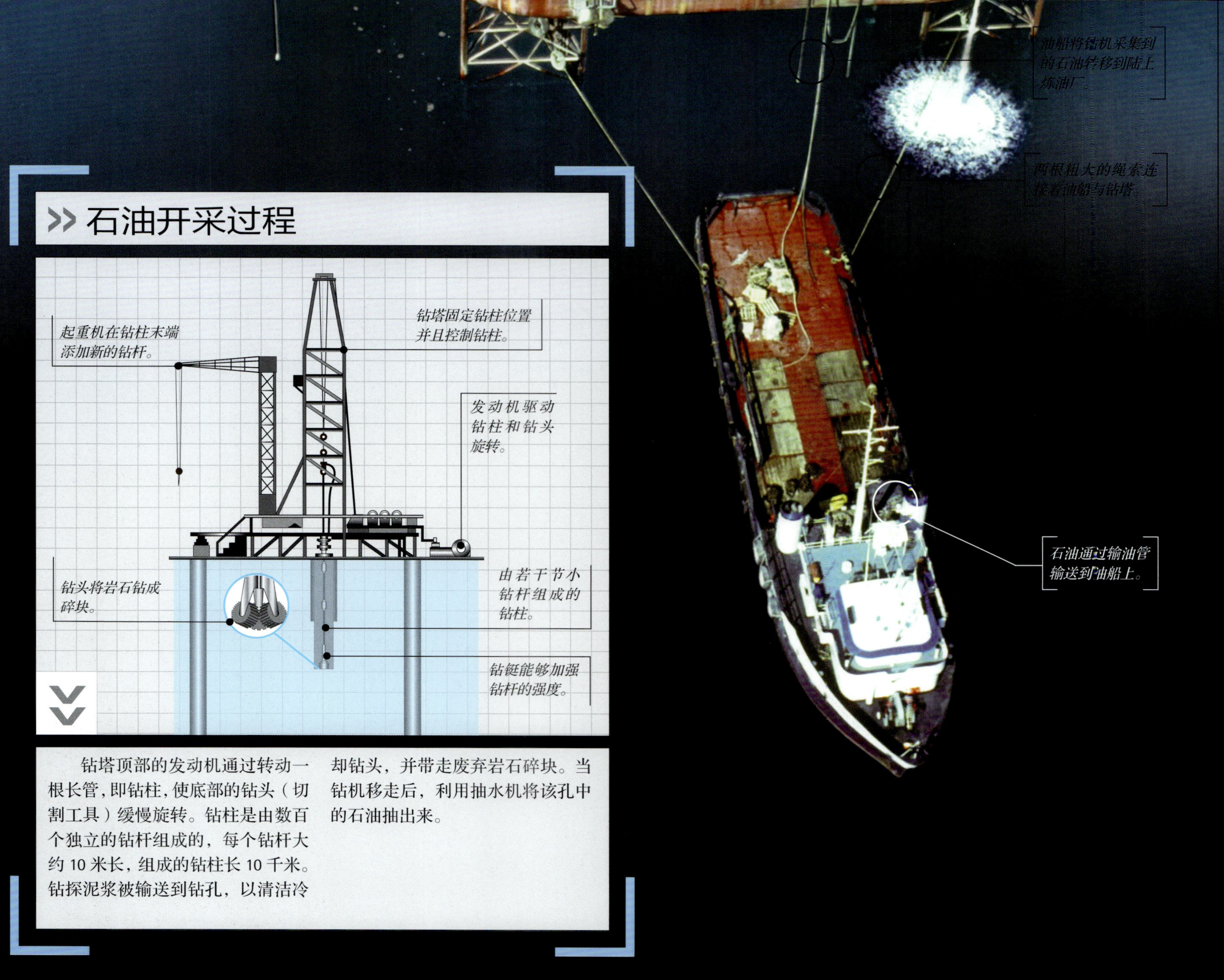

石油开采过程

钻塔顶部的发动机通过转动一根长管，即钻柱，使底部的钻头（切割工具）缓慢旋转。钻柱是由数百个独立的钻杆组成的，每个钻杆大约 10 米长，组成的钻柱长 10 千米。钻探泥浆被输送到钻孔，以清洁冷却钻头，并带走废弃岩石碎块。当钻机移走后，利用抽水机将该孔中的石油抽出来。

参见：大型建筑 p192，质量阻尼器 p194，发电塔 p196

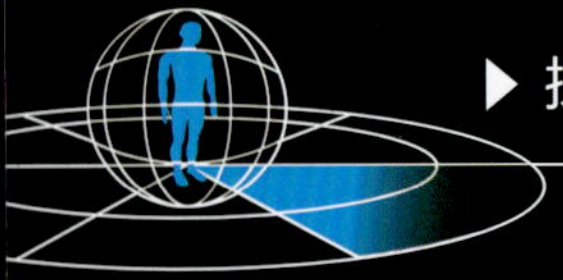

双筒望远镜

▸▸ 双筒望远镜实际上是由两个相同的、对准同一个方向的望远镜组成的。每只眼睛会看到一幅物体放大的图像，大脑再将这两幅图像合成一幅三维图像。▸▸

▶ 这幅彩色的 X 射线图展现出一架双筒望远镜内部的光学器件。双筒望远镜的左右两个镜筒是相同的。物镜和目镜让你看到远距离物体的放大图像。通过双筒望远镜观察时，放大倍数越大，能看到的物体的距离就越远。

通过移进移出调节目镜使其聚焦，透镜使光折射进入眼睛。

棱镜（一组玻璃）反射光线，校正从透镜射过来的倒置图像。

根据使用者的目距调节目镜间的距离。

物镜将光线折射入双筒望远镜。

图片： 双筒望远镜的 X 射线图

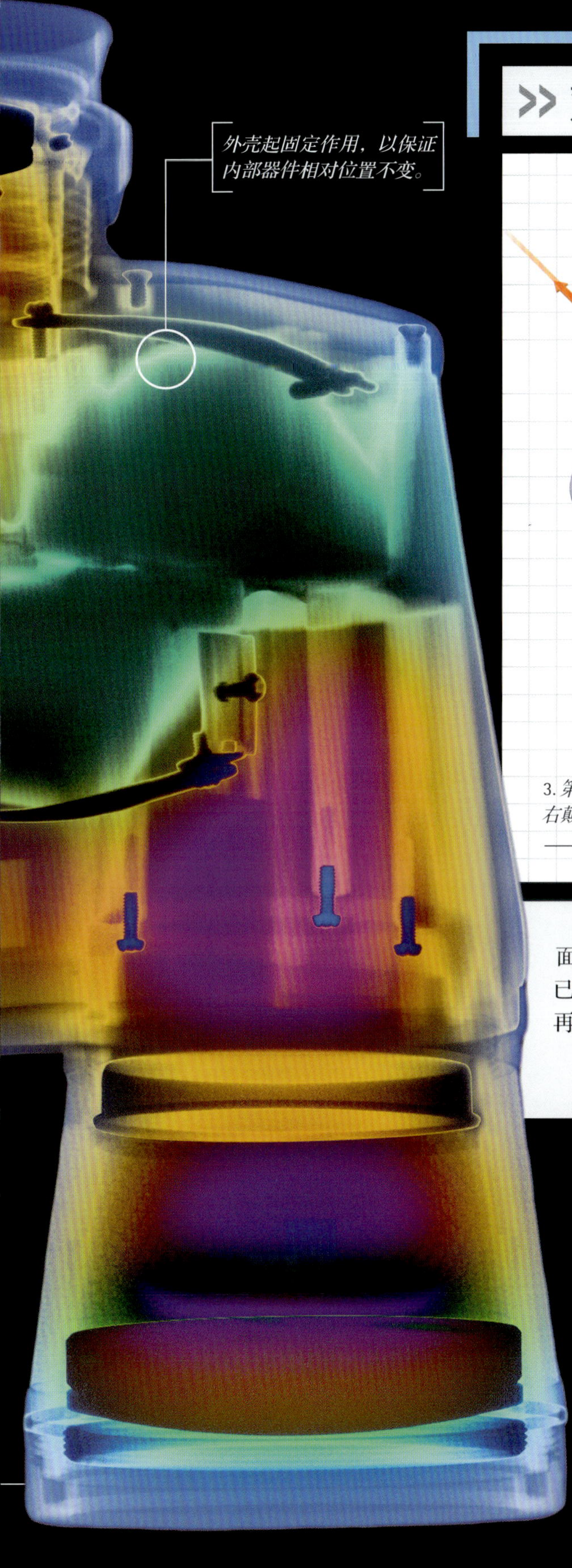

外壳起固定作用，以保证内部器件相对位置不变。

双筒望远镜的工作原理

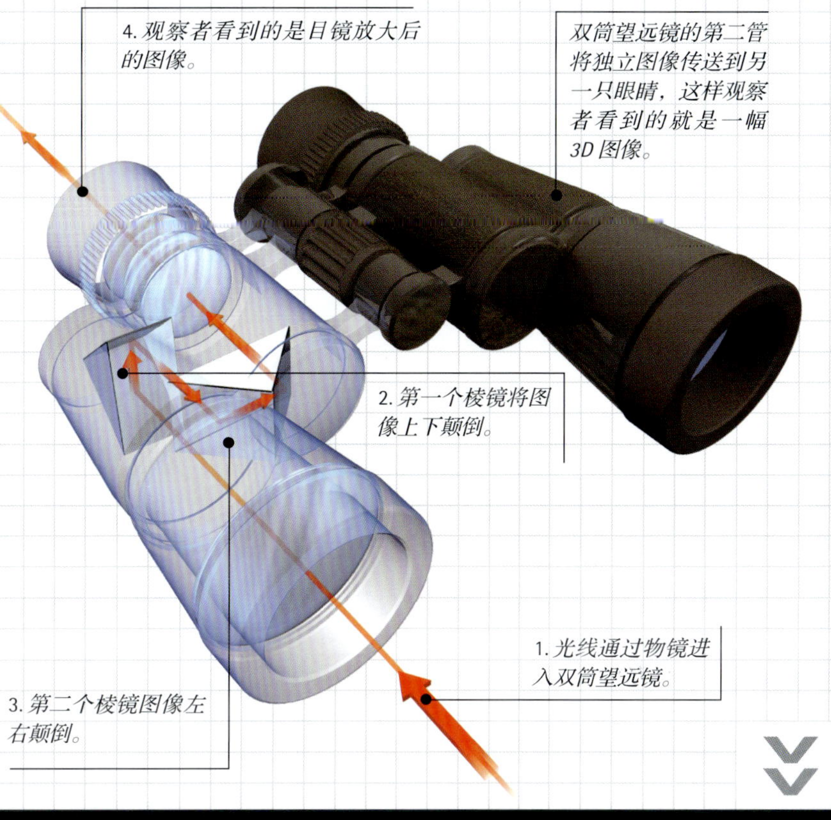

双筒望远镜利用透镜（弯曲的玻璃）将远处的物体放大。望远镜前面的物镜和后面的目镜使被观测物体成清晰放大的图像，但这两块透镜已经使图像的上下、左右颠倒了过来。透镜间的两个棱镜（玻璃楔子）再将图像翻转过来，形成正确的图像。

海军望远镜

▶这种高倍双筒望远镜用于军事演习。透镜直径达15厘米，望远镜较重，所以必须将望远镜固定从而使图像摇晃程度降到最小。图中的双筒望远镜能将物体放大25倍。

被固定的重型双筒望远镜

夜视仪

夜视仪的工作原理

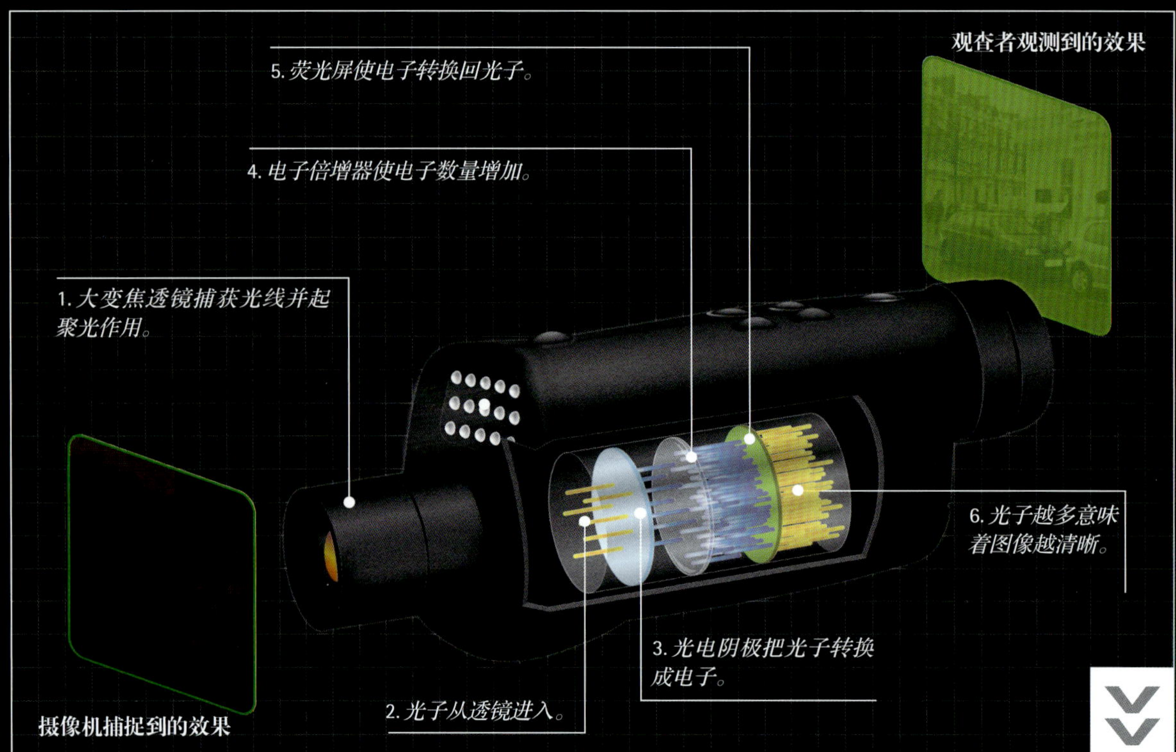

夜视摄像机能够捕捉到微弱的光线，并将它加强，使我们的眼睛可以看到物体。它的工作原理是将光转变成电流，再将电流放大，最后再把电流转换成较强的光信号。跟普通的摄像机一样，夜视仪前面也有个透镜，用来聚光。光子经过透镜后，撞击到一个叫做光电阴极的光探测器上，光电阴极就将光子转换成了电子。

各种颜色的光子变成了电子，所以入射光线的颜色消失了。摄像机内的电子倍增器使电子数量增加，电流加强。电子数量急剧增加后，涂有化学试剂荧光粉的玻璃板会受到电子束的轰击。像电视屏幕一样，荧光屏受到电子撞击后，会产生光子流。因为光子数量很庞大，所以我们的眼睛可以看清物体。

我们的眼睛有1.26亿个感光细胞，白天它们可以呈现出色彩斑斓的世界。但晚上，眼睛几乎起不了什么作用时，我们不得不借助夜视仪，最大程度地使微弱光线清晰可见。

视杆细胞和视锥细胞

人眼内的视网膜上有感光细胞，称为视杆细胞和视锥细胞。眼睛中有1.2亿的视杆细胞（绿色）和6百万的视锥细胞（蓝色）。视杆细胞能察觉到微弱的光和移动，比视锥细胞灵敏。视锥细胞有三种，用来辨别红光、蓝光和绿光。

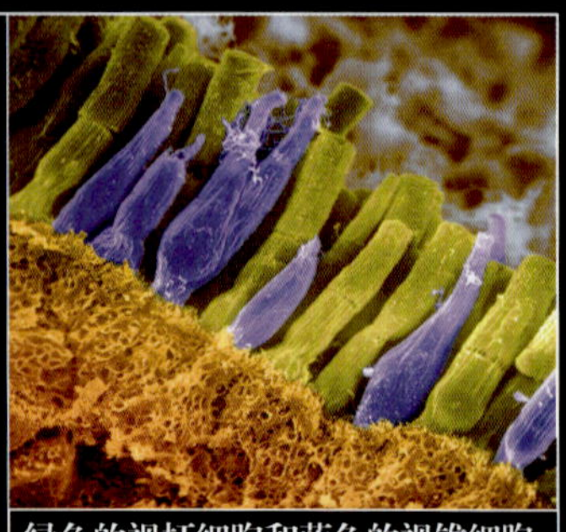

绿色的视杆细胞和蓝色的视锥细胞

图片：用夜视仪观察到的狐狸

▲ 有了夜视仪，即使在完全漆黑的晚上，我们也可以看见远在 140 米外的狐狸。虽然夜视仪可以让物体看起来更亮，但一些细节和所有色彩都在光线的增强过程中消失了。

▶▶ 参见：反光路钮 p108，双筒望远镜 p158，侦察 p214

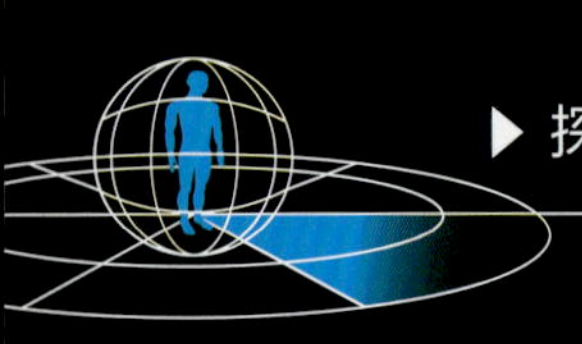

扫描电子显微镜的工作原理

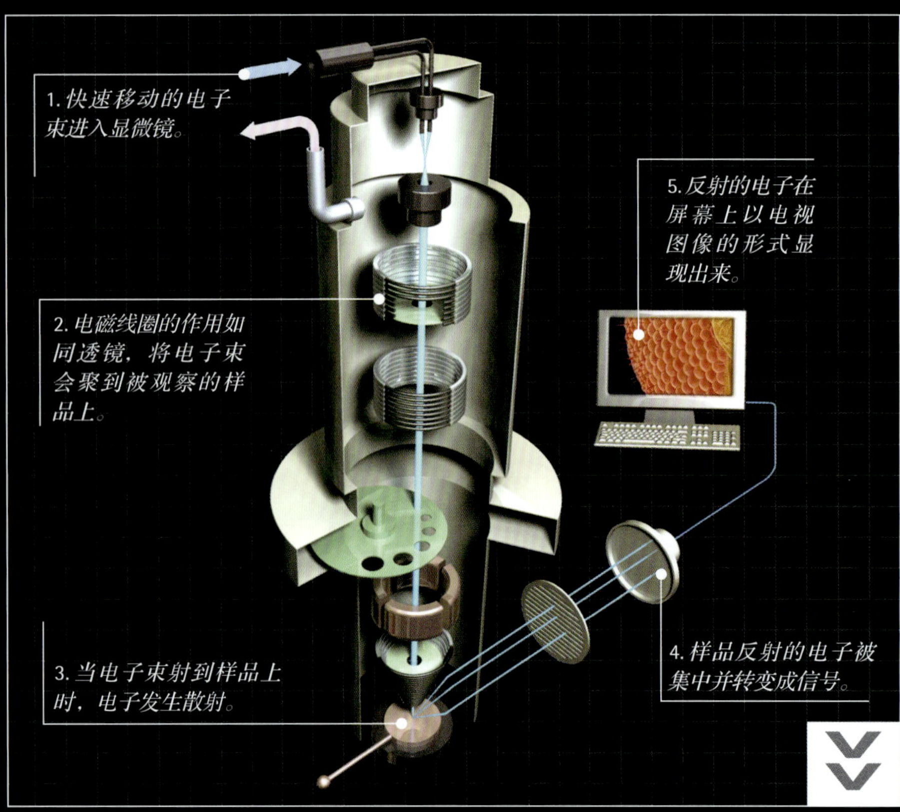

普通显微镜（光学显微镜）是通过玻璃透镜将光束会聚放大，从而使微小的物体看起来变大。光束是由被称作光子的粒子组成的，它比人的一根头发的 1/200 还要细。为了看清更小的物体，我们需要扫描电子显微镜，它用比光子更小的粒子——电子来代替光子。电子显微镜能将在光学显微镜下看到的物体放大 500 到 1000 倍。

微小毛发可以探测空气的振动，来帮助苍蝇在空中运动时控制速度和姿势。

▲ 家蝇能够觉察到来自各个方向的威胁。我们仅用肉眼不会发现家蝇是如何做到这一点的，但可以通过近距离的观察揭示出关键细节。

显微镜

▶▶ 从观察微芯片的电路到探究生物细胞的秘密，扫描电子显微镜为我们打开了一个新的世界。利用电子显微镜，我们可以观察到比一根头发 1/100 000 还要小的物体。▶▶

▶ 这是通过扫描电子显微镜观察到的放大了约 2000 倍的家蝇的复眼。复眼约由 6000 只单眼组成，它们赋予了苍蝇对周围环境的敏感性，近乎 360° 全方位的视野，可帮助苍蝇逃离各种危险。

▶▶参见：望远镜 p150，双筒望远镜 p158，夜视仪 p160

图片：扫描电子显微镜下的家蝇眼睛彩图

外部和内部

通过扫描电子显微镜观察

▲扫描电子显微镜使电子在微小样品（像苍蝇眼睛）的表面发生反射，来生成一个外形被放大的图像。透射电子显微镜是使发射的电子穿过样品，揭示其内部结构。透射电子显微镜被用来研究活细胞及晶体内部的原子。

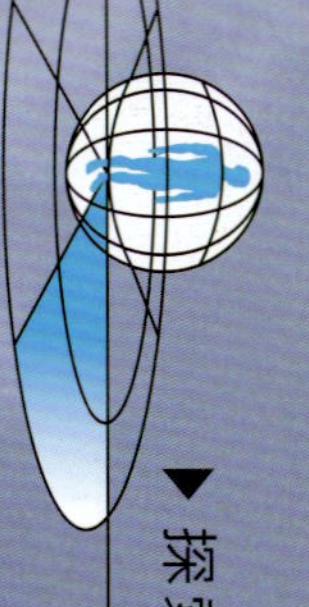

图片：气象气球和无线电气象记录仪

气象气球

全世界每天有一千多个气象气球被释放到空中，每个气球都搭载着一个迷你气象站。气球中充有比空气轻的氢气，能升到 40 千米的高空。

太空中的气象观察家

气象卫星

气象卫星从太空中观察地球。一些卫星停留在地球上空的某个位置，还有一些绕地球高速旋转，信号覆盖整个地球。照相机能够拍摄云层和气象的状况，其他传感器测量地表和海洋温度，监测污染程度。卫星记录的信息传送到装有气象模型的计算机中，这样通过分析可以进行详细的天气预测。卫星是非常有用的工具，但由于它不能检测到风或大气的三维结构，所以要做更好的天气预测还要用到气象气球。

上升时乳胶气球膨胀，当直径达到 8 米时气球爆炸。

大多数的气象气球采用人工释放。

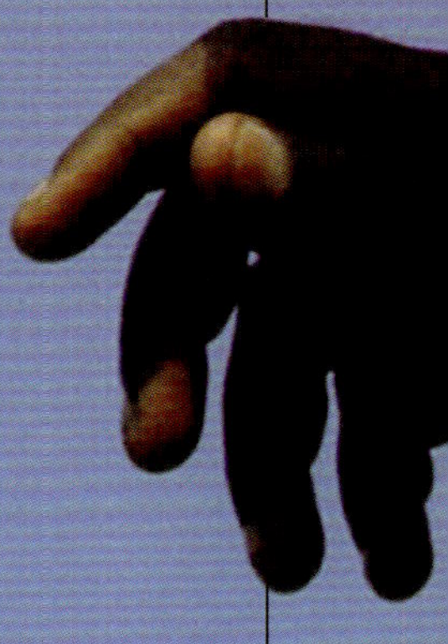

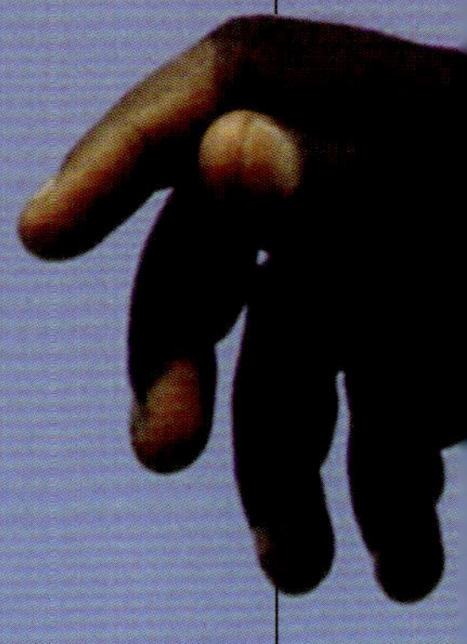

无线电气象记录仪是一次性的气象站，当气球爆炸后会落回地面。

◀这只被释放的气象气球位于印度孟买。气球上的无线电气象记录仪（迷你气象站）将把测量的数据发回到地面气象站。在印度每年雨季时节，气象气球的追踪观测作用非常重要，因为它影响着数百万农民的生活。

>> 无线电气象记录仪的主要特点

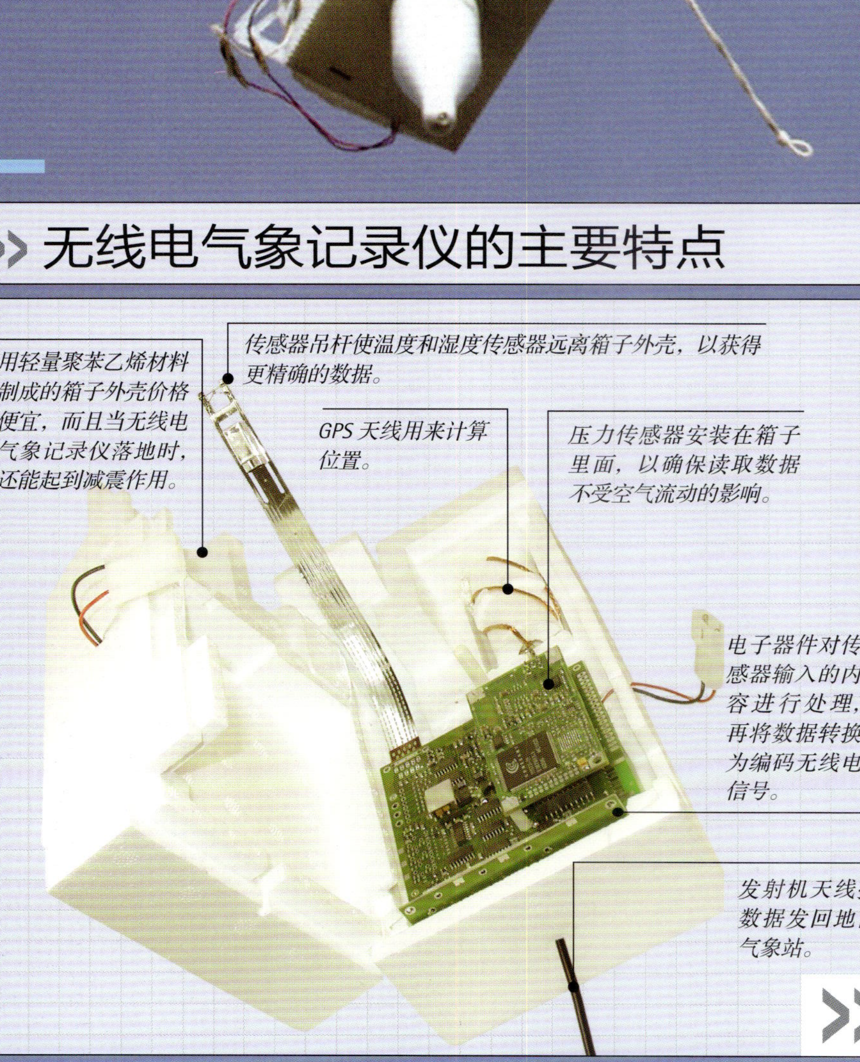

一个无线电气象记录仪的重量只有 250 克，它的体积很小，能用手握住。它搭载气象气球升空，测量出许多关键的气象指标，如温度和湿度，然后通过无线电发射机把数据传送回地面。无线电气象记录仪还安装了 GPS(全球定位系统)天线来报告它的准确位置。当气球随风飘动时，记录仪能够计算出风速和风向。一次飞行大约持续 2 小时，在这期间，气球可能会飘到离释放点 200 千米左右的地方，遇到零下 90° C 的低温。当气球飞得过高发生爆炸后，无线电气象记录仪落回到地面。

▶▶ 参见：风力涡轮发电机 p22，发电塔 p196

阿特拉斯探测器

▶ 当粒子相撞时，阿特拉斯探测器会检测和识别新产生的粒子。这个庞大的实验是在一个长管中进行的，粒子经过加速器后射入该管中。粒子相撞时会产生向外移动的新粒子。阿特拉斯内部的探测器对粒子进行测量，以便科学家鉴别粒子。

▶▶ 想要了解某一物质的属性，一种办法就是把它拆开。这正是位于瑞士的欧洲粒子物理研究中心的科学家们想做的事情。在那里，原子将在一个称为阿特拉斯的大型地下实验中被分解。▶▶

>> 阿特拉斯探测器的工作原理

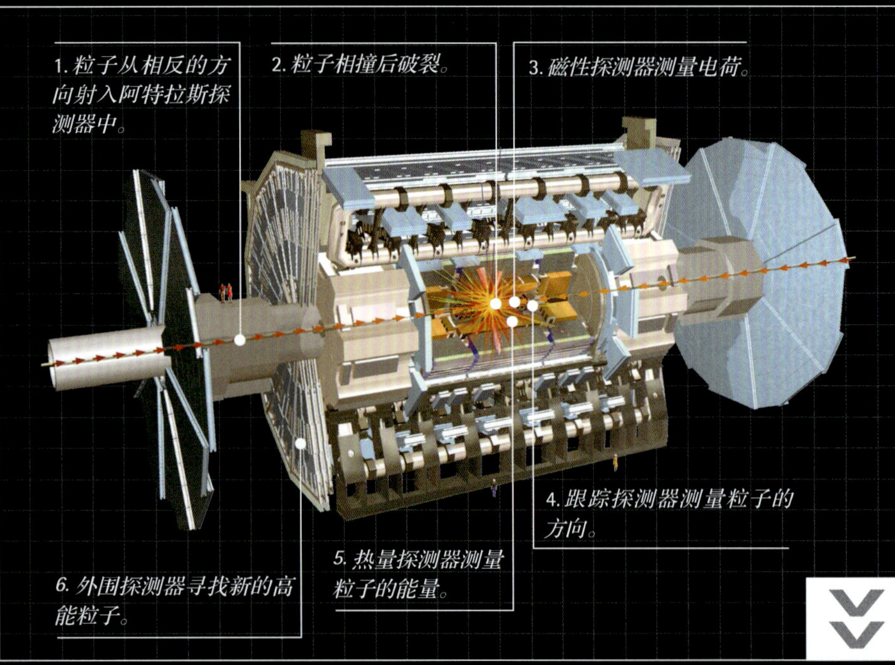

再小的原子也是由更小的粒子组成的。科学家们希望通过阿特拉斯实验对粒子的研究来更好地了解宇宙的起源和演化。这是一个庞大的地下实验，需要用到欧洲粒子物理研究中心的粒子加速器（可以把粒子加速到接近光速的长的圆形管中）。粒子沿管做加速运动。当发生碰撞时，粒子破裂并生成新的粒子。阿特拉斯内部的探测器会测量新粒子的各种性能，如质量、电荷以及运动方向。这个实验会揭示出大爆炸（宇宙形成时）的秘密。

粒子以接近光速的速度进入探测器。

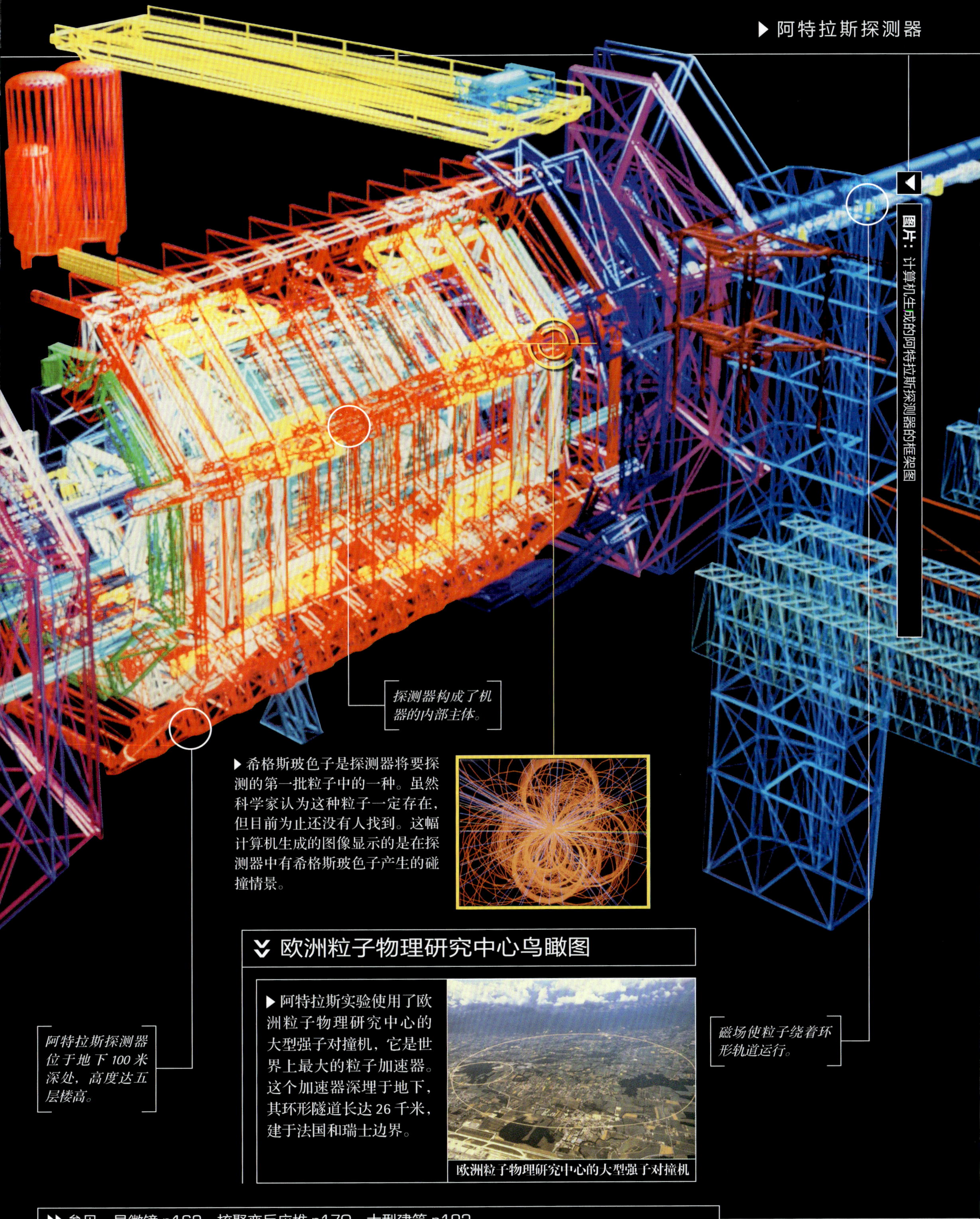

▶ 希格斯玻色子是探测器将要探测的第一批粒子中的一种。虽然科学家认为这种粒子一定存在，但目前为止还没有人找到。这幅计算机生成的图像显示的是在探测器中有希格斯玻色子产生的碰撞情景。

欧洲粒子物理研究中心鸟瞰图

▶ 阿特拉斯实验使用了欧洲粒子物理研究中心的大型强子对撞机，它是世界上最大的粒子加速器。这个加速器深埋于地下，其环形隧道长达26千米，建于法国和瑞士边界。

欧洲粒子物理研究中心的大型强子对撞机

▶▶ 参见：显微镜 p162，核聚变反应堆 p170，大型建筑 p192

中微子探测器

当你阅读这句话时，大约 2 千万亿无害的中微子将穿过你的身体。中微子是在太阳或其他恒星中心发生核反应时生成的一种粒子。科学家们利用巨大的地下探测器来研究它们，进而更好地了解宇宙。

这种探测器目前正在日本一个 1 千米（0.6 英里）地下矿道里建造，用来区分干涉与其他粒子。一座 10 层的建筑能完全容纳在里面，当开动时，包含有 5 万吨超纯净水和黑色沥青。光电倍增管通过传递中的中微子来检测偶然的光闪。

光探测器，也叫光电倍增管，用来寻找由中微子引起的闪光。

▲探测器里有 1 万多个光电倍增管，每一个都能探测到一束光。由于探测器中装有水，因此需要船和潜水者主动靠近光电倍增管。

当完成探测后，地面也将被光电倍增管覆盖。

图片：日本超级神冈的探测器阵列

▶参见：望远镜 p150，显微镜 p162，阿特拉斯探测器 p166

探测器的工作原理

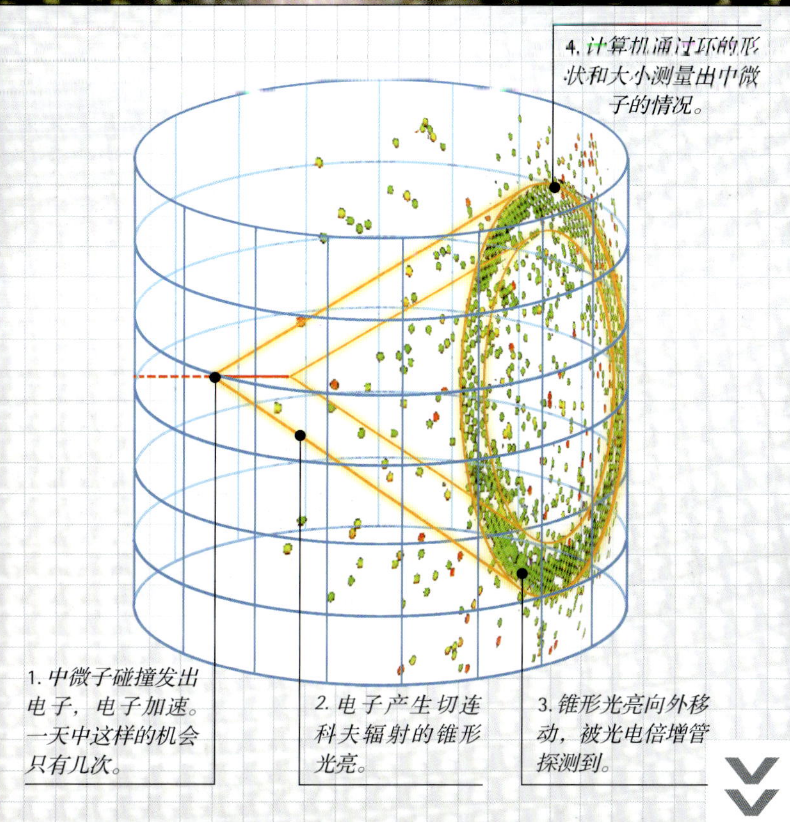

中微子很难发现和探测，因为它几乎不与任何物质发生作用。探测中微子的一种方法是：在一个大型的装有水的容器中，部分中微子会和水分子相撞，产生电子（带负电荷的粒子）。运动的电子发出蓝色锥光，被称为切连科夫辐射，容器壁上的光电倍增管（光敏探测器）可以探测到这种辐射。

超新星活动

▶1987 年，中微子的研究者们探测到一股中微子爆发，并在附近星系观察到了一颗爆炸的恒星（超新星）。人们认为这些中微子是恒星在爆炸前产生的，研究中微子的性质能帮助科学家了解超新星的活动特点。这幅图片展示了超新星爆发后的热气团形状。

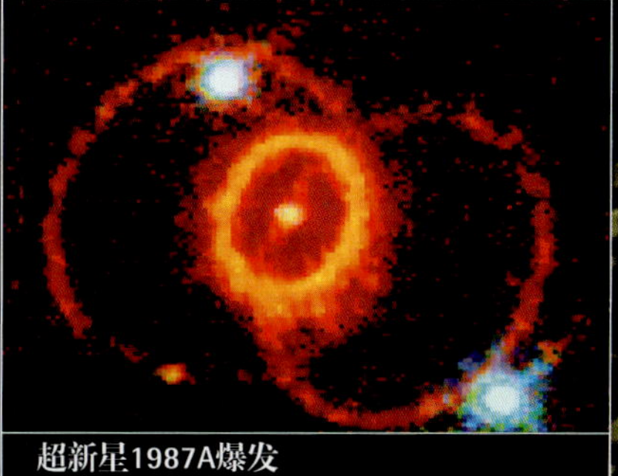
超新星1987A爆发

核聚变反应堆

▶▶ 核聚变反应是太阳能量的来源。在未来 50 年内，地球上的聚变反应堆也能利用同样的原理来发电。大约 10g 的氢燃料通过反应产生的能量足以满足一个人终身的需要。▶▶

▼ 这个试验性的聚变反应堆内的气体温度高达一亿摄氏度，以至于此时气体原子分裂为原子核和电子的混合物，这种状态被称为等离子体。

▶ 两种氢原子核（一种是氘，一种是氚）高速碰撞时会释放出能量。两个氢原子核形成一个氦原子核，同时释放出一个多余的中子，这个反应就叫氢的聚变。

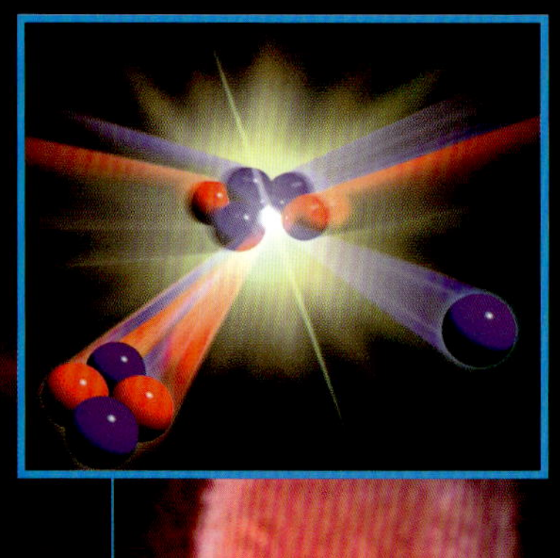

等离子体在磁场的作用下远离反应堆容器壁。

最热的等离子体不发光但能发射一种看不见的高能 X 射线。这就是聚变反应发生的地方。

边缘部分的等离子体温度相对较低，但也达到了 10000℃，同时发出可见光。

▲ **图片：** 聚变反应堆中的等离子体发出的光线

▶▶ 参见：阿特拉斯探测器 p166，中微子探测器 p168

聚变反应的原理

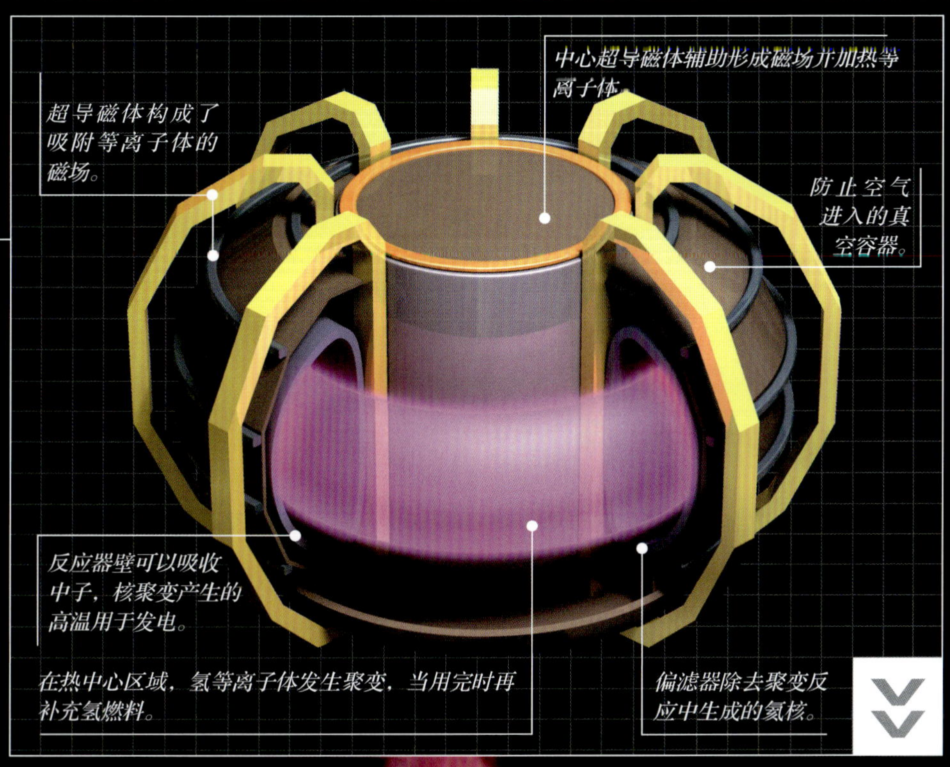

核聚变反应堆为聚变反应提供了充分的条件，并利用反应中生成的能量进行发电。起初需要利用无线电波或电流对核聚变反应堆进行加热。然而，一旦核聚变反应开始，它就不需要外界的能量了，反应中释放出的热量足以使等离子体保持高温。反应中释放出高速运动的中子，将逃离磁场，撞击到反应器壁上。这个聚变过程产生的热量可以用来发电。核聚变反应中产生的氦核会被除去，同时添加一些新的氢燃料继续进行反应。

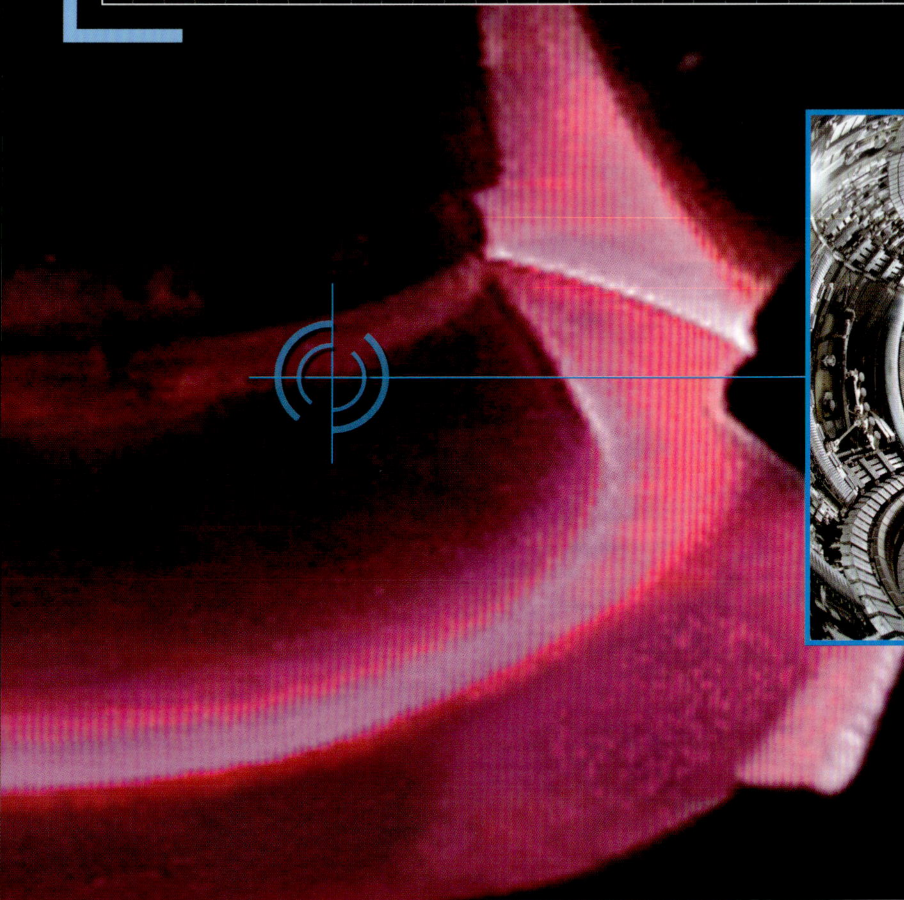

▲ 反应堆的容器的形状像一个巨型的环形救生圈，空气排尽形成真空。里面的等离子体被形状特殊的磁场控制着，避免超高温的等离子体接触反应堆容器壁，因为容器壁会使等离子体的温度降低，导致聚变反应终止。

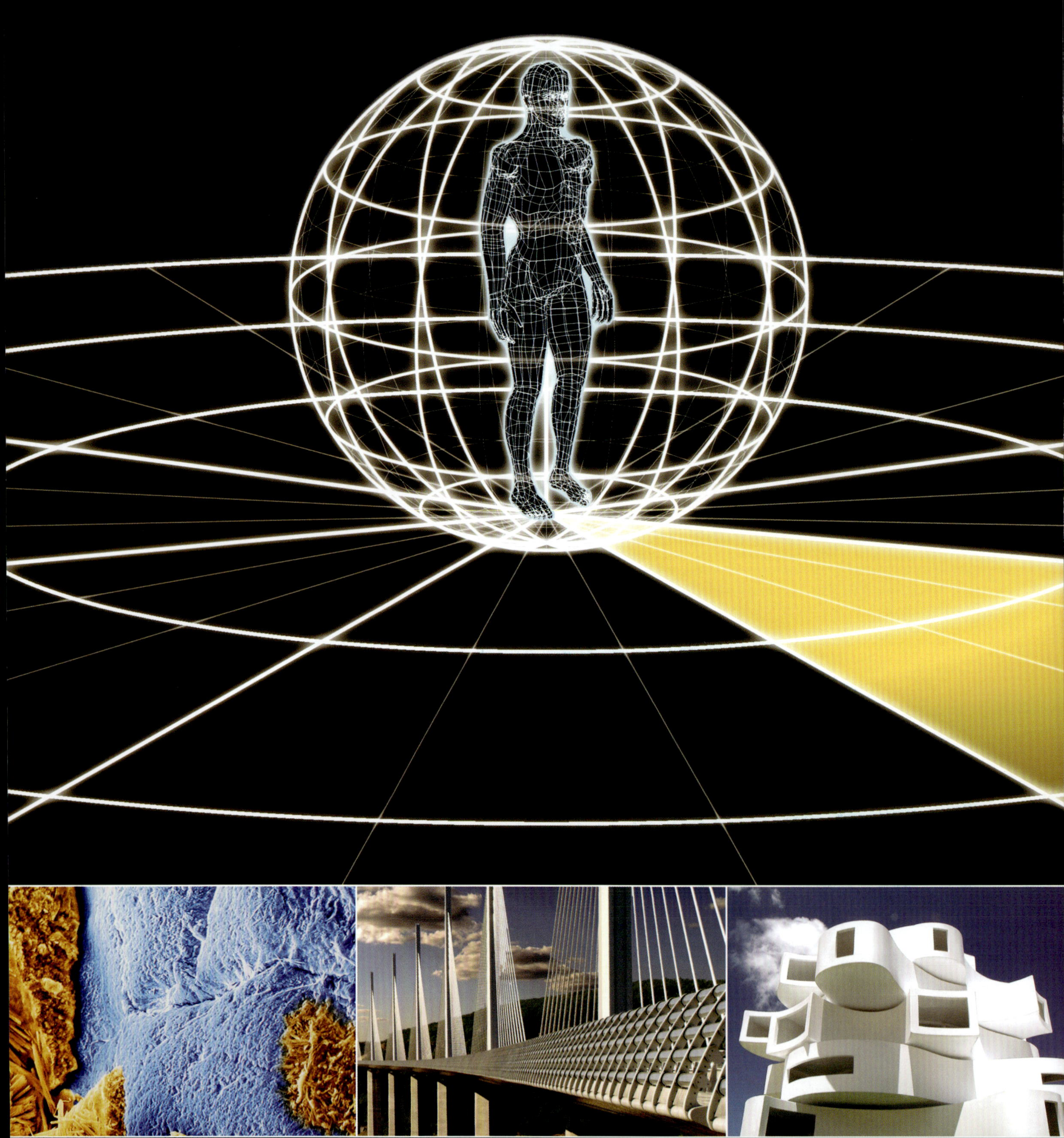

>> 建筑

混凝土 » 建筑材料 » 钻孔机 » 米洛高架桥 » 恢宏的设计 » 伊甸园工程 » 福尔柯克轮 » 天空步道 » 大型建筑 » 质量阻尼器 » 发电塔 » 体育场屋顶 » 微型机器 » 激光

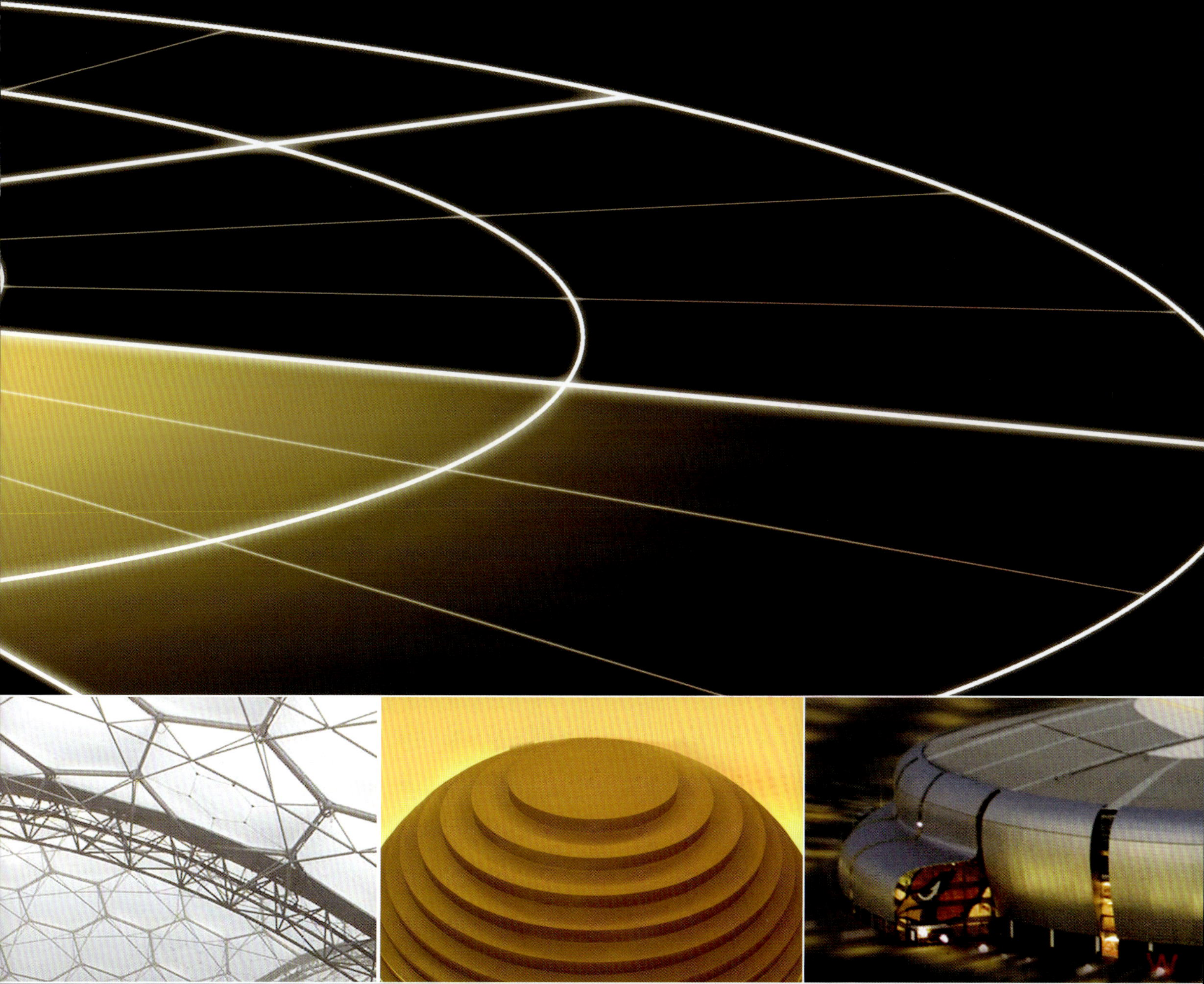

如何让汽车在云层中穿行？ p182
是什么使它晃动？ p194

▸▸ 人类已经在地球上留下了自己的印记。近期的标志性建筑包括：一座跨越山谷的桥梁，一个利用热力发电的发电站，一个轻触按钮就能够像花一样开放的体育场。建成这样标新立异的建筑仅仅靠搅拌混凝土或堆砌砖头是不行的。要想建造更加雄伟壮观的建筑，我们要从原子和分子的微观角度去了解材料的性能，探索出把材料巧妙地结合在一起的方法。▸▸

什么东西看起来像树木，但强度却大于木材？p178

混凝土

▶▶ 从最高的摩天大楼，到最长的高速公路，世界上令人印象最深刻的工程结构是由微小的混凝土晶体构成的，这些晶体比人类头发直径的五分之一还要小。▶▶

混凝土的形成

没有加固措施的混凝土能抵抗压力，但受到拉力时会产生裂缝或突然断裂。

钢能抵抗拉力，所以用钢加固的混凝土能够经受住拉伸和压缩。

混凝土作为一种多用途建材可追溯到罗马时代，它由砂子、砾石和水泥混合而成。加入水以后，水泥内产生的晶体能把沙石结合在一起。混凝土坚固不是由于它变干，而是因为其内部发生化学反应形成了晶体。用混凝土建造的立柱强度较大，但用混凝土作横梁则显得相对较弱。这是因为它在重压下会产生裂缝而不仅仅是弯曲。因此，混凝土多与钢筋框架结合使用。众所周知，钢筋混凝土比普通混凝土强度大几百倍。

水泥中产生的石膏晶体使混凝土中的物质凝聚在一起。

▲ 在水泥中的晶体作用下，混凝土中的颗粒、砂石凝聚在一起，从而具有一定强度。典型的混凝土由 10%~15% 的水泥、60%~75% 沙子、砾石和 15%~20% 的水组成。

▶▶ 参见：米洛高架桥 p182，宏伟的设计 p184，天空步道 p190

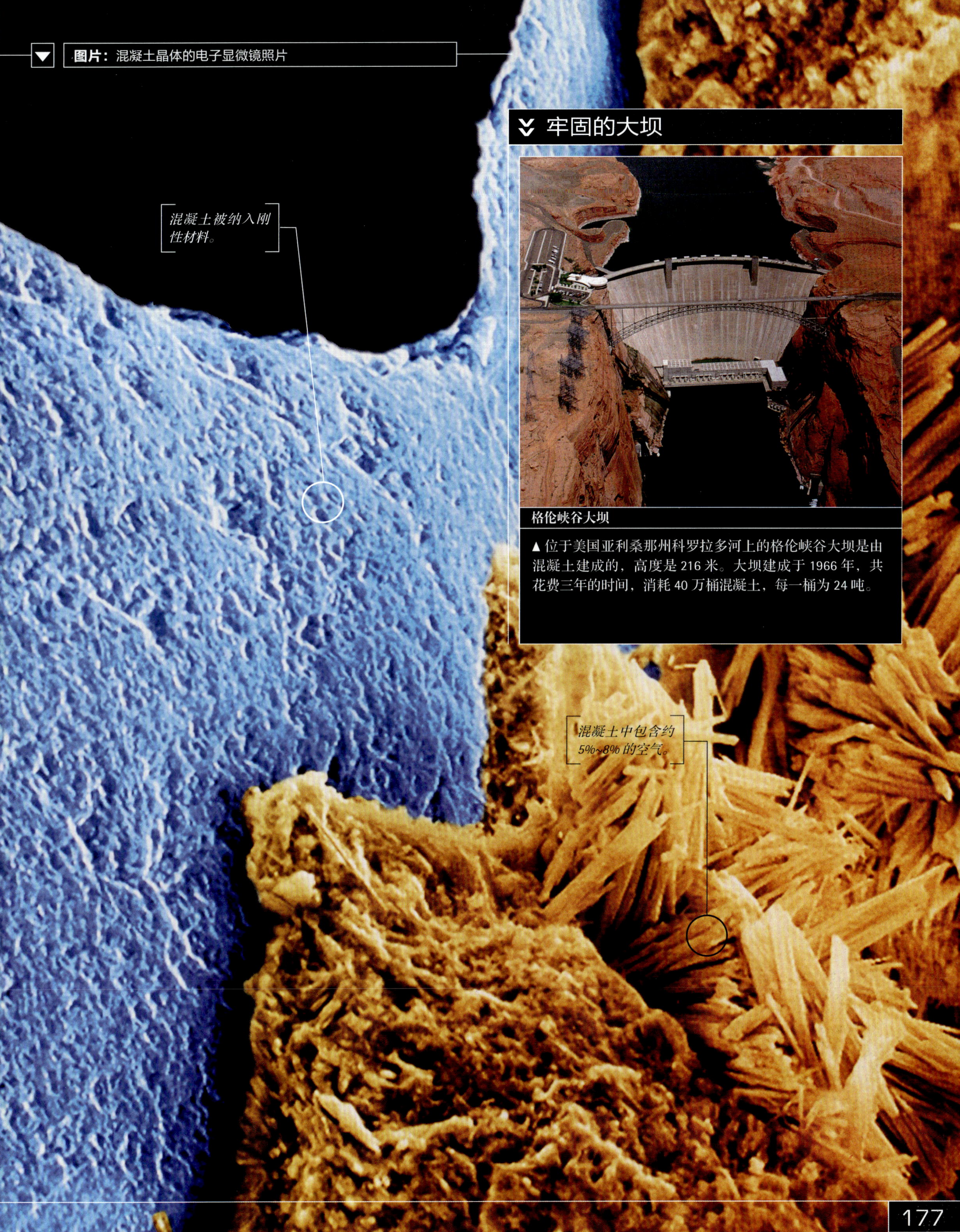

牢固的大坝

格伦峡谷大坝

▲位于美国亚利桑那州科罗拉多河上的格伦峡谷大坝是由混凝土建成的，高度是216米。大坝建成于1966年，共花费三年的时间，消耗40万桶混凝土，每一桶为24吨。

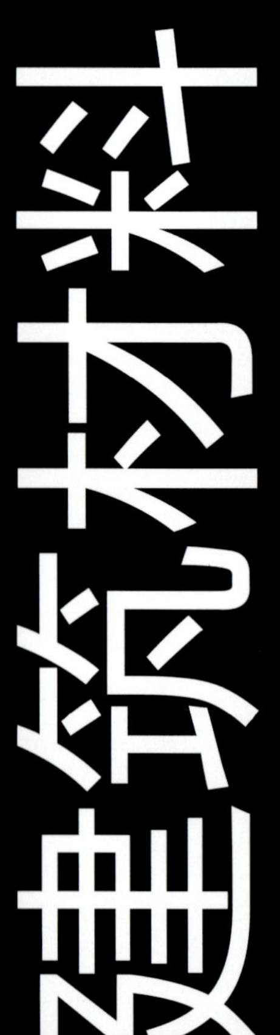

为什么摩天大楼都是由玻璃窗和钢筋墙构成，而不用其他的材料呢？这是因为施工时需要根据材料的特殊属性来选择材料，做到因材施工。选错材料可能会造成建筑物不安全或者使建筑物的使用寿命缩短。将建筑材料在显微镜下放大几百倍，就可以清楚地看到其独特的、具有坚固特点的内部结构。

绝缘纤维

涤纶由聚酯纤维制成，聚酯纤维是由碳基分子链组成的聚合物。每根纤维最多有 7 个气孔。纤维内部及纤维之间的空气使得涤纶成为建造绝缘阁楼和绝缘墙的首选材料。

蛭石

蛭石是一种防火的绝缘材料。获得蛭石的方法是加热云母，使云母变成像千层饼一样很多独立的分层。蛭石具有防火性，因为组成它的硅酸盐矿物（由硅元素和氧元素形成）不能燃烧。蛭石绝缘是因为内部层与层之间有空气。

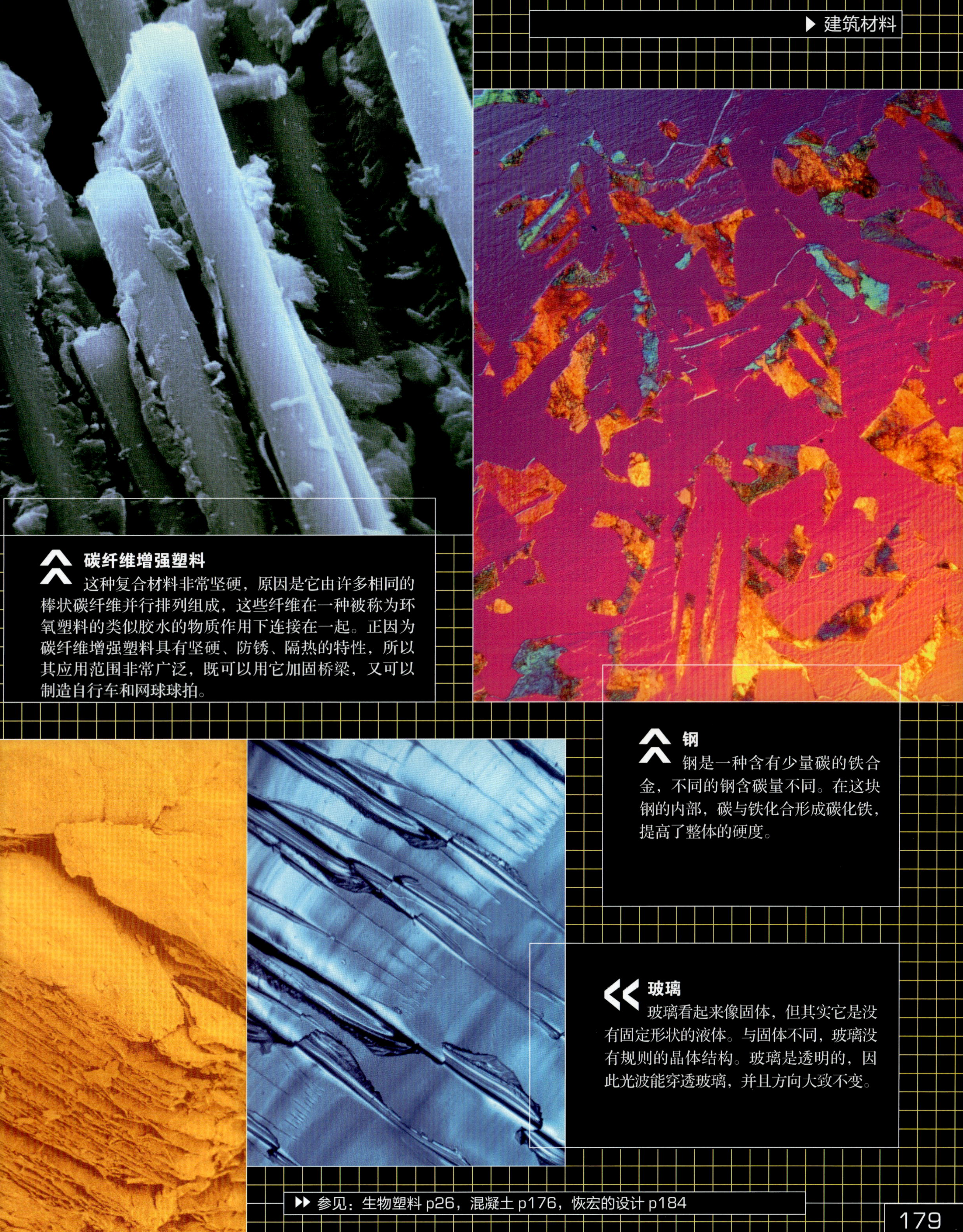

碳纤维增强塑料

这种复合材料非常坚硬，原因是它由许多相同的棒状碳纤维并行排列组成，这些纤维在一种被称为环氧塑料的类似胶水的物质作用下连接在一起。正因为碳纤维增强塑料具有坚硬、防锈、隔热的特性，所以其应用范围非常广泛，既可以用它加固桥梁，又可以制造自行车和网球球拍。

钢

钢是一种含有少量碳的铁合金，不同的钢含碳量不同。在这块钢的内部，碳与铁化合形成碳化铁，提高了整体的硬度。

玻璃

玻璃看起来像固体，但其实它是没有固定形状的液体。与固体不同，玻璃没有规则的晶体结构。玻璃是透明的，因此光波能穿透玻璃，并且方向大致不变。

▶▶ 参见：生物塑料 p26，混凝土 p176，恢宏的设计 p184

钻孔机

▶▶ 道路是一个整体，因此要把道路切割开是一项艰难的工作。维修道路时，风钻利用压缩空气产生动力，以每秒 25 次的频率敲击路面。▶▶

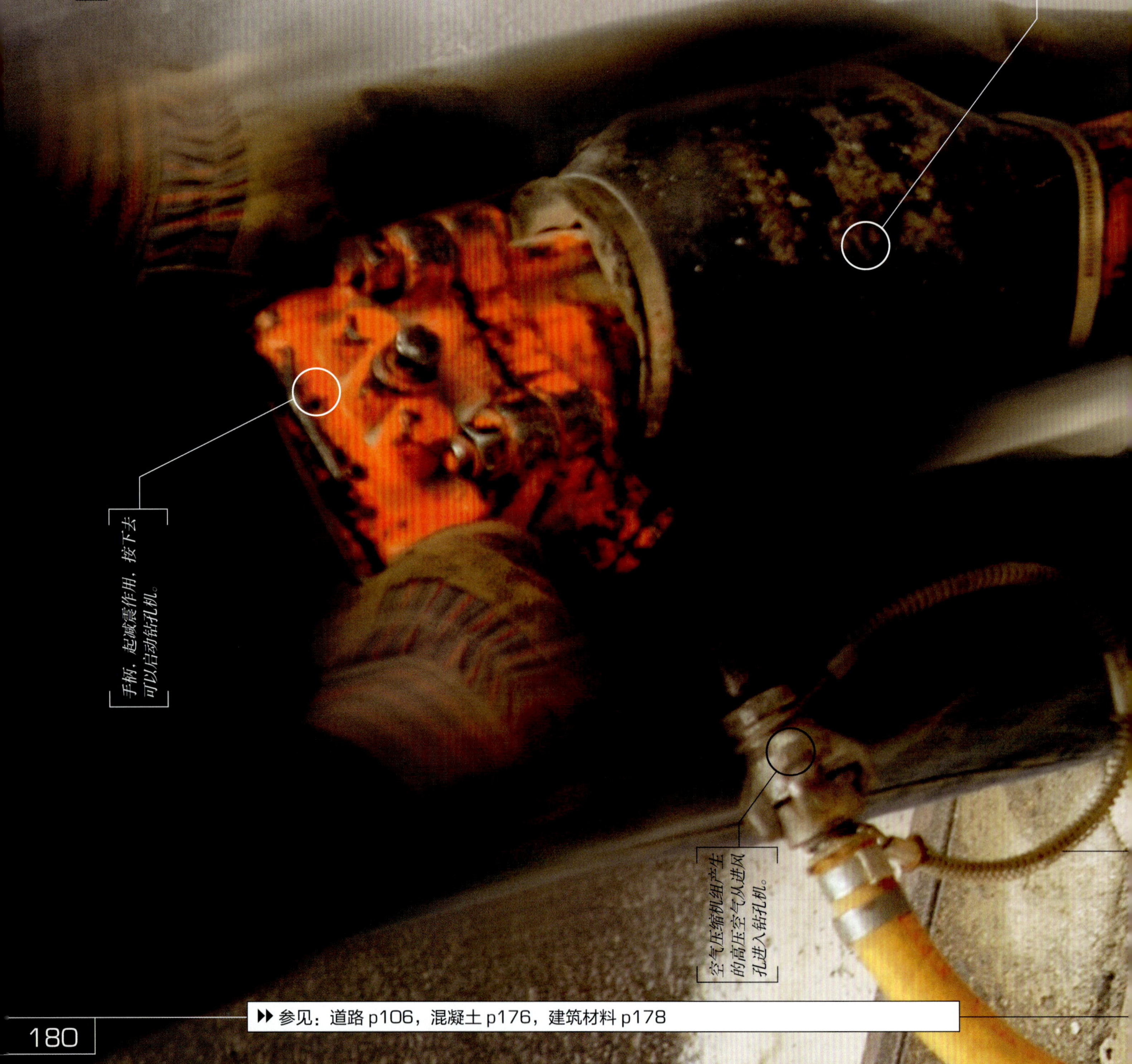

消声器可降低钻孔时的噪音和振动。

手柄，起减震作用，按下去可以启动钻孔机。

空气压缩机组产生的高压空气从进风孔进入钻孔机。

▶▶ 参见：道路 p106，混凝土 p176，建筑材料 p178

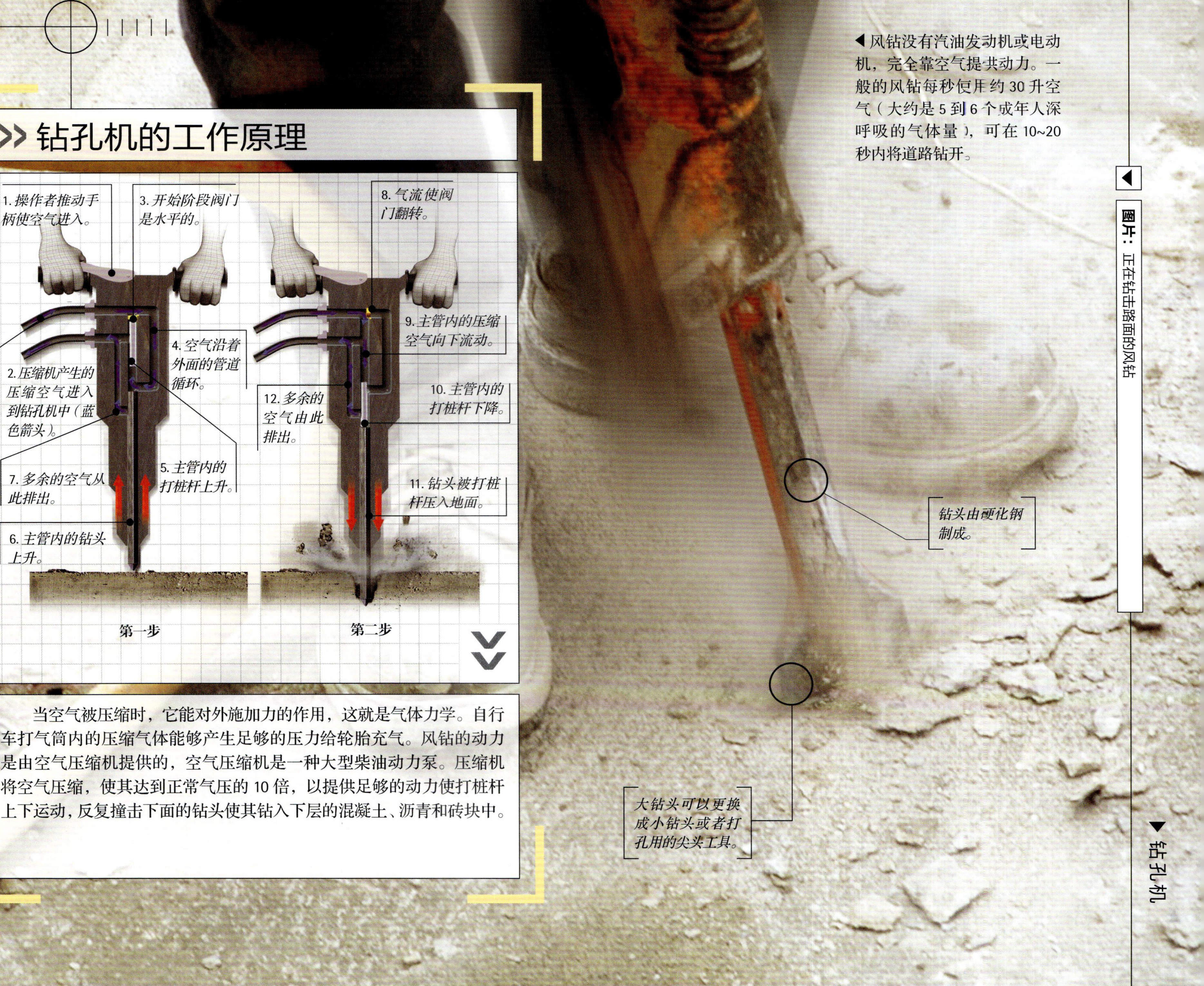

图片：正在钻击路面的风钻

◀风钻没有汽油发动机或电动机，完全靠空气提供动力。一般的风钻每秒使用约 30 升空气（大约是 5 到 6 个成年人深呼吸的气体量），可在 10~20 秒内将道路钻开。

>> 钻孔机的工作原理

当空气被压缩时，它能对外施加力的作用，这就是气体力学。自行车打气筒内的压缩气体能够产生足够的压力给轮胎充气。风钻的动力是由空气压缩机提供的，空气压缩机是一种大型柴油动力泵。压缩机将空气压缩，使其达到正常气压的 10 倍，以提供足够的动力使打桩杆上下运动，反复撞击下面的钻头使其钻入下层的混凝土、沥青和砖块中。

米洛高架桥

▶▶ 高耸入云的米洛高架桥位于法国南部的塔恩河谷。桥高 343 米，是世界上最高的交通运输桥。它使用的钢筋是埃菲尔铁塔的 4 倍多，其最高点比埃菲尔铁塔高出 20 米。▶▶

▶ 米洛高架桥属于斜拉索桥，桥面（车道）由钢索支撑，钢索悬吊在桥塔上，依靠固定在地面的桥墩（混凝土柱子）保持平衡。

▲ **图片：** 法国塔恩河上的米洛高架桥

米洛高架桥是如何建成的

桥墩

米洛高架桥有七个混凝土桥墩，花费了两年时间才建成，其中一个是世界上最高的桥墩。建设过程中，从地下 15 米深的地基开始桥墩平均每天升高 1.3 米。

桥塔

一旦桥墩建成，桥塔就被吊运到桥墩的正上方。这个过程必须借助于两个巨大的钳形钢筋臂(图中蓝色所示）以及起重量为 2000 吨的液压起重机。

斜拉索

接着，每个桥塔上连接 22 根钢索。每根钢索由 91 根钢缆组成，每根钢缆又由 7 根钢丝构成，所以桥面的每一部分都是由 14000 多根单独的钢丝支撑。

桥面

钢筋桥面的重量堪比 1000 辆满载的拖车，桥面的安装用了不到 2 年时间。安装时，从侧面将桥面放置到正确的位置上，一次铺设一段桥面，使用了 64 个巨型液压起重机。

参见：建筑材料 p178，大型建筑 p192，防洪大坝 p240

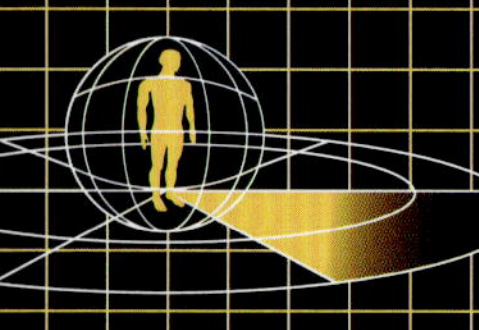

恢宏的设计

当先进的建筑材料和建筑技术能够满足各种不可思议的令人惊叹的设计时，建筑师们的想象力也越来越丰富。自然界中不同的曲线、图案和形状给现代设计带来了灵感，同时建筑物对环境的影响也越来越重要。

风形亭

这个美国概念式建筑的形状会随风发生改变。它的六个楼层可以绕着中心轴自由旋转。在微风轻轻地吹拂下，每一层以不同的方式旋转使亭的轮廓不断变化。楼层的旋转可以驱动发电机发电，发电量足够在夜晚将整个风形亭照亮。

明日生活馆

这座外形奇特的明日生活馆位于荷兰的阿姆斯特丹，用来展示对未来家庭和办公室的设计理念及发明。它是由可以循环利用的或对环境影响很小的材料建成的。它的节能系统包括一个可以从淋浴热水中收回余热的装置。

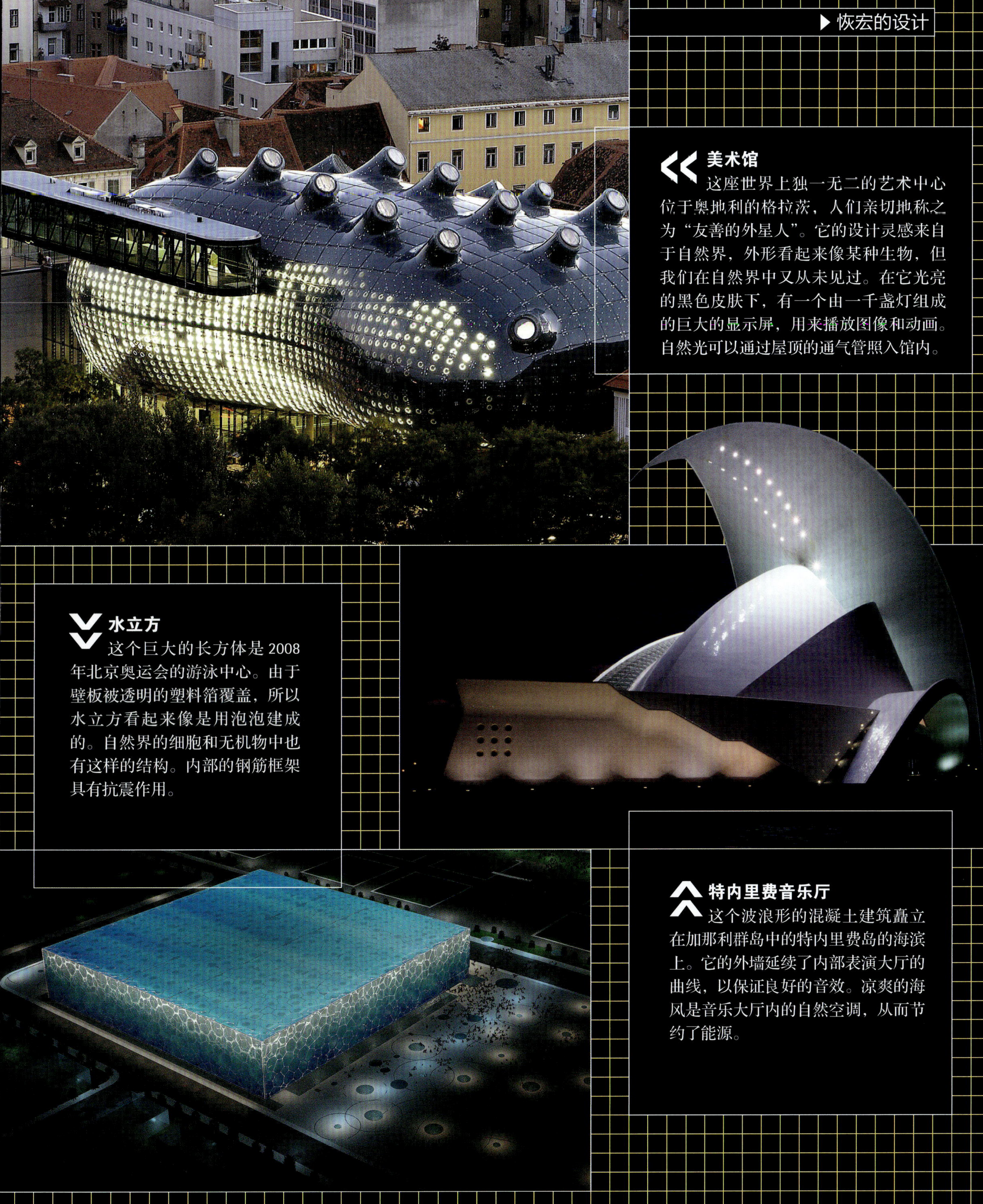

美术馆

这座世界上独一无二的艺术中心位于奥地利的格拉茨，人们亲切地称之为“友善的外星人”。它的设计灵感来自于自然界，外形看起来像某种生物，但我们在自然界中又从未见过。在它光亮的黑色皮肤下，有一个由一千盏灯组成的巨大的显示屏，用来播放图像和动画。自然光可以通过屋顶的通气管照入馆内。

水立方

这个巨大的长方体是 2008 年北京奥运会的游泳中心。由于壁板被透明的塑料箔覆盖，所以水立方看起来像是用泡泡建成的。自然界的细胞和无机物中也有这样的结构。内部的钢筋框架具有抗震作用。

特内里费音乐厅

这个波浪形的混凝土建筑矗立在加那利群岛中的特内里费岛的海滨上。它的外墙延续了内部表演大厅的曲线，以保证良好的音效。凉爽的海风是音乐大厅内的自然空调，从而节约了能源。

▶▶ 参见：天空步道 p190，大型建筑 p192，住所 p234

生物多样性

被火烧掉的森林

▲人类已经毁灭了原本覆盖在地球表面的超过 80% 的森林，遗留下来的森林有一半集中在热带地区。热带森林物种非常丰富，包含了世界上 90% 以上的物种。但现在人们依然在毁林造田。

伊甸园工程

▶▶人类已经使超过一半的地球陆地面积发生了变化，在这个过程中破坏了大部分的环境，同时使很多植物濒临灭绝。位于英格兰康沃尔郡的大型复合温室伊甸园，旨在保护濒危植物。▶▶

◀ 伊甸园的两个大型“生物群落”（植物温室）是模仿自然世界的生物群落（主要生态系统）建成的。潮湿热带生物群落长 240 米，是世界上最大的的温室，里面的环境像热带森林一样潮湿温热。

潮湿的热带生物群落的分布长度几乎是一个奥运游泳场馆的 5 倍。

伊甸园工程的主要特点

生物群落结构

与其他温室不同的是，伊甸园是由透明塑料材料覆盖在加固钢筋上搭建而成的。阳光可以照射到温室内，而里面的热量和水分却不会散发出来。屋顶的重量由联锁六边形结构分担，因此内部不再需要任何支撑。

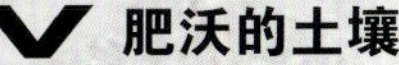

肥沃的土壤

伊甸园建在荒凉的黏土采石场上，温室所需的 85000 吨土壤都是特制的。在一个巨大的坑里放入蚯蚓即可将坑里的家庭厨房垃圾和花园垃圾分解成肥沃的土壤。

稀有植物

凤仙花戈登属于世界稀有花种之一，目前存活数量不及 120 株。伊甸园从该物种的产地非洲塞舌尔群岛获得了样本，正在伊甸园中培养它的新品种。对于这样的稀有物种来说，拥有适宜栖息环境和土壤的伊甸园成为了它们的美好家园。

▶▶ 参见：水培法 p28，建筑材料 p178，天空步道 p190

福尔柯克轮

世界上第一台旋转升船机就像一个重量超过 1000 辆家庭轿车的巨大摩天轮。利用平衡原理，它只需 4 分钟就可以把大型驳船吊运到空中。

福尔柯克轮的工作原理

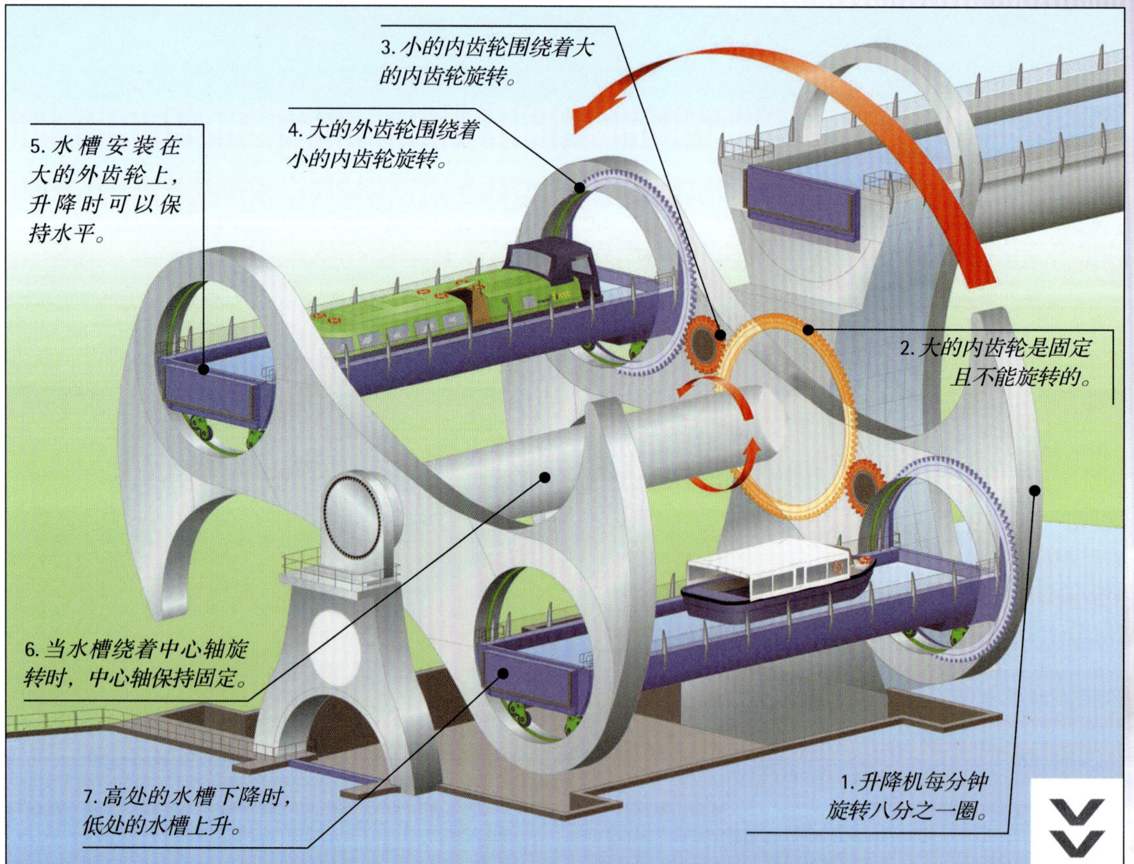

把一个人从地上抬起来是很困难的事情，但如果两个人都坐在翘翘板上时，即使其中一个人很重，也会很容易被抬起。这是因为你的重量被翘翘板的杠杆臂放大，帮助你把对面的人抬起来。如果你们的重量是相同的，两边的力就平衡了，升降就不需要费很大的力了。

福尔柯克轮的两个大水槽就像翘翘板两边的座位一样保持着平衡。当一边上升时，另一边下降。这就意味着升降机的电动机和液压活塞只要非常小的能量就可以操纵升降机。齿轮可以像翘翘板的杠杆臂一样将升力放大，并且保持水槽平衡。

每个水槽能装下四艘船，每艘船长达 20 米。

参见：混凝土 p176，米洛高架桥 p182，天空步道 p190

图片：苏格兰的福尔柯克轮

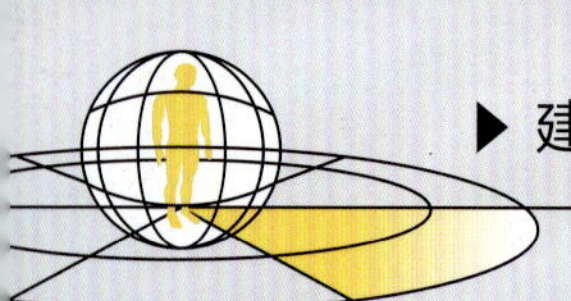

天空步道

▶▶河流像雕刻师一样创作出了美丽的风景，没有什么地方会比北美大峡谷更为壮观。这条深邃的峡谷位于美国亚利桑那州，由科罗拉多河冲蚀而成。想要观赏这道天然奇景，没有比在峡谷上方 1200 米处的玻璃看台上俯瞰更好的方式了。▶▶

天空步道下面的基柱能承载 75 架大型喷气式客机的重量。

图片：开幕日的天空步道

主要特点

悬臂平台

天空步道采用了悬臂式设计，即下面没有支撑但却能延伸到空中，这是由于马蹄形布道的两个末端通过 94 根钢筋嵌在了 14 米深的岩层中。坚固的平台在任何时刻都可以承载 120 个游人。

玻璃地板

路面由非常坚硬的夹层玻璃建成。这种玻璃是由多层玻璃和塑料粘合形成的大约 5 厘米厚的坚固材料。游人观光时必须穿上特制鞋套，以避免在玻璃上留下划痕。

▼ 大峡谷天空步道是一个U型的玻璃平台，平台从大峡谷边缘向外延伸出21米，是世界上最高的人工建筑，能够承受每小时160千米的大风。

▶▶ 参见：混凝土 p176，建筑材料 p178，恢宏的设计 p184

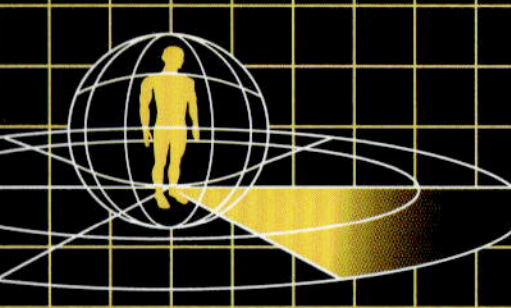

大型建筑

既便于塑形，又有足够的强度支撑巨大的负荷，钢筋和混凝土的出现使建筑工程发生了革命性的改变。有了这些多功能的材料，设计师和工程师们就可以把大胆而美丽的设计大规模地应用到建筑上，这在以前是不可想象的。

最长的吊桥

明石海峡大桥横跨在日本的本州岛和四国岛上，总长 1.99 千米。桥由上方的钢索来固定并能够抵御破坏性的地震。

最大的机场

1983 年在沙特阿拉伯利雅得建成的哈立德国王国际机场，占地面积超过了 15000 个棒球场。它的四个大型航站楼每年能够运送旅客 830 万。

最宽的街道

位于阿根廷首都布宜诺斯艾利斯的七月九日大道，宽 130 米，是这里大部分街道的两倍宽。它有 18 条车道和 3 个绿化带，步行横穿马路需要 10 分钟。大道的名字源于阿根廷 7 月 9 日独立日。

最大的体育场

美国印第安纳州的印第安纳波利斯赛车场可以容纳 25 万多人。如果让所有的观众站成一排，队伍会长达 80 千米。

最大的楼房

位于美国佛罗里达州的美国宇航局飞行器装配大楼，其楼内空间大于世界上任何一个建筑物的空间。为方便航天火箭的进出，它的大门高达 139 米。

▶▶ 参见：建筑材料 p178，恢宏的设计 p184，住所 p234

质量阻尼器

摩天大楼在风中晃动，如果不晃动大楼就会倒塌！在某一方向强劲的风力作用下，晃动会变得更严重，让大楼里的人感到眩晕并对建筑本身产生损害。调谐质量阻尼器可以通过一个可移动的大型重物来减缓这种晃动。

图片： 台北 101 大楼内的调谐质量阻尼器

台北 101 大楼中的质量阻尼器的可移动重物是一个巨大的球体，当大楼晃动时，这个球能沿任何方向摆动，摆幅约为 1m。即使大楼比球重一千多倍，阻尼器仍然可以使大楼的晃动程度减少 1/3。

球安装在大楼内部，由 41 个每层厚度为 12.5 厘米的圆形钢板组成。

当大楼晃动时，由四组钢缆悬吊的球也随之摆动。

球的直径为 6m，重 660 吨，比两个大型喷气式客机还重。

▶ 质量阻尼器悬挂在 509 米高的台北 101 大楼的 87 层和 92 层楼之间。大楼已经成为了一个旅游胜地，四周被餐厅、酒吧、观景台所环绕。

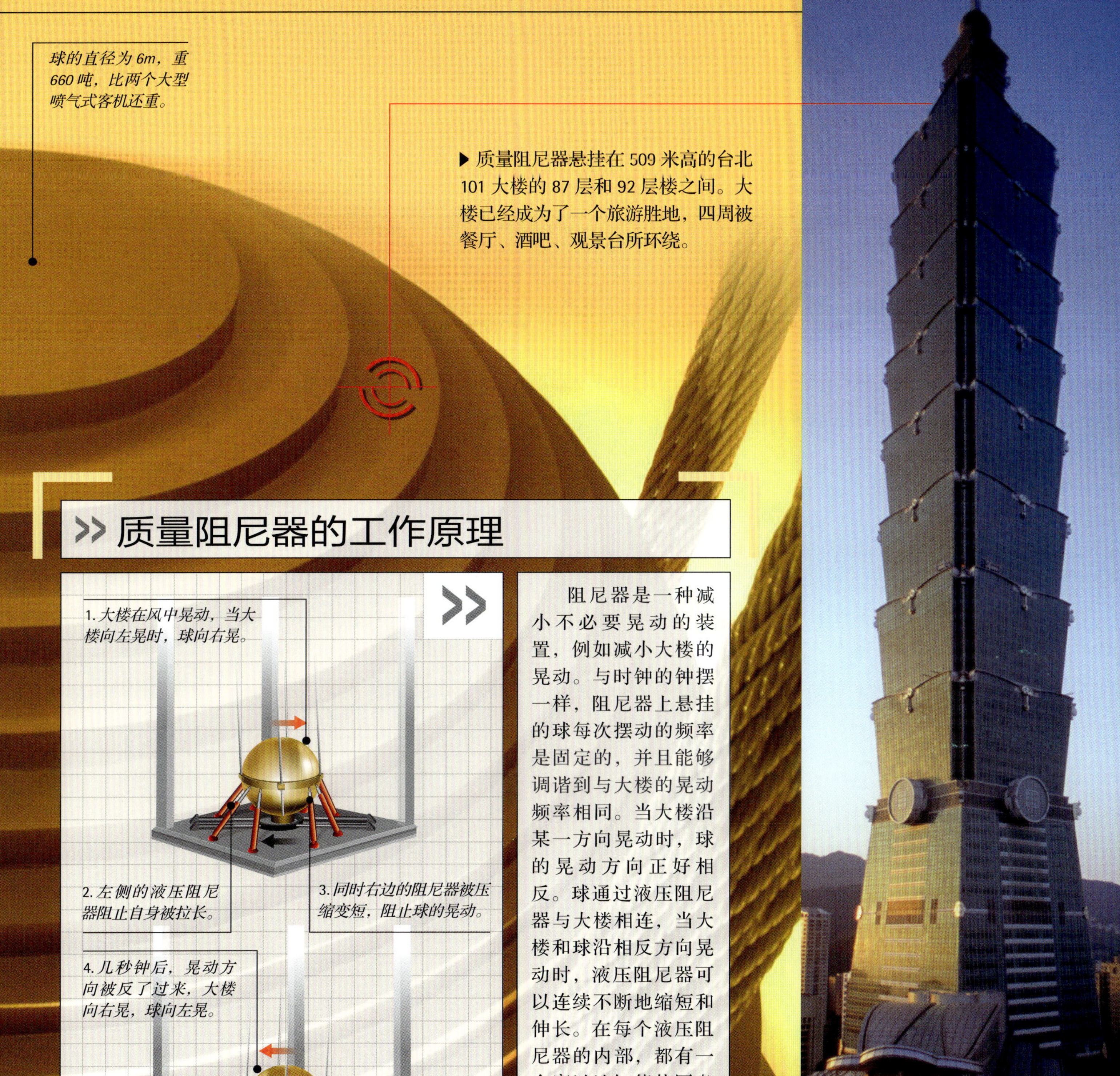

质量阻尼器的工作原理

1. 大楼在风中晃动，当大楼向左晃时，球向右晃。

2. 左侧的液压阻尼器阻止自身被拉长。

3. 同时右边的阻尼器被压缩变短，阻止球的晃动。

4. 几秒钟后，晃动方向被反了过来，大楼向右晃，球向左晃。

5. 左侧的阻尼器被压缩变短。阻尼器的晃动削减了大楼的晃动能量。

6. 右侧的阻尼器阻止自身被拉长。大楼和阻尼器的晃动方向再次发生改变。

阻尼器是一种减小不必要晃动的装置，例如减小大楼的晃动。与时钟的钟摆一样，阻尼器上悬挂的球每次摆动的频率是固定的，并且能够调谐到与大楼的晃动频率相同。当大楼沿某一方向晃动时，球的晃动方向正好相反。球通过液压阻尼器与大楼相连，当大楼和球沿相反方向晃动时，液压阻尼器可以连续不断地缩短和伸长。在每个液压阻尼器的内部，都有一个穿过油缸能使圆盘移动的杆。圆盘通过油缸抵抗推力和拉力时产生的摩擦使大楼晃动幅度减小。

▶▶ 参见：混凝土 p176，建筑材料 p178，大型建筑 p192

完全由镜子组成的发电厂

美国加利福尼亚州的太阳热能发电厂

▲另一种太阳能发电厂利用跟踪太阳镜将阳光反射到安装在塔上的中心圆筒上。圆筒会变得非常热，从圆筒内部管道内流过的油和熔盐也会升温。这些炙热的液体用于将水加热，产生蒸汽，推动涡轮机发电。

◀这个烟囱不排放浓烟，只产生热气。玻璃顶像一个巨大的温室不断地收集太阳能，将其用于发电。由于该发电过程中不需要燃料，只需要充足的阳光，所以欧洲南部和澳大利亚的阳光明媚的地方成为了待建场地。位于西班牙的200m高的太阳能吸收塔的原型已经成功运行了8年。

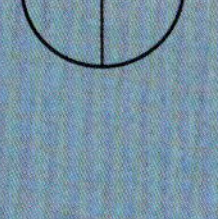

发电塔的工作原理

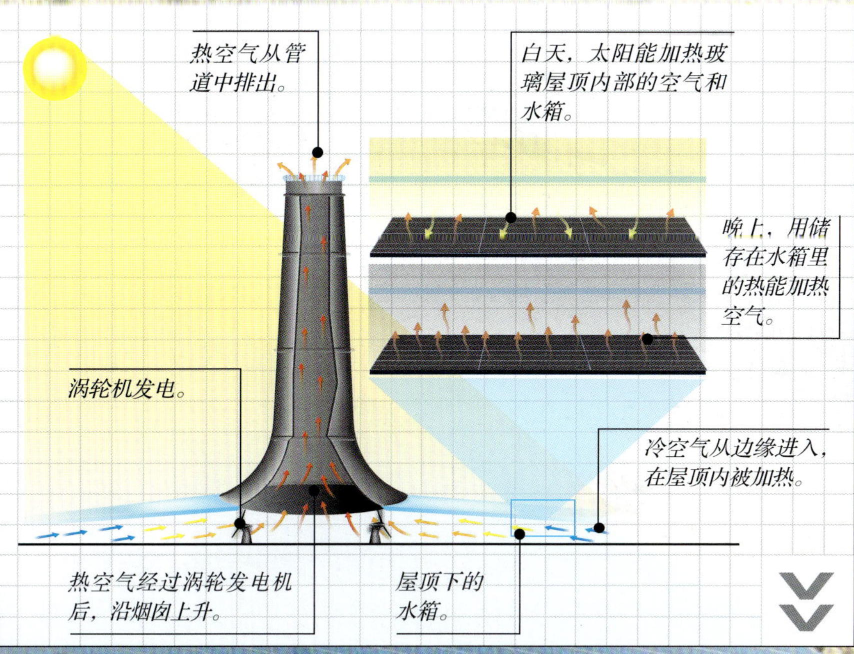

在塔四周的玻璃屋顶区域，阳光透过玻璃使区域内的地表和空气升温。温度最高的空气其密度最小，将沿塔上升。气流通过塔底部的涡轮时，推动涡轮发电。玻璃屋顶的外边界是敞开的，为外界冷空气进入取代热空气提供了条件。屋顶下面的特制水箱白天升温储存热能，晚上水箱放热加热周围的空气，确保夜间的空气流动和涡轮转动发电。

横跨4千米的玻璃屋顶内的空气被太阳能加热。

发电塔

▶▶ 在沙漠深处，一片与城镇大小相当的玻璃区域的中心，一个高为纽约帝国大厦3倍的中空塔拔地而起。这样的发电厂不需要燃料而且不会对环境造成污染。▶▶

▶▶ 参见：风力涡轮发电机 p22，水培法 p28，伊甸园工程 p186

▶ 顶部由两个可移动的顶板组成，上面覆有超过 9290 平方米的半透明防水材料。因为顶板只能部分开启，因此场内的球场也装有轮子和轨道，这样可以移动整个草皮，使其能在露天条件下生长。

体育场屋顶

▶▶ 美国亚利桑那州的凤凰城大学体育场是一项工程壮举，它有一个由计算机控制的可伸缩屋顶。在炎热的夏季，这个拥有 63400 个座位的体育场可以通过关闭顶板保持场内适宜的温度。▶▶

两个顶板从中部打开。

大多数体育馆的屋顶是固定闭合的。

如何打开和关闭屋顶?

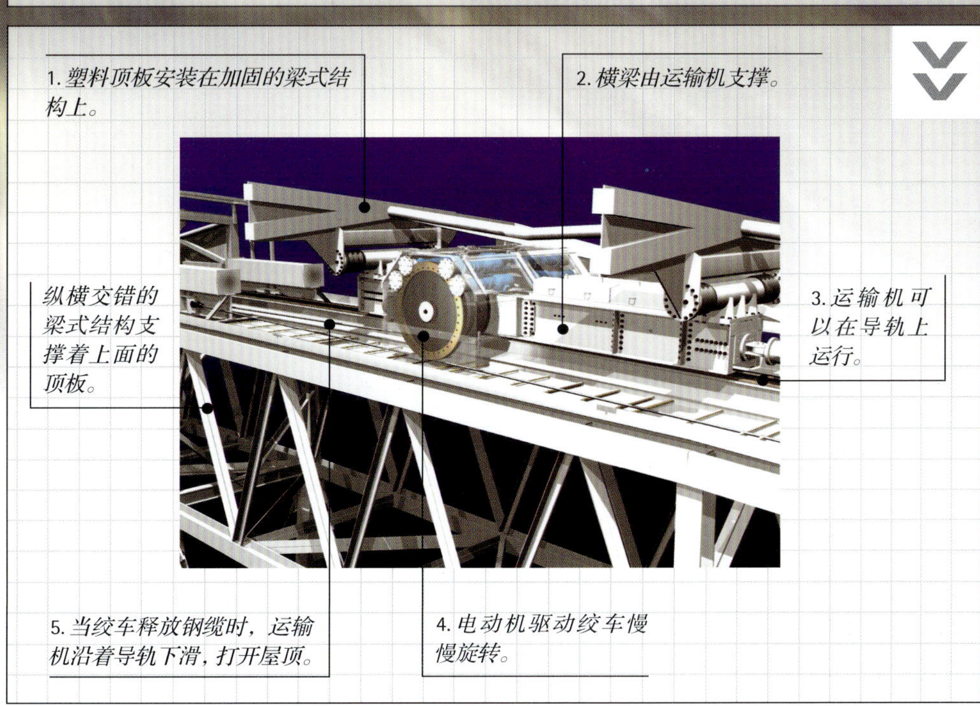

顶板分为两部分，通过滑动实现开启和关闭。顶板每部分都装有轮子，能在导轨上滑行。导轨轨迹是一个巨大的弧线，贯穿整个体育场。顶板的开合由其下方的电动绞车控制。牢固的钢缆从绞车延伸到体育场中部。当绞车运行时，会慢慢地释放钢缆。顶板由于自重沿着导轨向下移动，使屋顶打开。当绞车收绕钢缆时，屋顶又会闭合。整个过程通过计算机协调。

▶▶ 参见：鹰眼 p88，恢宏的设计 p184，天空步道 p190

微型机器

▶▶ 微型机器的尺寸非常小，数量级在微米（百万分之一米）和毫米（千分之一米）之间。从汽车轮胎上的压力传感器到最先进的照相机中快速移动的镜片，微型机器在许多技术领域都有广泛的应用。▶▶

▶ 这只苍蝇的眼镜是用最先进的微型规模制造工艺制作的。该眼镜是用脉冲激光从一片薄钨金属片上切割下来的。

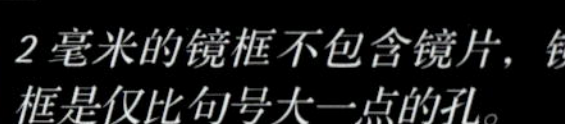

2 毫米的镜框不包含镜片，镜框是仅比句号大一点的孔。

>> 制作微型机器

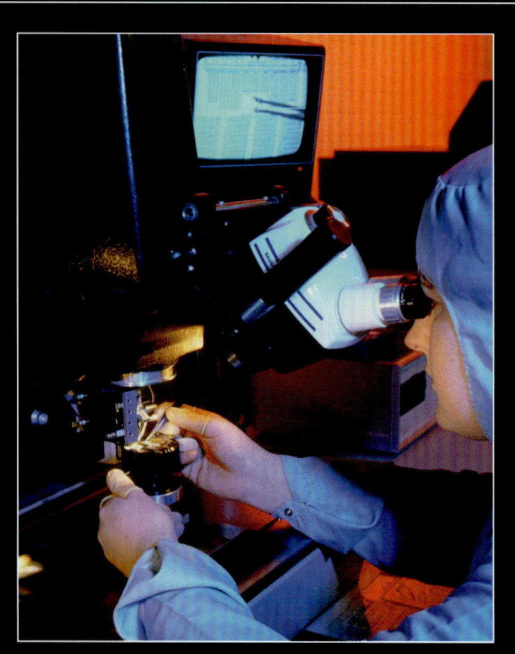

微型机器或微电子机械系统可以用激光切割制成，其中最复杂的部分是用硅元素制成的。制作微型机器时，需要一次将多层硅片重叠在一起。大部分微型机器约有六层硅片，每层只有几微米厚。在每层硅表面上都标记着该层的正确形状，形状以外的不需要的硅会用化学方法将其溶解。制作过程还需要一台功能强大的显微镜，通过它给每个微型机器安装微电线。

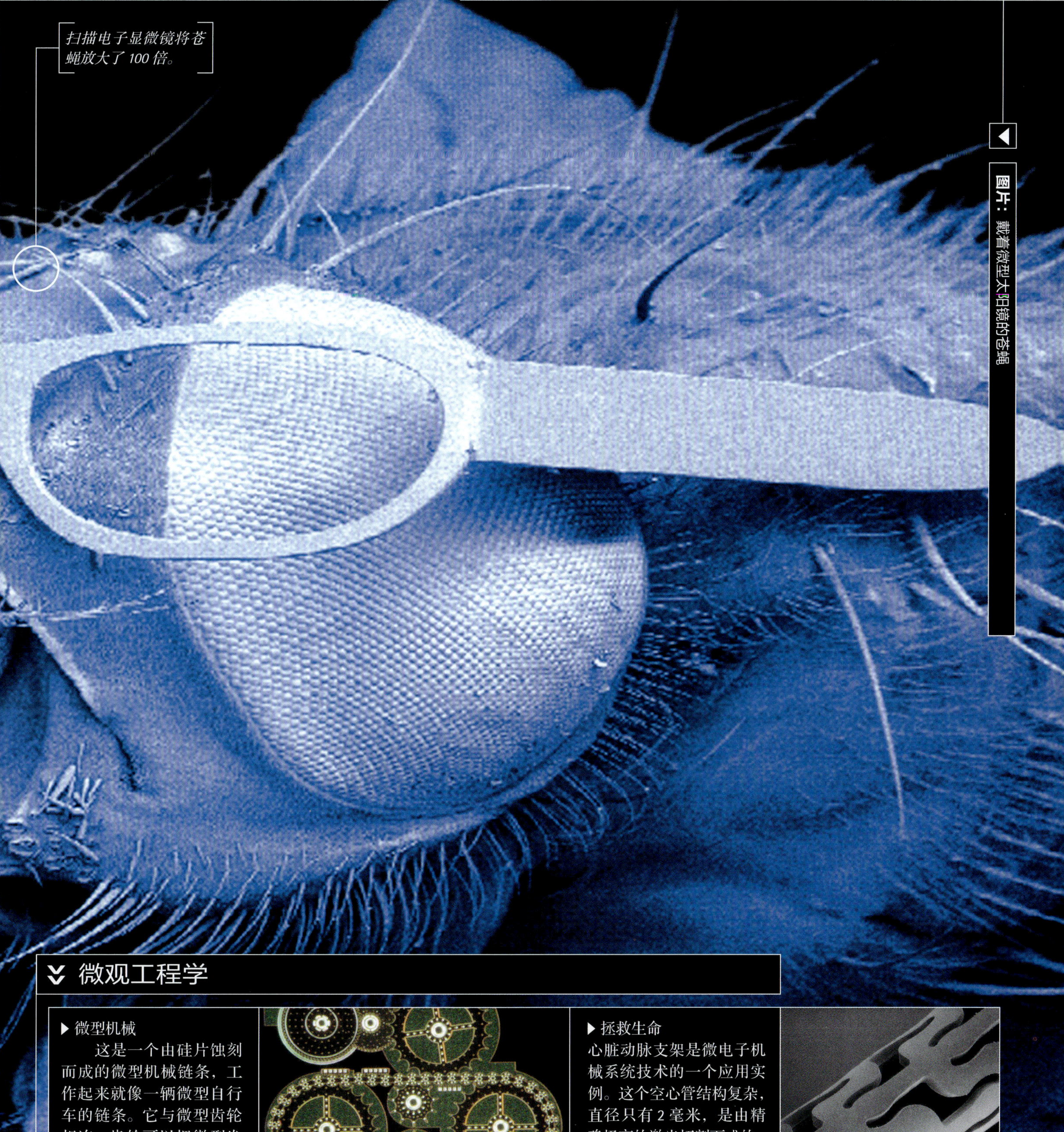

扫描电子显微镜将苍蝇放大了 100 倍。

图片：戴着微型太阳镜的苍蝇

微观工程学

微型机械

这是一个由硅片蚀刻而成的微型机械链条，工作起来就像一辆微型自行车的链条。它与微型齿轮相连，齿轮可以把微型发动机的能量传送到需要能量的地方。链条的连接部位比人的头发丝还要细。

微型链条和齿轮

拯救生命

心脏动脉支架是微电子机械系统技术的一个应用实例。这个空心管结构复杂，直径只有 2 毫米，是由精确极高的激光切割而成的。

动脉支架

参见：人工视网膜 p34，集成 p56，显微镜 p162

▶▶ 参见：超级市

激光切割

激光切割超强凯夫拉尔纤维

▶ 切割激光能使各种坚硬材料蒸发、熔解或燃烧。激光产生的能量集中在一个很小的区域内，计算机控制达到很高的切割精度。从喷嘴里不断喷出的气流将切割区域周围熔化的废料和其他废弃金属清理干净。

激光

▶▶ 过去，激光只在科幻小说里出现过。如今在摇滚音乐会上、DVD 播放器中以及外科医生的手中都会用到激光，它已经成为人们生活中的一部分。激光将细小的强光束集中在某一小区域内，利用它的能量和精确度对金属及其他材料进行切割。▶▶

▲ **图片：**激光表演

红宝石激光器的工作原理

激光器通过将能量射入棒状的红宝石晶体来产生高能红色激光。红宝石晶体周围的闪光玻璃管将能量射入红宝石晶体。红宝石原子吸收能量后变得不稳定，但在发射出光子后又会回到稳定状态。释放出的光子在两端的反射镜间来回反弹，使红宝石发射更多的光子，最终形成高能激光束。

◀俱乐部或音乐会上会用壮观绚丽的激光表演来吸引观众。每种激光器能发出特定颜色的激光，其他颜色的激光可用两种或三种不同颜色激光混合而成。计算机控制由电机驱动的镜面，使激光的方向随着音乐发生改变。

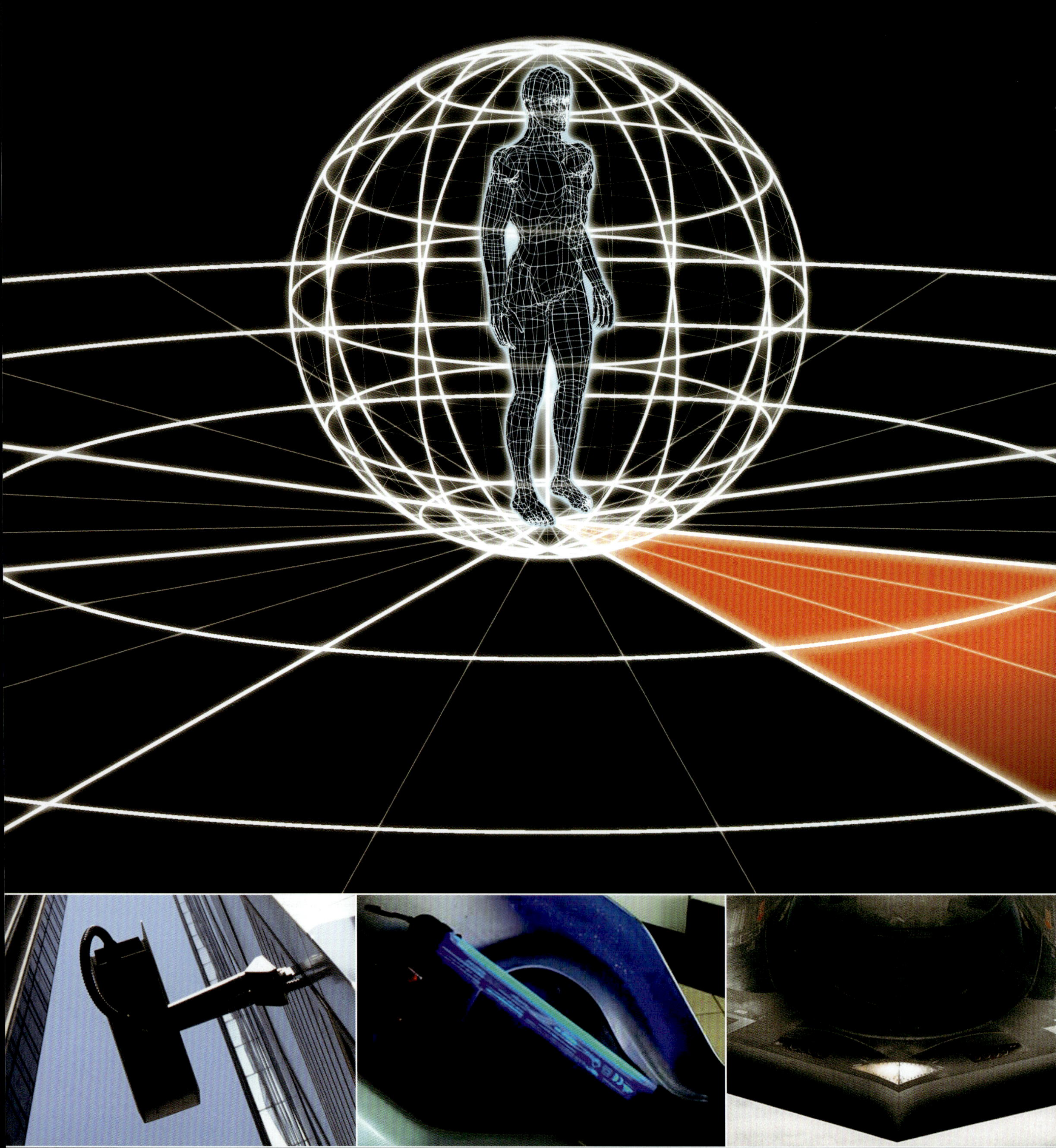

» 保护

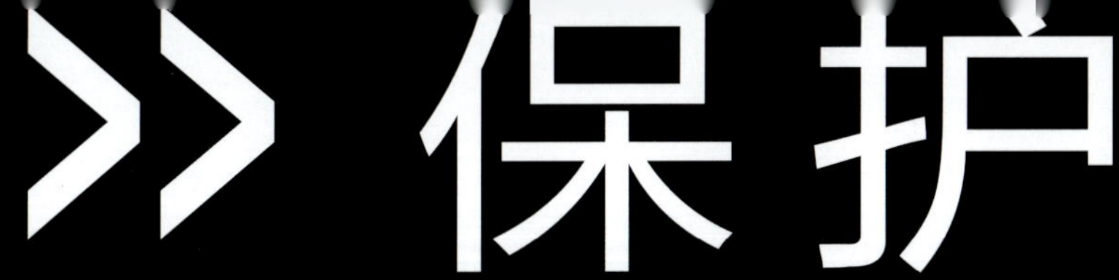

钞票 »生物特征辨识 »机场安全 »侦察 »防盗微粒 »隐形 »弹射座椅 »凯夫拉尔纤维 »防护服 »自给式水下呼吸器 »灭火器 »眼镜 »生命吸管 »住所 »灯塔 »海啸警报 »防洪大坝

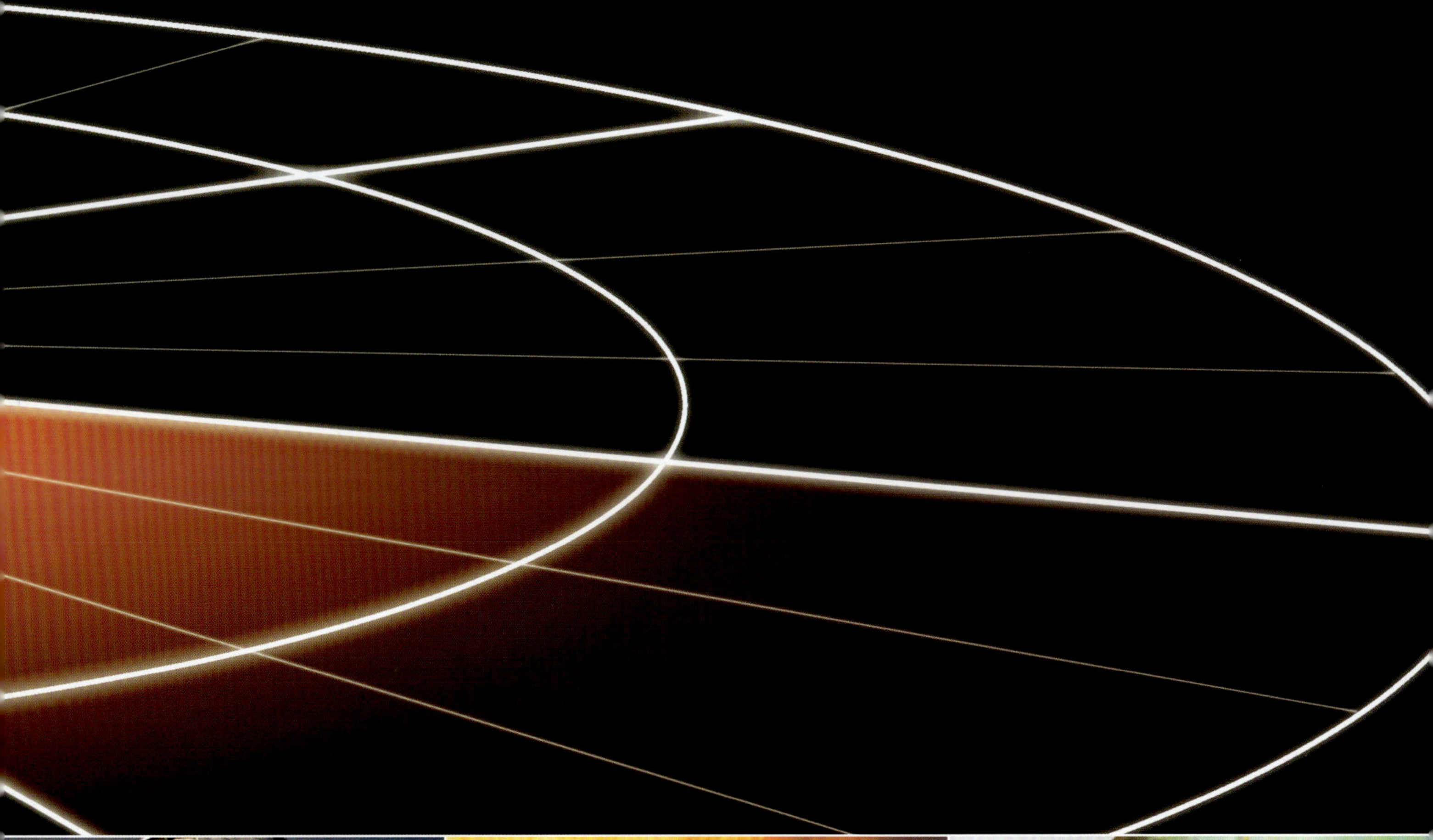

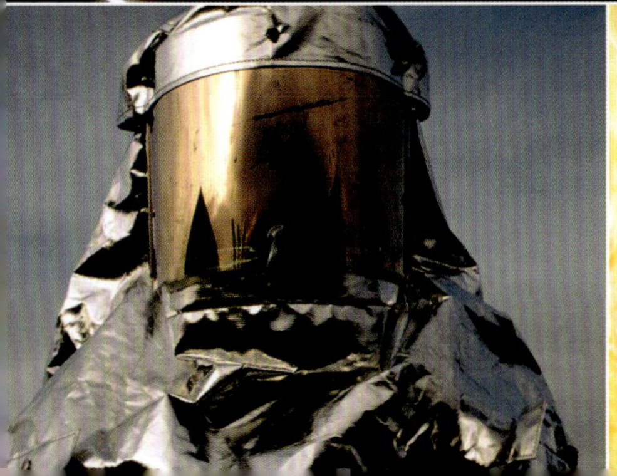

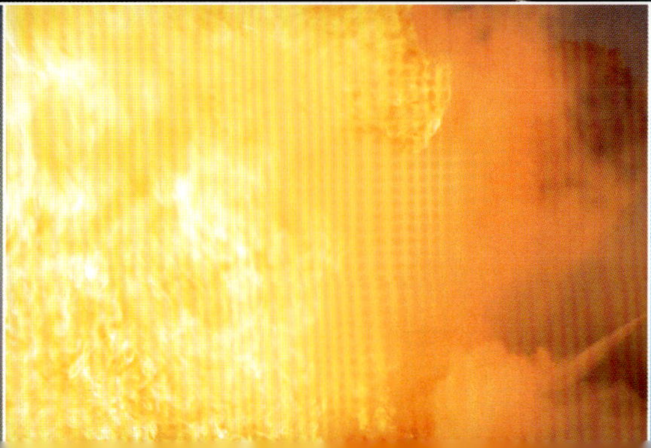

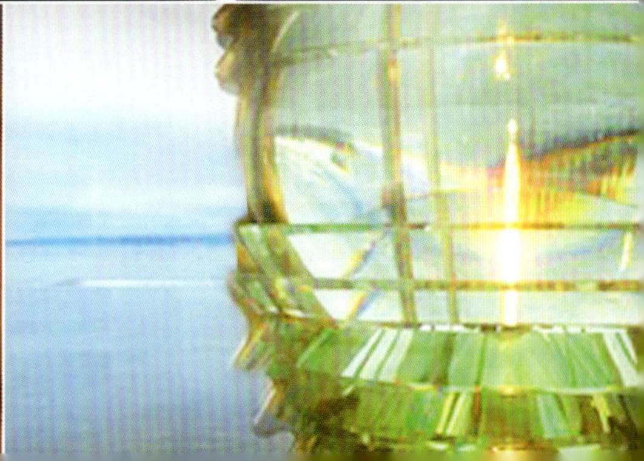

你能看见正前方有什么吗？ p230

▶▶ 几乎对于每一种危险，都有一项发明保护我们免受伤害。我们的身体不能抵御大火，但是铝制的衣服能带我们安全地通过火焰。若超音速飞机坠毁，乘务人员将会遇难，但是如果飞机装有弹射座椅，它会把里面的人员弹射出飞机。新的威胁不断在犯罪、恐怖主义和自然灾害中出现，但科技也在随之发展。各种智能设备的发明可以帮助我们发现危险，远离伤害。▶▶

为什么把星星放在你口袋里？ p208
这里隐藏了什么？ p218
你能理解这些吗？ p214

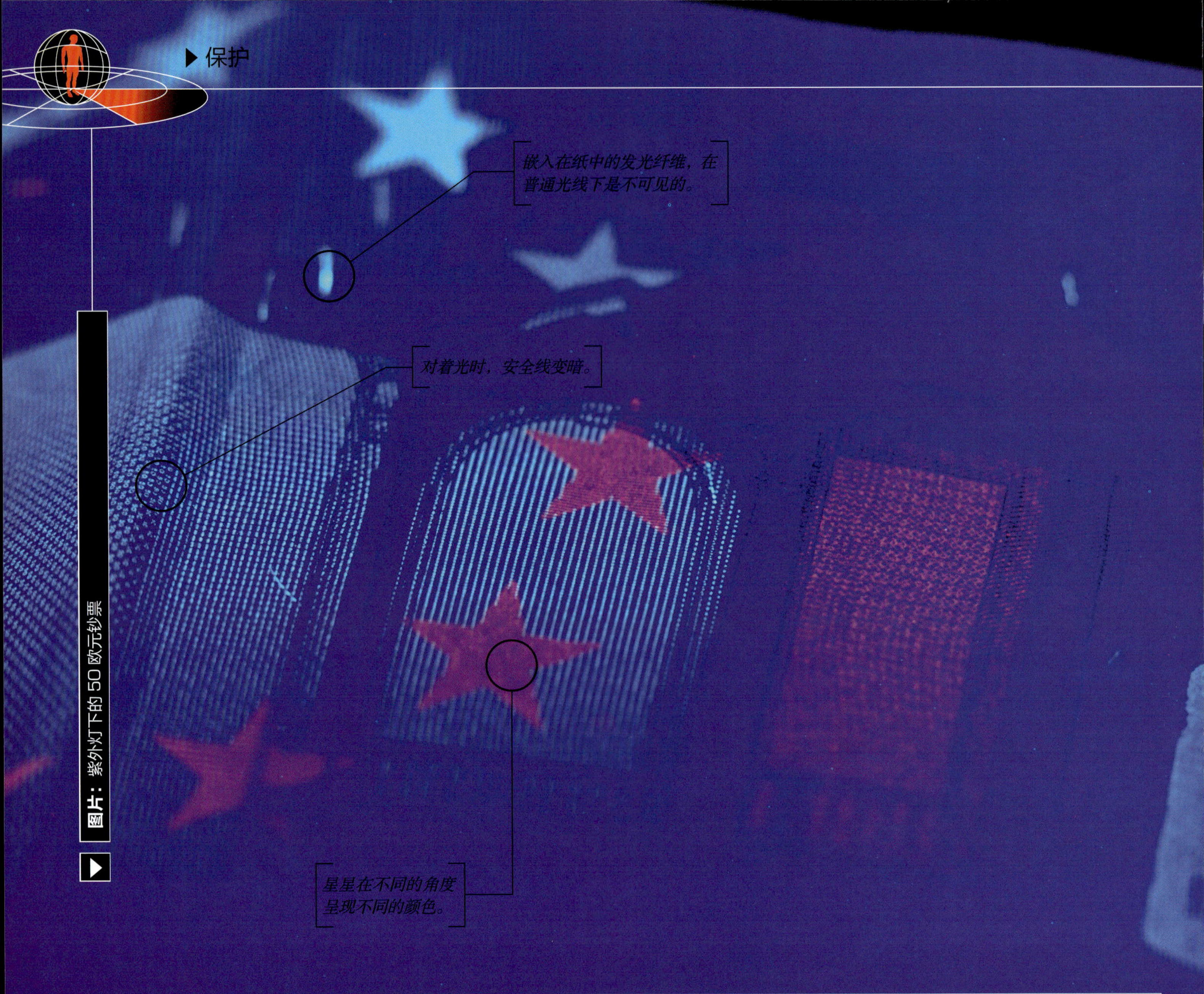

嵌入在纸中的发光纤维，在普通光线下是不可见的。

对着光时，安全线变暗。

星星在不同的角度呈现不同的颜色。

图片：紫外灯下的 50 欧元钞票 ▶

◀这张 50 欧元的钞票上有荧光墨水，只有在紫外灯照射下才能看见上面的荧光印记。为了防止通过影印制造假钞，钞票上还有许多防伪标记。可以通过观察钞票上的图案、感觉纸质和倾斜钞票检查全息图等方式来辨别钞票的真伪。

打击货币伪造者

▼ 伪造

不仔细看的话，下图右边的欧元假钞似乎与左边真的钞票没什么差别。假钞问题一直在困扰着银行，银行不断地改变钞票的设计，力争在与假钞的较量中领先一步。

具有高安全性的墨水

▼ 硬币

硬币是用金属浇铸而成的，制造相对困难和昂贵，所以它们比纸币更安全。硬币制造时重量控制得很精确，因此难以在自动售货机上使用假硬币。

假钞

▲ 特殊墨水

有些钞票是用光学变色油墨印刷的，这种墨水能随着光线变换改变颜色。倾斜一张 50 欧元的钞票时，印刷在背面的“50”会从紫色变成绿色。

100日元硬币的特写

▶▶ 参见：超级市场 p30，生物特征辨识 p210，防盗微粒 p216

钞票

▶▶ 世界上多数财富并不是锁在银行的金库里，而是作为纸币自由地流通。为了防止伪造者制造假币，有些钞票上运用了 15 种不同的高科技防伪手段。▶▶

全息图像包含由点组成的隐藏图片，当钞票倾斜时会发生变化。

钞票下边缘有为盲人提供的可触摸盲点，帮助他们识别钞票。

>> 防伪措施

钞票的设计目的是为了达到最大程度的安全性。钞票印刷在棉质的纸上，摸上去会感到脆而且平滑，不会太薄或太柔软，同时里面编织着彩线或金属线。用特殊墨水印制的螺旋图案与全息图像和水印结合在一起。

樱花

面额

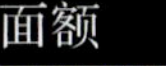

银行标识

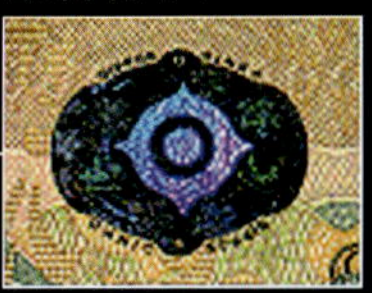

当你把一张钞票倾斜时，有着金属质感的全息图案看上去在旋转而且会改变颜色。

水印

在钞票中间同样可以看见名人的水印头像。

立体印刷

与假币不同，立体的印刷技术能让人触摸到钞票上的文字。

细微印刷

如果是假钞，螺旋图案和纹理会比较模糊。

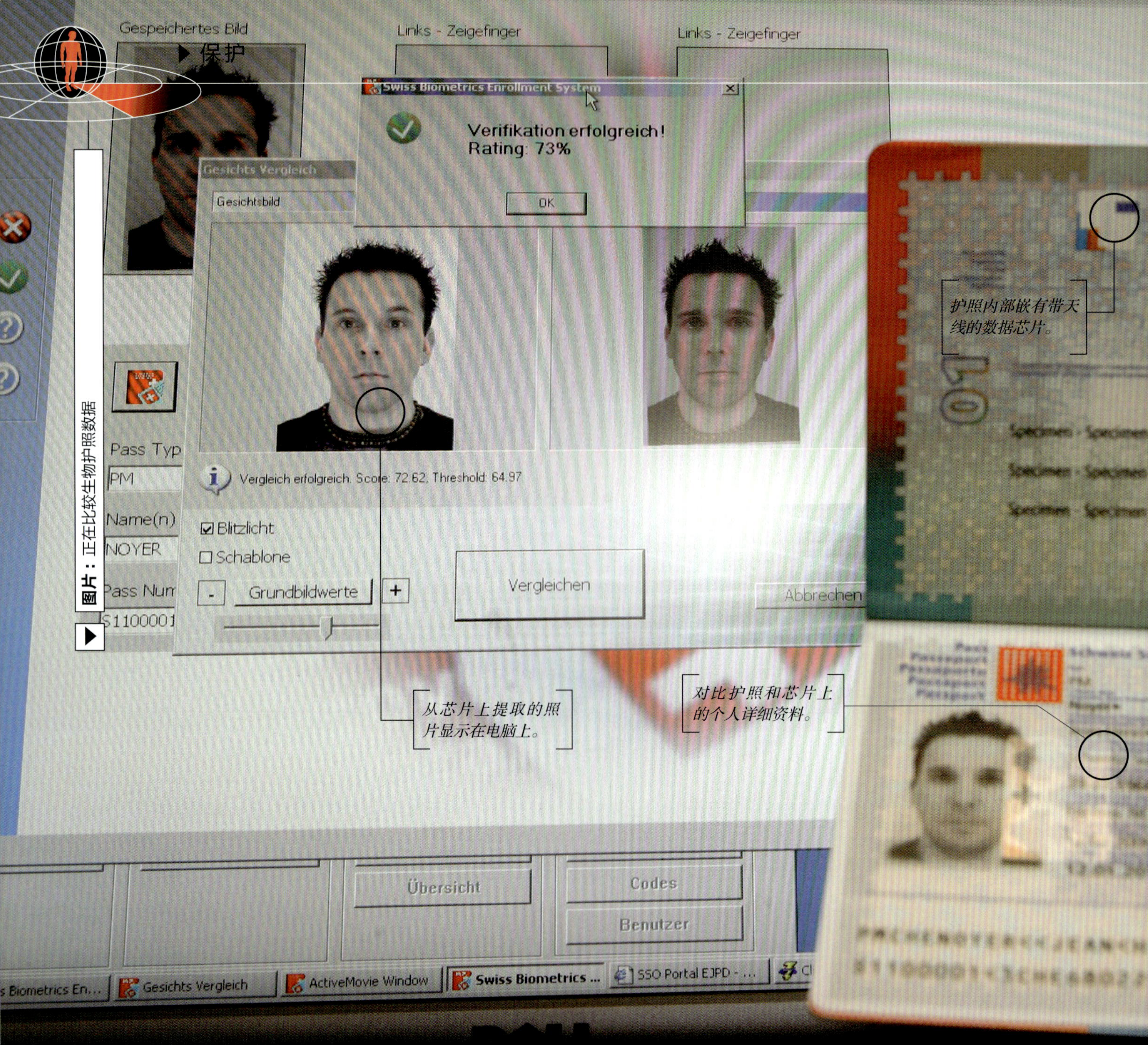

图片：正在比较生物护照数据

生物特征辨识

现在世界上许多国家为了防止身份的盗用和伪造，发行了内置芯片的护照和身份证，上面的信息能通过电子设备读取。这些芯片不但包含文档类的信息，而且还能保存生物特征数据，即鉴定一个人的物理身份信息，例如眼睛和指纹数据。

▶▶ 参见：机场安全 p212，侦察 p214，防盗微粒 p216

» 生物特征数据

面部识别

电脑能从照片中读取个人的面部细节信息，并标识出面部细节主要特征点，再计算出特征点之间的距离。这些数据能和芯片里的照片或储存在中央数据库里的照片相比较。

指纹

每个人的指纹图案都是唯一的。光学或压力感应扫描仪可以读取指纹图案，并通过数据库查找相应的身份信息。在有些地方，可以用指纹确定身份的方式支付你所购买的东西。

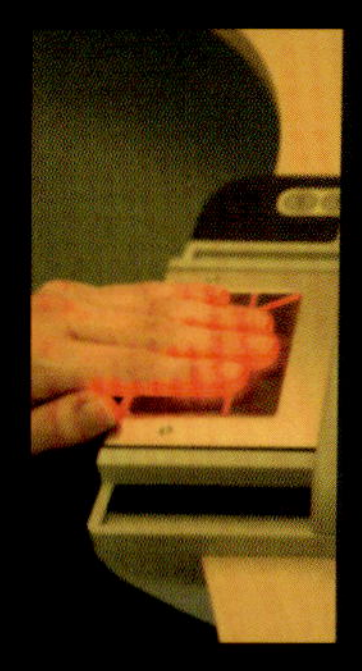

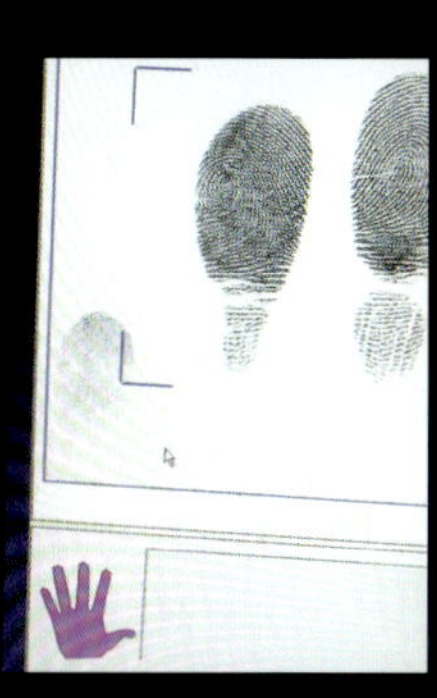

虹膜扫描

每个人的虹膜里的斑点和线条图案都不同，虹膜就是眼睛里有色的部分。甚至同一个人的两只眼睛也是不一样的。虹膜里的图案可以被拍摄并转换成唯一的数字编码，用以确定身份。

用光电扫描仪阅读原始数据。

▲芯片的数据能通过电脑无线阅读，将个人护照上的详情和芯片的数据相比较，来核查护照上的印刷信息是否被更改。同时也能检查到芯片上的数据是否被非法更改。

护照芯片

▶生物特征护照里面有一块数据芯片，芯片比手指甲还小，与细铜线制成的天线相连。它使用的无线电识别技术与智能卡、商店无线标签上的相同。芯片能用无线电进行扫描。有些护照有金属护罩来防止未经许可的扫描。

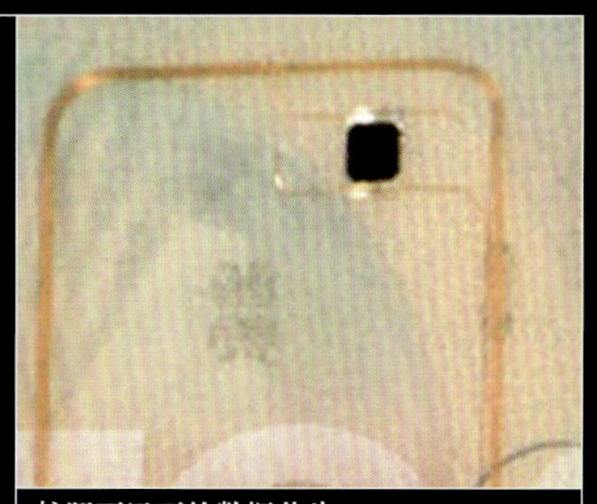

护照页里面的数据芯片

机场安全

▶▶ 手提箱里装的是什么？一本书还是一个炸弹？每年有超过 6 亿的旅客通过世界上最繁忙的十大机场。幸亏有了新型的机场扫描仪，每分钟能检查 400 个手提箱。▶▶

图片： 手提袋里的物品

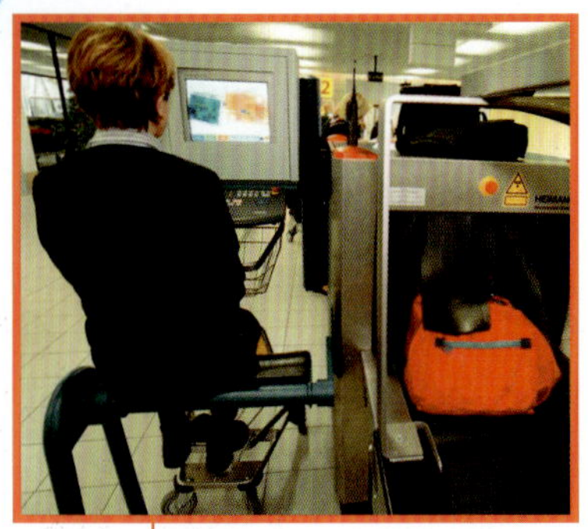

◀ 在大多数机场，每件行李都必须经过 X 光检测机的检测。包内物品透明的照片（如下图）出现在安全工作人员面前的显示器上。部分 CT（计算机断层扫描技术）扫描仪能识别爆炸物。

皮制的把手反射部分 X 射线，显示出袋子的轮廓。

太阳镜清晰可见，因为 X 射线能通过透明的塑料透镜。

钥匙显示为黑色阴影，因为 X 射线不能透过金属。

X 射线无法对液体进行识别，但是 CT 扫描能判断出这不是危险物品。

>> X 射线扫描仪原理

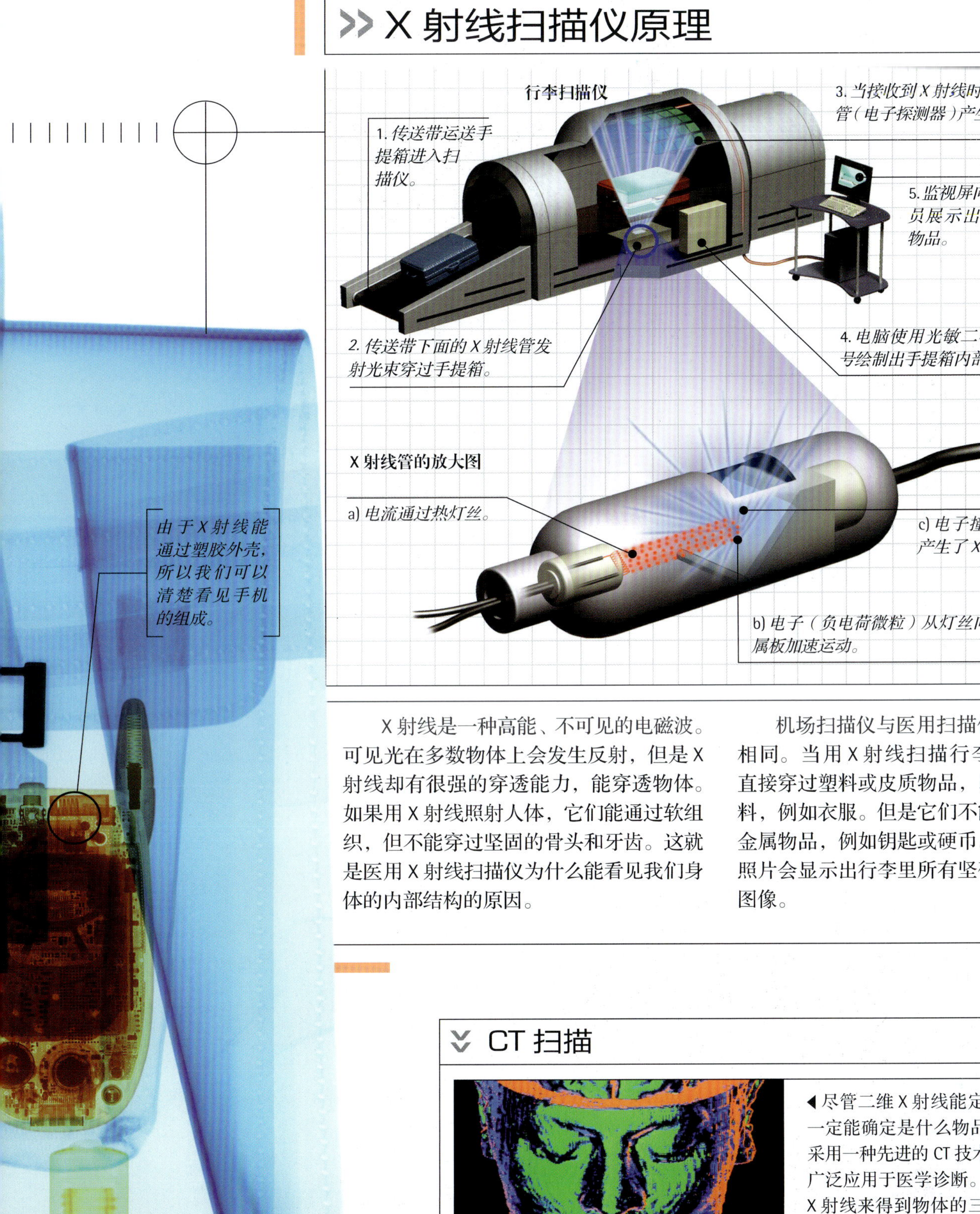

X 射线是一种高能、不可见的电磁波。可见光在多数物体上会发生反射，但是 X 射线却有很强的穿透能力，能穿透物体。如果用 X 射线照射人体，它们能通过软组织，但不能穿过坚固的骨头和牙齿。这就是医用 X 射线扫描仪为什么能看见我们身体的内部结构的原因。

机场扫描仪与医用扫描仪的工作原理相同。当用 X 射线扫描行李时，它们能直接穿过塑料或皮质物品，以及任何软材料，例如衣服。但是它们不能穿透坚固的金属物品，例如钥匙或硬币。所以 X 射线照片会显示出行李里所有坚硬物品的阴影图像。

CT 扫描

人类脑部的 CT 扫描图

◀ 尽管二维 X 射线能定位可疑物品，但不一定能确定是什么物品。新的机场扫描仪采用一种先进的 CT 技术进行扫描，CT 技术广泛应用于医学诊断。CT 扫描采用旋转的 X 射线来得到物体的三维图像，并能精确测量出物品的密度。

▶▶ 参见：生物特征辨识 p210，侦察 p214

侦察

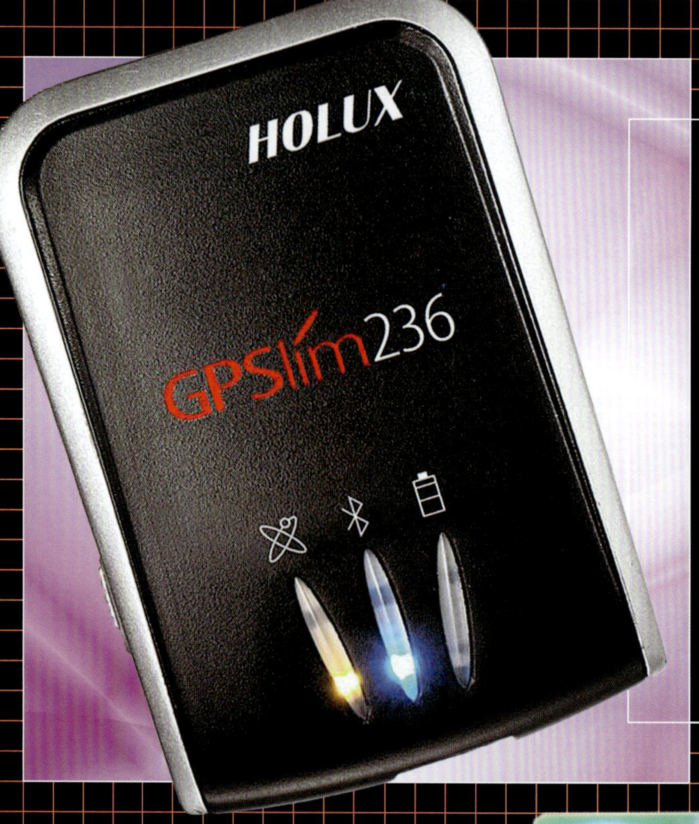

跟踪器

这款微型跟踪器体积比火柴盒还小，容易隐藏在疑犯的车辆中。用GPS（全球定位系统）卫星能计算出每一秒车辆所在的位置并通过无线蓝牙发送到计算机上。使用这样的跟踪器不需要派人上路追踪就能自动监控车辆的位置。

针孔相机

这种数码相机只有钮扣大小，上面有一个比铅笔芯还小的针孔光圈。它能隐藏在任何地方拍照或拍摄视频图像，比如在房间里，甚至在人的衣服里。相机镜头下面安装了一个功能强大的用来录音的微型麦克风。

由于电子设备的体积不断变小，侦察活动变得越来越简单。现代微芯片能在指甲大小的面积里合成超过5亿个晶体管（电子开关）。这意味着摄像机、追踪器和收听设备比以前体积更小、功能更强大、更容易隐藏。

收听设备

这款灵敏的电子耳用一个小的弯曲的圆盘就能捕捉到 90 米外的声音。手柄里的放大电路能扩大音量，通过耳机播放声音，或把声音储存在内置的数码存储器里。

手表相机

侦探总会把相机藏在日常物品里，例如这个看起来很普通的数码手表。它能储存 100 张照片并通过无线将它们发送到电脑上。

监控摄像机

全世界有超过二千五百万的闭路电视摄像机在监视我们的行动。最新的摄像机将数码图像记录在电脑硬盘或数字化视频光盘里面。通过互联网，摄像机能监视世界上任何一个地方。

参见：蓝牙 p50，夜视仪 p160，生物特征辨识 p210

这个被放大的防盗微粒只有一粒沙子那么大，很难被发现。

防盗微粒

设想一下为贵重物品系上数千个标签来防止被偷，这几乎是不现实的。而如果标签几乎是不可见的，那么标签就不可能被全部拿走，比如采用了激光微刻蚀技术的防盗微粒。

SV-AUS-HSV
891-6GH8VY
SV-AUS-HSV
86891-6GH8
SV-AUS-HSV-A
-6GH8VYK69F
SV-AUS-HSV
05-6GH8VYK
HSV-AUS-HS
GH8VYK69F
US-HSV-A
GH8VYK

图片： 放大的防盗微粒

防盗微粒的作用

与胶水混合的数千个防盗微粒被喷洒在这辆汽车的重要组件上。如果不用专门的照明设备观察，这些微粒看上去就像污点或锈。汽车上有非常多的微粒，即使有人想把它们刮除，但也不可能全部刮净。小偷经常通过伪造车牌号或更换汽车识别码来改变被偷车辆的身份，这样他们就能更容易将汽车卖掉。但警察只要在汽车上只找到一颗微粒，他们就能用它发现汽车原来的身份。

◀摩托车上数百个防盗微粒在紫外线照射下发光。普通光照射时很难发现它们。每个防盗微粒都用激光刻上了唯一的号码。附有防盗微粒的任何物品都能找到它的拥有者或制造者。微粒上的号码和中央数据库中所有者的号码相匹配。由于物品能够被识别出来，所以小偷们不太可能去偷带有防盗微粒的东西。

▶▶参见：显微镜 p162，钞票 p208，生物特征辨识 p210

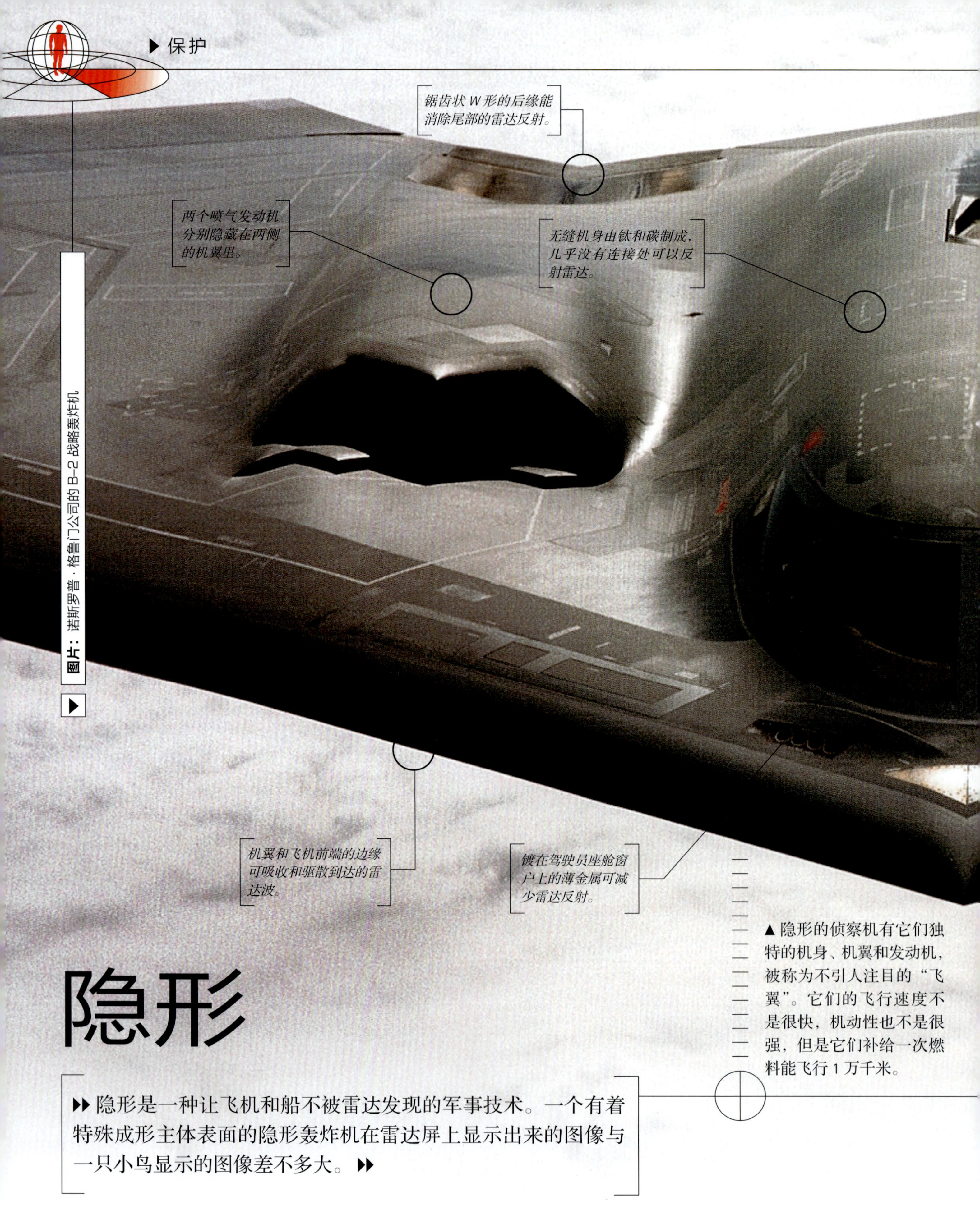

图片：诺斯罗普·格鲁门公司的 B-2 战略轰炸机

▲ 隐形的侦察机有它们独特的机身、机翼和发动机，被称为不引人注目的“飞翼”。它们的飞行速度不是很快，机动性也不是很强，但是它们补给一次燃料能飞行 1 万千米。

隐形

▶▶ 隐形是一种让飞机和船不被雷达发现的军事技术。一个有着特殊成形主体表面的隐形轰炸机在雷达屏上显示出来的图像与一只小鸟显示的图像差不多大。▶▶

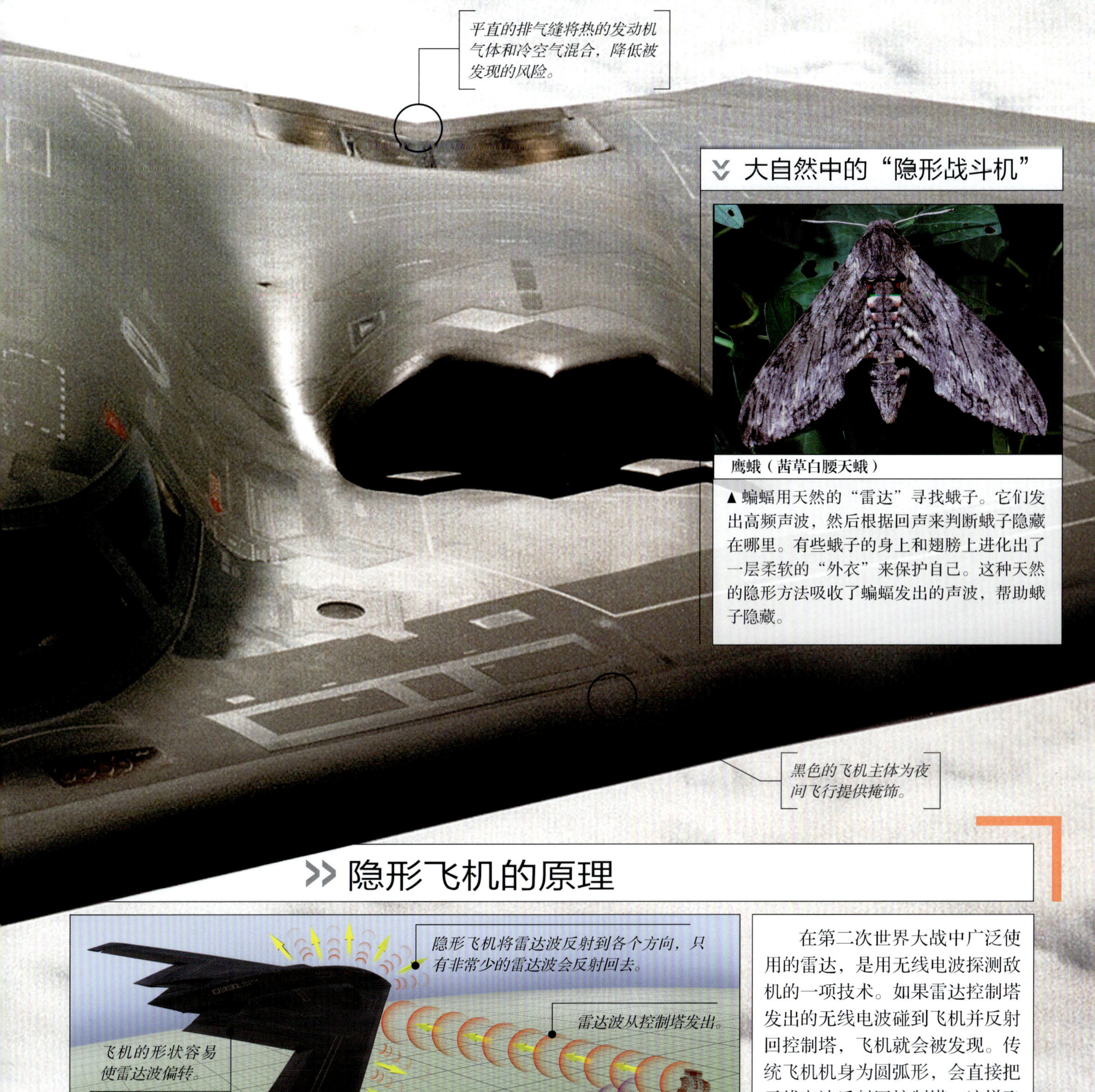

大自然中的“隐形战斗机”

鹰蛾（茜草白腰天蛾）

▲蝙蝠用天然的“雷达”寻找蛾子。它们发出高频声波，然后根据回声来判断蛾子隐藏在哪里。有些蛾子的身上和翅膀上进化出了一层柔软的“外衣”来保护自己。这种天然的隐形方法吸收了蝙蝠发出的声波，帮助蛾子隐藏。

隐形飞机的原理

在第二次世界大战中广泛使用的雷达，是用无线电波探测敌机的一项技术。如果雷达控制塔发出的无线电波碰到飞机并反射回控制塔，飞机就会被发现。传统飞机机身为圆弧形，会直接把无线电波反射回控制塔，这样飞机会马上在雷达上显示出来。但是隐形战机扁平、有棱角的机身能散射或吸收雷达波，让雷达无法发现飞机的踪影。

▶▶ 参见：模拟器 p70，无声飞行 p126，太空飞船一号 p148

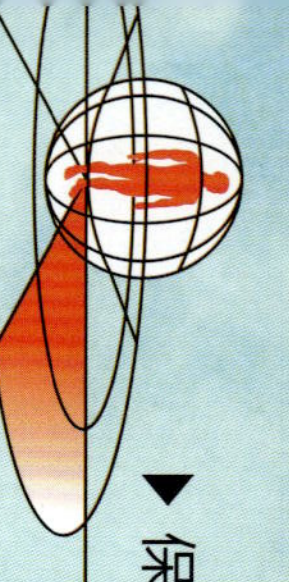

▼ **图片：**飞机驾驶员被弹射出飞机

>> 弹射座椅原理

弹射座椅是具有火箭动力的座椅，在飞机要坠毁时帮助飞行员安全逃离飞机。当驾驶员决定要逃离时，就会拉动座椅下的安全手柄，在驾驶舱上方的逃生舱门立即打开。座椅下的火箭点燃后，先弹射出领航员，之后弹射出飞行员（避免他们在半空中相撞）。弹射座椅的火箭有着非常强大的能量，飞行员从 0 加速到每小时 260 千米只需要四分之一秒（比跑车快 100 倍），受到的力超过 20G（20 倍地心引力）。半秒之后，火箭关闭。降落伞打开，乘员安全降落到地面。

1. 飞行员拉动手柄准备逃脱，座舱遮篷被打开。

2. 火箭发动机点火，座椅上升。

3. 当飞行员完全离开飞机时，降落伞打开。

4. 安全带解开，飞行员与座椅脱离。

5. 降落伞充分地打开，飞行员慢慢地降落到地面上。

遮篷被炸成微小的碎片，即使逃生人员碰到这些碎片也不会受伤。

增压服保证飞行员体内血液的正常流动，防止在极限加速期间血液停止流动。

弹射座椅

▶▶ 喷气战斗机以超过 2000 千米 / 时的速度在天空中呼啸飞行，比一级方程式赛车还要快 6 倍。当喷气战斗机要坠毁时，火箭推动的弹射座椅能在 4 秒内把飞行员弹射出飞机座舱，使飞行员能安全降落。▶▶

在领航员安全地弹射出去之前，飞行员仍在驾驶舱中。

◀弹射座椅的火箭点燃只持续半秒。这个时间内刚好能把飞行员弹射到飞机外。

▶▶ 参见：空中悬浮 p86，特技飞行 p128，失重飞机 p140

图片：应用于工业的凯夫拉尔纤维手套

▼凯夫拉尔手套能使手远离各种危险材料。凯夫拉尔纤维难以被割破，能抵抗化学伤害，并且不会导电。

凯夫拉尔纤维

▶▶凯夫拉尔纤维是一种神奇的人造材料。它柔软质轻，强度是钢铁的5倍。它被用于制造非常坚韧的设备，例如护身盔甲、防电锯工作服、战舰停泊时用的缆绳、防扎自行车轮胎等。▶▶

◀制造这副手套的凯夫拉尔纤维，能添加到专门的油漆和涂料中，使涂漆外层坚韧。凯夫拉尔纤维也能和其他物质组合，例如与塑料组合后能制造出集两种材料优点于一体的合成材料。

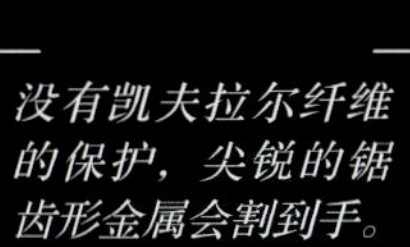

没有凯夫拉尔纤维的保护，尖锐的锯齿形金属会割到手。

≫ 凯夫拉尔纤维的原理

柔软的丝线

凯夫拉尔纤维是一种高分子化合物，由非常强韧的长分子排列组成。因此，凯夫拉尔纤维能被拉长成柔软并且能用于编织的丝线。

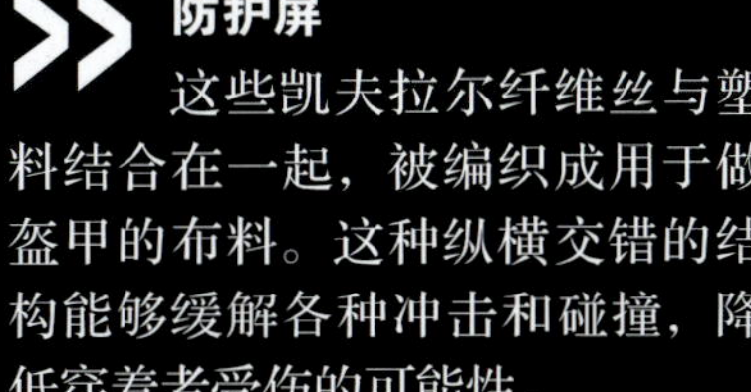

防护屏

这些凯夫拉尔纤维丝与塑料结合在一起，被编织成用于做盔甲的布料。这种纵横交错的结构能够缓解各种冲击和碰撞，降低穿着者受伤的可能性。

▶▶ 参见：生物塑料 p26，建筑材料 p178，灭火器 p228

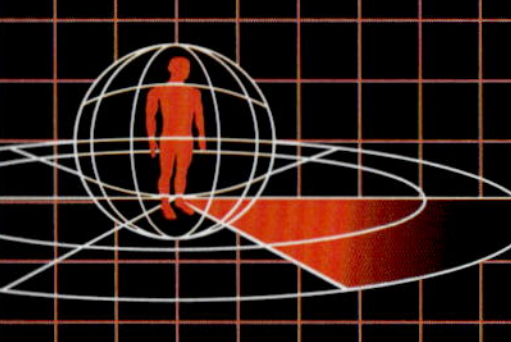

防护服

人类的皮肤平滑、柔软、持久、能自然修复，是一种令人惊奇的物质，但面对现代社会的各种危险，皮肤还不足以为我们提供完全的保护。使用特殊的塑胶、布料和橡胶制成的各种防护服，能在我们面对子弹、爆炸、化学物质和大火，甚至是进入太空时，提供所需要的保护。

法医工作服

法医科学家们穿着一次性工作服，这种工作服由抗撕裂的高密度聚乙烯纤维制成，像纸一样轻，像纺织物一样柔制。穿戴上这样的面罩、橡胶手套和衣服，会避免调查人员在检查时把证物弄脏。

太空服

这些厚重的太空服是为航天员设计的，用于太空行走时穿着。它们不只是太空外套，每件衣服都包含一个完整的生命支持系统，系统包括氧气包和电池组。太空服里面温度很高，宇航员必须穿上含有内置冷却导管的特殊内衣。

抗高温保护服

消防员是世界上最艰苦的职业之一。他们穿的保护服由碳纤维制成，外部衣料是铝，能反射热量并保证衣服里面消防员的安全。保护服能经受住高达 500 摄氏度的火焰温度，这比燃烧中的木头、油、煤炭的温度更高。

化学防护服

这种化学防护服由两层丁基橡胶（橡胶的一种）制成，两层丁基之间是碳纤维，防护服就像一个全身覆盖的橡胶手套。发生突发事件时，安装在内部的呼吸设备能使人在安全的环境下工作。在脱下防护服之前，要将衣服外面有毒的化学物质冲掉。

身体防护装备

凯夫拉尔纤维的强度是钢铁强度的 5 倍多，它是一种强韧的纺织纤维，能保护警察抵御子弹和刀刃。警察的头盔也是用凯夫拉尔纤维制成的，金属板使头盔变得更坚硬。此外身体防护装备中还包括防止颈部受到冲击的颈部盔甲。

▶▶ 参见：运动鞋 p132，凯夫拉尔纤维 p222，灭火器 p228

自给式水下呼吸器

▶▶人类在水下屏住呼吸的世界记录是 8 分 58 秒，长时间不呼吸是很难又很危险的事。使用自给式水下呼吸器，潜水者能在海底长时间安全地呼吸，每次能待在水下数小时。▶▶

◀潜水员需要穿保暖的潜水服，同时需要呼吸空气。冷的海水能迅速使身体变冷，体温降低会威胁潜水员的生命。这套紧身的装束用氯丁橡胶（人造橡胶）制成，防水的同时能维持人体的体温。

这个坚固的面罩还有放大镜的作用，能把物体放大至少 25%。

手表监测潜水的深度、时间和水温。

游泳脚蹼上的大叶片有助于推动潜水员前进。

手电筒是必要的装备，因为在海平面 30 米以下，几乎没有什么光线。

图片：一个潜水员在探测珊瑚礁

自给式水下呼吸器的原理

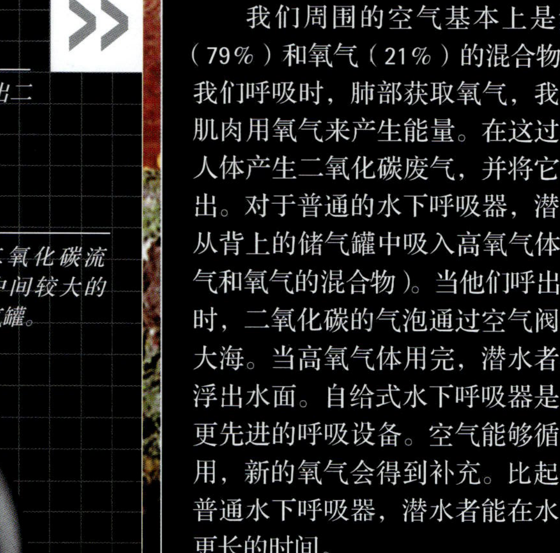

我们周围的空气基本上是氮气（79%）和氧气（21%）的混合物。当我们呼吸时，肺部获取氧气，我们的肌肉用氧气来产生能量。在这过程中人体产生二氧化碳废气，并将它们呼出。对于普通的水下呼吸器，潜水员从背上的储气罐中吸入高氧气体（氮气和氧气的混合物）。当他们呼出气体时，二氧化碳的气泡通过空气阀排入大海。当高氧气体用完，潜水者必须浮出水面。自给式水下呼吸器是一种更先进的呼吸设备。空气能够循环利用，新的氧气会得到补充。比起使用普通水下呼吸器，潜水者能在水下待更长的时间。

自给式水下呼吸器比普通的水下呼吸器更笨重。但是它能提供数十倍于普通储气罐的氧气，减少潜水员浮出水面的必要。

▶▶ 参见：探险者 p154，防护服 p224，眼镜 p230

▶▶ 如果放任大火不管，它能在几分钟内毁掉住宅和办公室。灭火器是装在金属容器里的便携式消防工具，能迅速有效地解决大多数火灾。▶▶

灭火器

>> 灭火器的工作原理

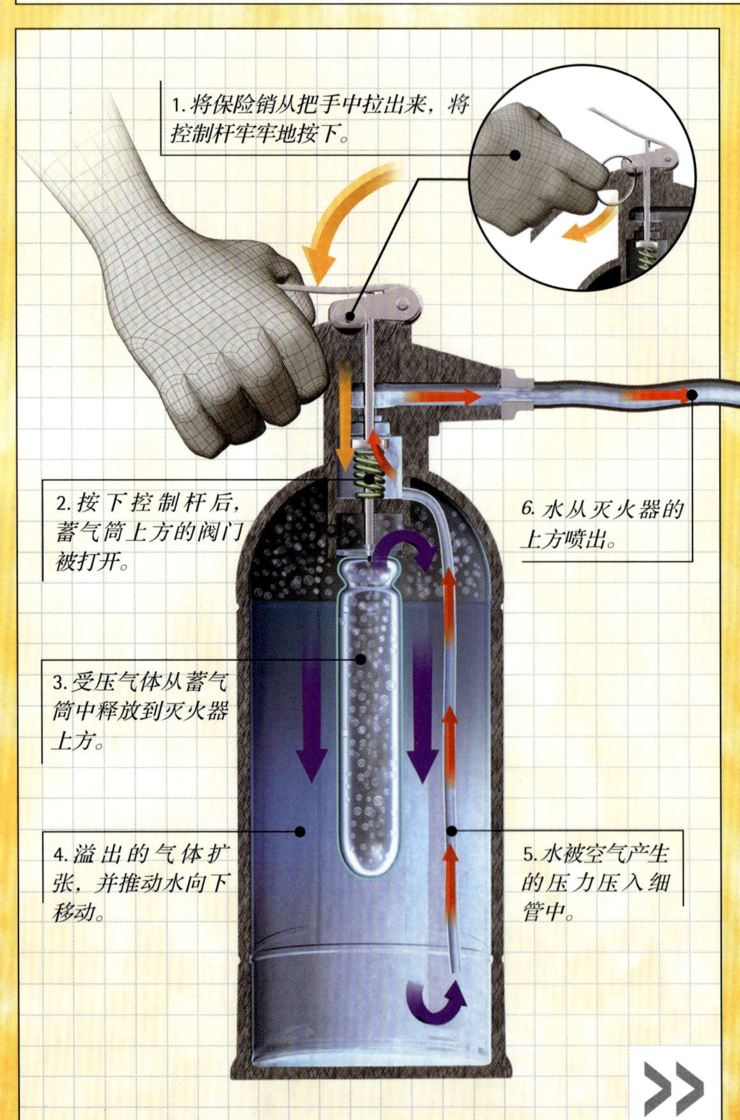

燃烧是一种强烈的化学反应，燃烧时可燃物和空气中的氧气结合并释放大量的热量。燃烧物、氧气和热量会让火势持续蔓延，所以处理火灾的方法就是减少这些要素中的一种或者多种。一个简单的喷水灭火器能通过带走热量扑灭火焰。水需要大量能量才能被加热，将整个罐体的水喷洒在较小的火焰上，水能带走燃烧物中大量的热量，使它低于燃烧所需的温度，从而将火熄灭。

水

	适用于木头、纸张、纺织品	✓
	对易燃气体不适用	
	对气态火焰不适用	
	对生活电器设备不适用	
	对易燃金属不适用	✗

▶▶ 参见：烟雾探测器 p12，建筑材料 p178，防护服 p224，眼镜 p230

选择正确的灭火器

▶二氧化碳灭火器含有液体高压二氧化碳。当你压下控制把手，二氧化碳会溢出并扩散产生冰冷的气体。二氧化碳灭火器通过隔离氧气和降低热量灭火。

二氧化碳		
	适用于易燃气体	✓
	适用于生活电器设备	✓
	对气态火焰不适用	✗
	对木头、纸张、纺织品不适用	✗
	对易燃金属不适用	✗

▶ABC 干粉灭火器广泛应用于家庭。它们通过将干粉（由小苏打或类似的化学物品制成）喷向火焰进行灭火。通过切断燃料的氧气供应使火熄灭。

ABC 干粉		
	适用于易燃气体	✓
	适用于生活电器设备	✓
	对气态火焰适用	✓
	对木头、纸张、纺织品适用	✓
	对易燃金属不适用	✗

▶泡沫灭火器也是通过切断氧气供应进行工作。它们主要用于扑灭液体燃料的燃烧。其中的奥秘就是在液体上铺了一层泡沫，这样就在燃料和空气之间形成一个屏障。

泡沫喷雾		
	适用于易燃气体	✓
	对木头、纸张、纺织品适用	✓
 	对气态火焰不适用	✗
	不适用于生活电器设备	✗
	对易燃金属不适用	✗

▶这种二氧化碳灭火器能在不到一分钟内扑灭一场中型的油类火灾。消防员与火源保持安全距离，拿着喷嘴对准火焰的底部，来回清扫式地将冷气体喷涂在火焰上，使火焰逐渐变小直到完全熄灭。

头盔用玻璃纤维复合材料制成，在普通火焰的温度下不会熔化。

手套可防止火焰或喷射二氧化碳时造成的烫伤或冻伤。

细胶皮管能使灭火器非常准确地对准火焰。

由于燃料燃烧时的密度比空气密度低，火焰会向上升。

从加压的灭火器中喷出的二氧化碳气流在空气中弥散

图片： 消防员正在使用二氧化碳灭火器

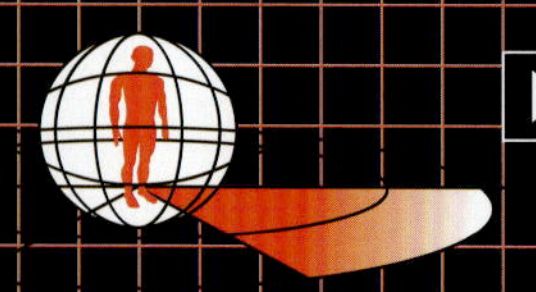

眼镜

我们的眼睛具有难以置信的多种功能。它们能像望远镜一样看到太阳以外的恒星，像显微镜一样放大头发一样细小的东西，或者像照相机一样，能够瞬间捕捉图像，记录我们的生活。我们大脑的四分之一是专门用于处理我们所看到的事情的。然而我们眼睛的观察力并不是完美的，还经常需要配件来改善和保护我们的眼睛。

外科头盔式显示器

外科医生使用像这样的头盔式显示器观察病人身体内部。头盔与一个叫内窥镜的柔软光纤管相连，内窥镜慢慢地深入到病人的身体，并拍摄图像。能帮助外科医生细致地进行困难的操作。

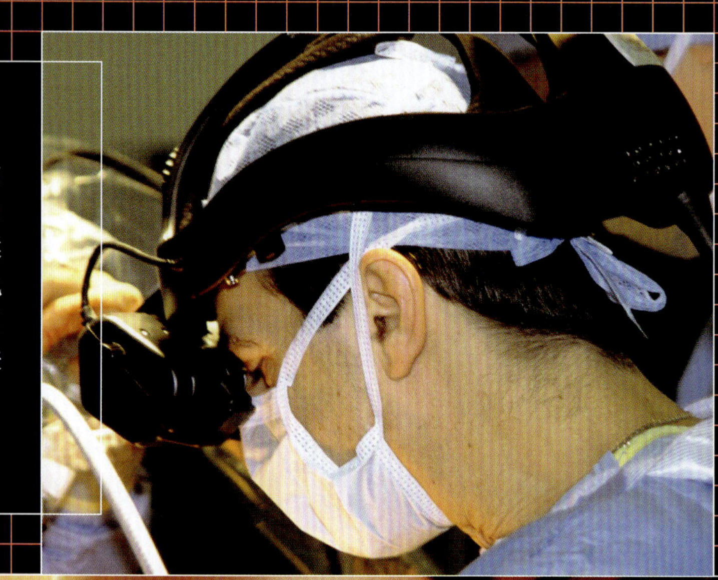

隐形眼镜

隐形眼镜具有多种颜色，它通过修正眼睛表面的曲率使眼睛获得清晰的图像。隐形眼镜用塑料或玻璃制成，使入射光线发生偏转，让图像焦点刚好落在眼球后部的视网膜上。

日食眼镜

永远不要直视太阳，因为它强烈的光线会灼伤你的视网膜，并可能导致失明。这些人是在用专用的护目镜看日食（即月球挡住了太阳），这种眼镜能阻挡 99.999％的可见光。

工业护目镜

焊枪能产生耀眼的强光以及有害的紫外线和红外线。这些因素合起来能导致“强光烧伤”，会损伤眼睛的角膜。除了小部分可见光外，焊接护目镜基本上阻挡了所有的光线，并把眼睛包围起来，能给予眼睛全面的保护。

防雪护目镜

明亮洁白的雪和磨光的冰最高能反射回 90％照射在上面的光。山坡上的滑雪者和生活或工作在极地地区的人们，需要戴上防雪护目镜，以避免出现头晕和痛苦的“雪盲症”。

▶▶ 参见：模拟器 p70，运动鞋 p132，防护服 p224

>> 生命吸管的原理

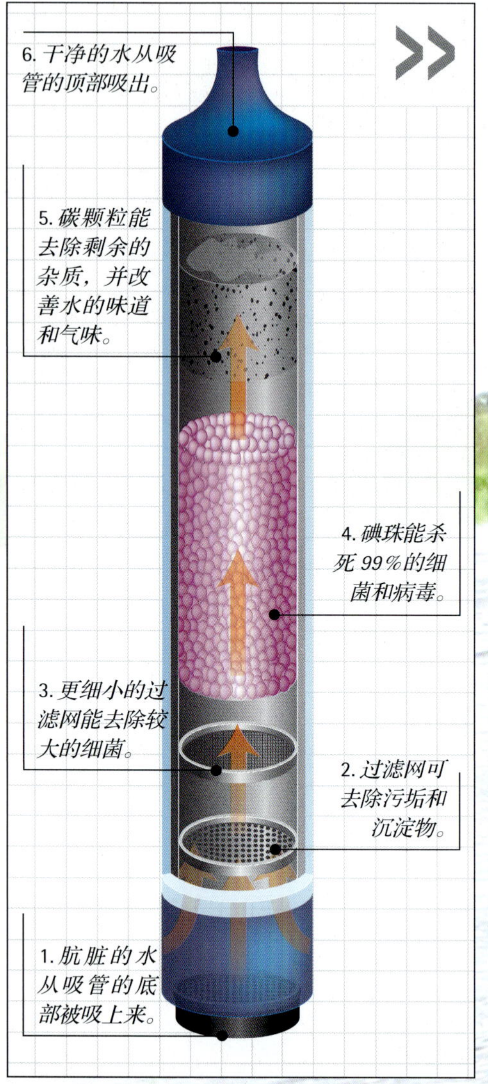

直接饮用河流和池塘里的水是不安全的，因为里面含有许多杂质。生命吸管能逐步去除这些杂质。在吸管的底部有一对纤维过滤器，能去除泥土、灰尘和较大的细菌。单单过滤是不够的，因为还有形状更小、能通过过滤器的病毒和细菌。因此下一个步骤就是使用一种叫碘的化学物质，用碘杀死水中的细菌和病毒。在生命吸管的上部还有数百万的活性碳颗粒。每个颗粒就像一个微型化学实验室，通过催化作用使水净化。碳颗粒也有助于去除难闻的碘味。

当水流过时，过滤器的碳颗粒（此处放大 4000 倍左右）像磁石一样吸走污染物。

生命吸管

▶▶ 想象一下这样的场景，唯一可以喝水的地方是一条肮脏的小河，或者每天需要步行一个小时才能取到水。世界上有超过 11 亿人（世界人口的六分之一）无法获得干净的水资源。一种被称为“生命吸管”的便携式吸管装置，能够帮助他们改善这种生活状况。▶▶

▼水，生命不可缺少的物质，地球表面70%以上都被水覆盖，但只有不到1%的水是可用的淡水。如果把世界上所有的水装进一个桶里，那么可以饮用的部分还不到一茶匙。

图片： 两个男孩在用生命吸管饮水

疾病的威胁

▶因为缺少干净的水资源，发展中国家每天有超过5000个儿童死于霍乱或伤寒等疾病。人类粪便中的细菌会污染水源，伤寒病菌由此传播。

显微镜下的伤寒细菌

▶▶参见：水培法 p28，转化器 p102，自给式水下呼吸器 p226

寻找住所是人类的基本需求。在过去 1 万多年里，人类一直生活在固定的居住点，但是历史学家认为人类建造临时住所的历史大约有 40 万年。如今，为了满足各种需求，出现了很多富有想象力的住所设计，从灾区的应急住房到便携的休闲设施。

充气式寄生虫帐篷

这种充气式寄生虫帐篷的设计目的是提高无家可归、被迫露宿街头的人的生活质量的。由美国艺术家迈克尔（Michael Rakowitz）设计，帐篷与办公楼的空调排气口连在一起。楼房的排出的热量在双层塑料膜之间流动，这样能使帐篷膨胀并保温。

创意集装箱

日本设计师坂茂（Shigeru Ban）因用纸筒做成的柱子建造了紧急难民收容所而出名。他同时于 2005 年在美国加利福尼亚州建造了庞大的游牧艺术馆。艺术馆的外墙是成堆的集装箱，屋顶由钢材制成。整个屋顶由纸筒柱组成的坚固三角形结构支撑，形成了一个庞大的展览空间。

球形屋

城市中能够建设房屋的土地日渐稀少，这种玻璃球形浮动房屋能让人们居住在河流上或未使用的码头中。三层的玻璃球体能够自然地吸收来自太阳的光和热，它是由波兰建筑师马辛（Marcin Panpuch）设计的。

预制房屋

许多人购买组合家具自己组装，瑞典的宜家公司正努力把同样的想法用在房屋上。这些木制结构的房屋由成套的部件组成，最快能在一天内组装完成。一些国家已经建成数千幢这样的房屋，瑞典有超过70％的新房子是预先制造部件然后组装的。

冲浪帐篷

冲浪者都希望能专心追逐美丽的海浪，但是如果住得离海滩很远，就会不太方便。这种便携式冲浪帐篷的灵感来自于鲸鱼的大嘴，它能安扎在沙子上，备有一个充气睡袋和可调节的遮篷。

▶▶ 参见：循环利用 p24，建筑材料 p178，恢宏的设计 p184，大型建筑 p192

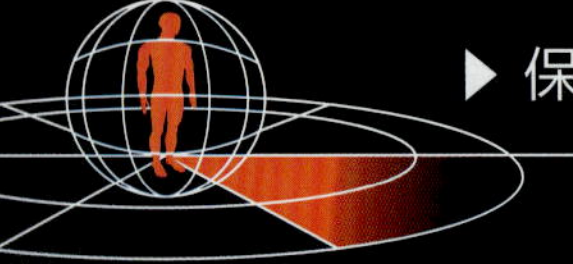

参见：船舶 p116，双筒望远镜 p158，夜视仪 p160

灯塔的工作原理

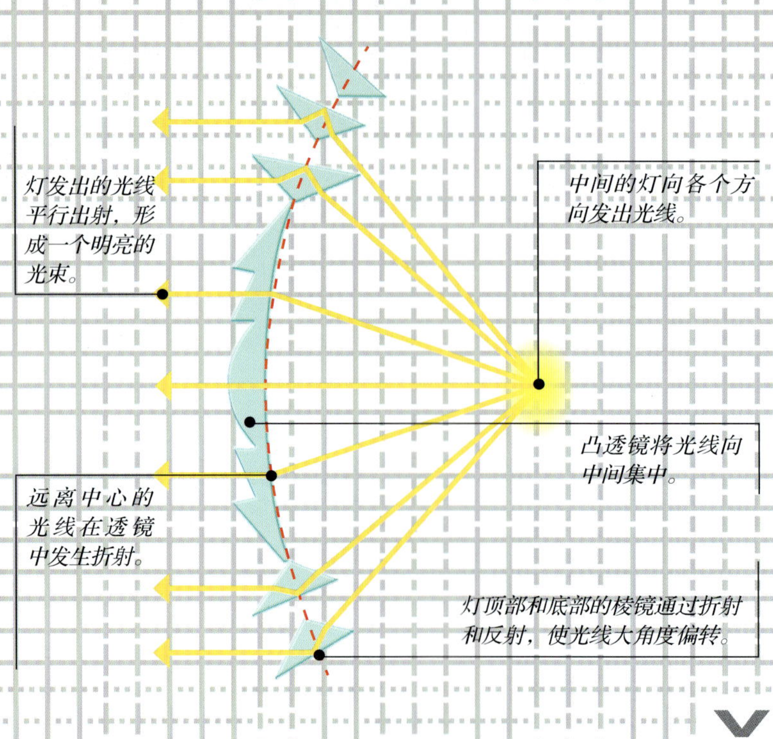

为了使灯塔能发出很远就能看到的强亮度光束，需要配置一个大型的灯和透镜（表面弯曲的玻璃）。因为玻璃很重，很难制造出一个足够大的透镜，所以灯塔采用的是有阶梯状表面的菲涅耳透镜。射向透镜的光线中，离中心越远的光线偏折得越显著，所有经过透镜后射出的光线都具有相同的方向。在顶部和底部，光线需要偏折更大的角度，因此顶部和底部使用了棱镜（楔形玻璃）。

透镜内的氙气灯能产生相当于 45 万支蜡烛的光。

灯被透镜包围着，发出的光射向各个方向。

灯塔

虽然现在已经有了先进的导航卫星和雷达，但是从灯塔发出的光仍能帮助船只绕开危险，在正确的航道上航行。在晴朗的夜晚，灯塔光束的照射距离大约是 24 千米。

一个标准的灯塔比海平面高出 40 米。如果仅高出 2 米，灯塔的射距离会大大缩短，标准灯塔比高出 2 米的灯塔的照射距离高倍以上。大多数灯塔上有旋转这样就会使光线闪烁。不过图中灯塔安装的是固定灯。

图片：美国华盛顿马科（Mukilteo）灯塔

白光被玻璃散射
成各种色光。
透镜顶部和底部
的棱镜（楔形玻
璃）能使光线发
生大角度的折射。

海啸警报

▶▶当海啸引起的海浪冲击海岸时，海浪巨大的力量能摧毁树木和建筑物，并使附近的居民处于极度危险中。为了让处境危险的居民能迅速撤离，科学家开发了一种能及时发出海啸警报的预警网络，这种方法能挽救数千人的生命。▶▶

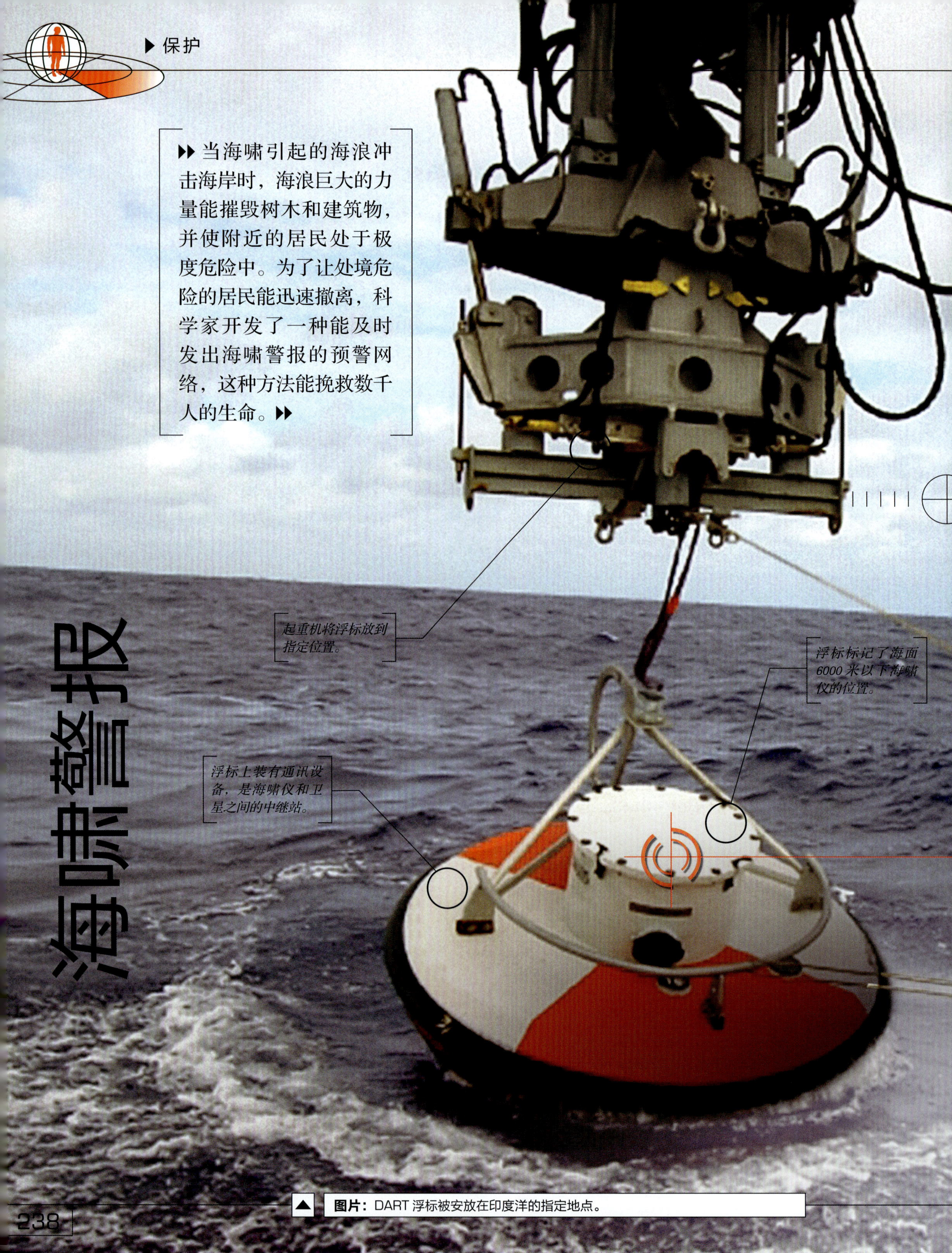

▲ **图片：** DART浮标被安放在印度洋的指定地点。

▶▶ 参见：灯塔 p236，防洪大坝 p240

海啸警报的原理

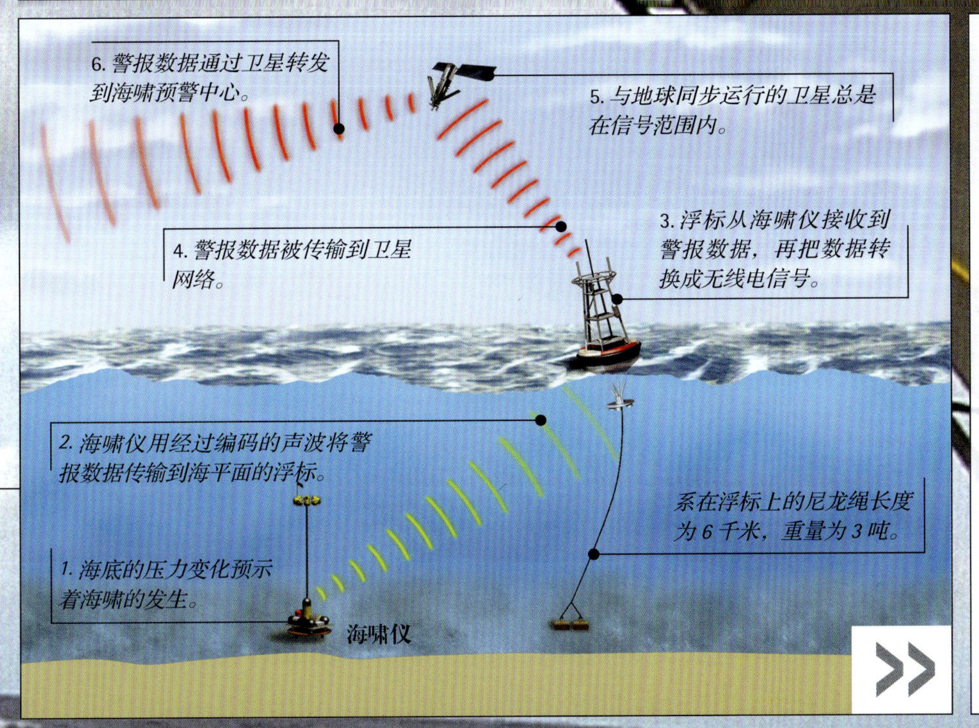

当海底地震被地震探测器探测到时，海啸也是可以被预测的，但这种方法并不精确。为了提前预警时间，需要在海上进行观察。每个浮标下的海底处都有一个压力监测设备（海啸仪），它的灵敏度很高，即使 1 厘米高的海浪经过也能被检测到。这种监测设备的主要作用是寻找特定形式的压力变化，因为海啸波浪向前移动时会产生额外的压力。如果检测到海浪，信息就会被发送到海啸预警中心，预警中心通过数据分析来判断是否会发生海啸，并通知处于危险的海岸地区。当地通过警报器、汽笛或手机短信来发布警报。

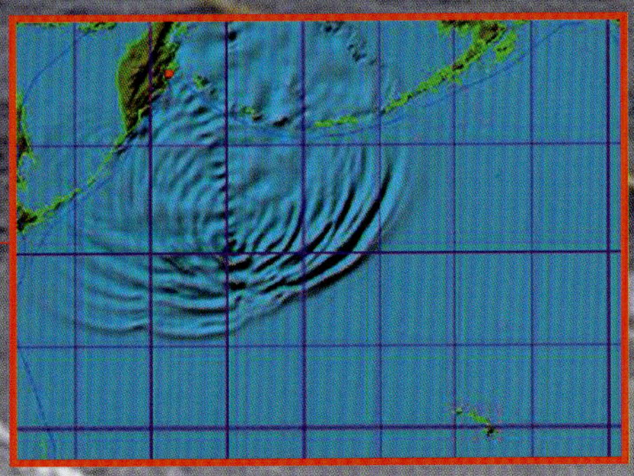

◀ 公海上漂浮着一个深海海啸预警与报告（DART）浮标（左图），它是新型全球监测网络的一部分。2006 年 12 月，泰国西海岸安放了一个 DART 浮标，用于提前预警发生在印度洋的海啸，如计算机模拟图所示（上图）。

DART 浮标的安放地点

世界地图上显示的 DART 浮标的安放地点

▲ 根据计划，监测浮标组成的全球网络将覆盖所有容易发生海啸的海岸。海啸能以每小时数百千米的速度在海洋上移动，所以浮标的安放地点必须距离海岸很远，以便尽早发出警报，让人们能及时疏散到地势较高的地方。该网络的维护费用非常昂贵。浮标必须每年更换一次，海底的海啸仪要每两年更换一次。目前只有一些富裕的国家拥有这种预警系统，不过这种情况正在改善。

防洪大坝

▶▶ 荷兰大部分地区都处在海平面以下，因此容易发生水患。长达 9 千米的奥斯特尔思科尔德 (Oosterscheldekering) 大坝，保护着荷兰的安全。▶▶

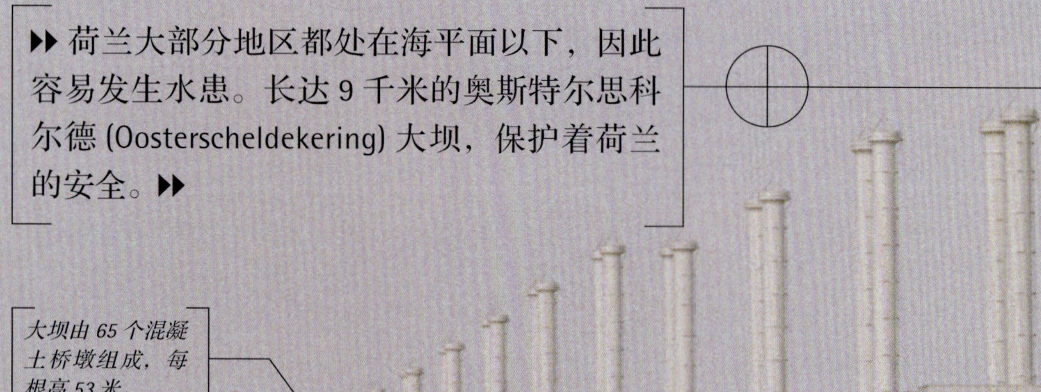

大坝由 65 个混凝土桥墩组成，每根高 53 米。

>> 大坝的原理

液压缸利用液压推动缸内的活塞上下运动。

液压活塞拉起或放下重达 535 吨的钢铁闸门。

闸门通常低于海平面，在涨潮时会升高来阻挡海水的涌入。

公路位于大坝后侧，建造在坚固的混凝土箱形大梁上。

底层的碎石能防止水流冲走支撑大坝的沙粒。

奥斯特尔思科尔德地区的入海口处有含盐淡水（海水和淡水的混合）。如果大坝完全阻止海水流向入海口地区，当地的捕鱼业将受到冲击，所以奥斯特尔思科尔德大坝由许多闸门组成，平时尽可能让更多的海水流入。只有在暴风雨期间，潮水升高并可能引发洪水时，巨大的闸门才会完全关闭。

防洪大坝的俯视图

▼ 1953年2月的一场暴风雨淹没了20万公顷的土地，摧毁了4万7千幢房屋并造成1835人死亡，这场灾难后荷兰政府建造了奥斯特尔思科尔德大坝来保卫荷兰的安全。有了大坝，重大洪灾每4千年才有可能发生一次。

◀ **图片：** 奥斯特尔思科尔德，荷兰

美国新奥尔良受灾

◀在未来，如何预防特大洪涝灾害是一个有待解决的难题，如2005年卡特里娜飓风引发的洪灾。全球变暖使极地的冰川逐渐融化，这会导致海水中的水量增加。同时全球变暖还会使海洋升温，导致海洋体积的扩大，在这些因素的影响下，到2100年，海平面将会上升1米。

被洪水淹没的新奥尔良防洪堤坝

▶▶ 参见：福尔柯克轮 p188，体育场屋顶 p198，海啸警报 p238

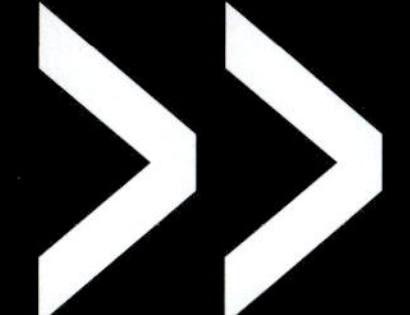

参考

展望未来

计算机与通信

随着计算机运行速度的提高，它可以解决越来越复杂的问题。无线通信技术的进步也将为人类提供新的、前所未有的服务。

- 人们会沉浸于虚拟的世界中，例如在头部安装一个设备就可以把用户带进一个模拟三维的环境。
- 可以植入到任何物体里的嵌入式芯片运用无线技术与其他设备进行自由交流。
- 通过互联网，在家上学和在家工作将变得更加普遍。
- 人类将会制造出能够模拟人类大脑的计算机。

纳米技术

1纳米等于十亿分之一米，一根头发的直径大是8万纳米。纳米技术所涉及的是非常小的东西未来它将被应用到许多领域中。

- 用纳米技术制造的材料比一般材料更轻更耐用，纳材料比钢铁坚硬100多倍，重量却只有钢铁的六分之一。纳技术能使人们制造出更轻的飞机、汽车和航天器。
- 纳米计算机芯片的使用将使电脑和电子产品的尺寸缩到很小。
- 纳米机器人注入人体将能修复受损细胞，杀死肿瘤，在细胞范围内开展各种医疗救护。

军事

领先的军事强国将与它们的敌人继续开展竞赛，如制造更智能、更强大、更精准的武器，开发出更有效的情报收集系统。

- 美国军事机构已研发出一种可穿戴的机器外甲，士兵穿上它可以移动得更快而且可以负重更多。
- 电磁脉冲炸弹也正在研发当中。它对人类和建筑无害，但会破坏电子设备、计算机和电网。

人类将会基于蜥蜴脚掌的原理研发新型的黏合剂。

细菌能够利用污泥制造氢燃料。

核聚变反应堆可以发电。

能源

全世界对能源的需求量与以往相比大大增加。所以必须找到新的、更有效的、对环境破坏更小的能源供应方式。

为减少对矿物燃料的依赖，我们可以多使用生物燃料、微型发电、氢燃料和可再生资源。

生物技术

生物技术就是将活细胞或生物（如细菌）应用在工业生产中。

合成细菌和病毒将用来对抗害虫和疾病。

牙膏中的细菌可用来清除牙菌斑。

像变色龙一样的军装能根据周围环境自动改变衣服上的迷彩图案。

通过重造 DNA，灭绝的物种可能会重新出现。

未来会出现根据蜘蛛网制成的超坚韧材料。

在战场上，越来越多的武装战斗机器人将取代士兵，撤离伤员的危险工作也将由机器人来完成。

健康与医疗

医疗科学技术的进步日新月异。未来的医疗将越来越多地针对细胞进行，特别是癌细胞。更好地了解我们的 DNA 就可以通过研究个别基因来治疗疾病或者研究遗传学，对基因的研究还有可能延长人类寿命。

- 每个人的基因组（所有的 DNA 序列）将存储在个人身份证里。
- 人造皮肤和人造血液将投入使用。第一批产品已经进入市场，更多的产品正在研制之中。
- 修复骨髓损伤技术，会让背部受伤的人重新站起来。
- 如果有可能在细胞级别使老化受损器官发生逆转，人类的寿命会延长到 150 岁，以后甚至会提高到 200 岁。

太空

宇航员会重返月球，载人航天飞船将探索太阳系的其他地方。

- 在月球上将建立一个永久基地。
- 载人航天飞行将到达火星。
- 在太阳系的其他地方会找到生命存活的迹像，最有可能的地方是火星，木卫二（木星的卫星）或土卫六（土星的卫星）。
- 人类将会与外星的智慧生物建立联系。

日常生活

在过去的五十年，随着科学的发展，我们的日常生活发生了显著的变化，社会也在随之改变。在未来的五十年，同样的变化仍将持续。

- 电子货币将取代纸币和硬币。
- 建造高层建筑物，打造垂直城市。
- 天气预报将精确到每条大街。
- 我们能够在三维电视上收看节目。这种技术已在实验室中进行了试验。

机器人

人们现在所做的危险、脏乱、乏味的工作未来将由智能机器人完成。

- 家用机器人将接管家庭和办公室的日常清洁工作。
- 像鼠和蛇一样的机器人将用于寻找地震后废墟中的幸存者。实验用搜救机器人已经研制成功。
- 铲除道路砂砾、清除积雪和修剪草坪的任务会由机器人完成。
- 机器人将学习社会技能，表达自身的情感，了解他人的情绪。
- 机器人可以在家里照顾残疾人和老年人。

运输

到目前为止，交通工具的能源依赖于矿物类燃料，但未来的运输技术必须达到对环境无污染的要求。

- 智能汽车能够在装有特殊设备的道路上自行控制驾驶。
- 超高音速飞机的飞行速度超过 5 马赫，是声速的五倍。
- 货机和客机将采用将机翼和机身合为一体的隐形轰炸机的“飞翼”设计。
- 飞行汽车将飞向天空。样机已经进入试飞阶段。